Abenteuer am Himmel

Kurt J. Jaeger

Abenteuer am Himmel

Wahre Fliegergeschichten aus der Zeit der Kolbenmotoren

Douglas DC-3, Bild: Sammlung WM

Inhalt

VORWORT

Die Faszination des Fliegens ist seit den Gleitflugversuchen von Lilienthal oder den Katapultstarts der Gebrüder Wright auch heute noch ungebrochen. Aber die rasante Entwicklung in der Antriebs-effizienz, Erkenntnisse in der Aerodynamik und in der Computertechnik haben die Fliegerei in Sa-chen Sicherheit seit damals einen großen Schritt vorangebracht. Die Ära der Kolbentriebwerke in der Verkehrsfliegerei ging in den 1960er-Jahren langsam dem Ende entgegen und so spielen diese heute nur noch in der Privat- und Sportfliegerei eine wesentliche Rolle.

Vor dem Jet-Zeitalter war dies alles noch ganz anders. Das Donnern gewaltiger Sternmotoren ließ die Luft erzittern; die Lungenflügel eines nahestehenden Zuschauers vibrierten, wenn die großen viermotorigen Verkehrsflugzeuge den Start zu einem Langstreckenflug einleiteten. Weiße Kompres-sionsnebel waberten durch die von den Propellern beschleunigte Luft, schossen als wirbelnde Fah-nen beim Start über die damals noch ungepfeilten Tragflügel.

Dabei roch die Luft nach verbranntem, hochoktanigem Benzin und auf den fleckigen Abstell-plätzen schillerten die Wasserlachen bläulich vom tropfenden Öl der dort abgestellten Verkehrsflug-zeuge. Mechaniker kletterten um unverschalte Doppelsternmotoren, wechselten ausgefallene Geräte, kamen ölverschmiert hinter den Zylinderreihen und gebündelten Auspuffrohren hervor. Es war eine Zeit, in der erfahrene Piloten und Bordmechaniker noch wahre Teams bildeten.

Bekannte Flugzeugmuster wie die elegante Lockheed „Constellation" mit den markanten drei Seitenflossen sowie bullige, zweistöckige Boeing „Stratoliners", die effizienten Douglas DC-4 und DC-6/7 wechselten einander auf den internationalen Flughäfen ab. Aber auch auf den sogenannten Kurz- und Mittelstrecken spielten Maschinen wie die legendäre Douglas DC-3, die Convair 440 oder die russische Iljuschin 14 mit mächtigen Sternmotoren eine wichtige Rolle. Kolbenmotoren waren das A und O der Fliegerei. Die Ära der Jets war zu dieser Zeit hauptsächlich auf den militärischen Bereich beschränkt. Die ersten Versuche mit zivilen Jet-Airlinern auf europäischen Strecken durch die De Havilland „Comet" endeten in einem Desaster, und auch die Tupolev TU-104 war nicht ge-rade ein Vorzeigemuster an Zuverlässigkeit. Erst die Boeing 707 und danach die Douglas DC-8 be-wiesen in den 1960er-Jahren die nötige Leistungsfähigkeit auf Langstreckenflügen und gewannen dadurch auch das Vertrauen der Passagiere.

Für viele Luftfahrtbegeisterte ist die Zeit der hochentwickelten Kolbenmotoren eine Zeit romantischer Vorstellungen, so etwa wie die Ära der letzten modernen Dampflokomotiven. Doch im Gegensatz zu den gusseisernen Kolossen waren die in den damaligen Verkehrsflug-zeugen eingebauten Kolbenmotoren hochempfindliche Kraftprotze mit bis zu 3.800 PS und einem Leistungsgewicht von teilweise weniger als 500 Gramm pro PS.

Kolbenmotoren, angetrieben von hochoktanigem Flugbenzin, verlangten im Gegensatz zu den heutigen Düsentriebwerken eine konstante und gekonnte Überwachung. Plötzliche Ventilbrüche oder der Verlust von Öldruck machten sie im Flug in Sekundenschnelle zu äußerst gefährlichen Schrotthaufen. Aber auch Leitungsbrüche durch stetes Vibrieren, Probleme mit den komplizierten Zündsystemen, überhöhte Zylinderkopf- und Öltemperaturen oder nicht mehr unter Kontrolle zu bringende Propeller konnten den Besatzungen das Leben äußerst schwer machen. Die Flugzeugbe-satzungen von damals mussten sich ihren Lohn noch entsprechend hart verdienen.

In den Entwicklungsländern von Afrika und Südamerika bewiesen kleine Passagierflug-zeuge mit Kolbenmotoren ihre unglaublichen Fähigkeiten auf holprigen, engen und zum Teil

Douglas DC-3, Bild: Sammlung WM

äußerst gefährlichen Landeplätzen. In den Händen von erfahrenen Buschpiloten hielten sie bei fast jedem Wetter und ohne irgendwelche elektronischen Navigationshilfen die Verbindungen ins Hinterland aufrecht.

Fliegen über den Wolken in ruhiger Luft war selten möglich und Gewitterherde zu überfliegen eine Unmöglichkeit. Wetterradar an Bord der Flugzeuge steckte in den Kinderschuhen und moderne Navigationshilfen am Boden waren außer in den USA und Europa noch weitgehend unbekannt. Es wurde bei Bedarf von den Besatzungen gekonnt improvisiert, um Menschen und Material zeitlich an das vorgegebene Ziel zu bringen. Ein Vorhaben, das im Vergleich zu heutigem Fluggerät ein Vielfaches an technischen und navigatorischen Problemlösungen forderte. Mensch und Maschine wurden zu einer verschweißten Einheit, einer verschworenen Gemeinschaft mit genauen Kenntnissen der „Innereien" ihrer betreuten Flugzeuge und Motoren. Die Pilotenanwärter wurden von den Luftfahrtgesellschaften fast ausnahmslos erst nach Abschluss eines technischen Berufs mit praktischer Begabung eingestellt. Das Flugtraining wurde nicht in Simulatoren geschult, sondern nach einem harten Auswahlverfahren mit kunstflugtauglichen Flugzeugen absolviert, bei dem der fliegerische Instinkt intensiv gefördert wurde, um Notsituationen zu beherrschen.

Der Autor hat in den folgenden Geschichten Ereignisse aufgezeichnet, die er selbst als Pilot oder aus einer engen Beziehung zu den eigentlichen Personen erlebt hat. Die Namen der Protagonisten wurden allerdings geändert. Dabei wird versucht, das Abenteuerliche in der Fliegerei, das damals noch vielfach vorhanden war, aufzuzeigen. Es sind Erlebnisse, die in fliegerisch äußerst interessanten Gegenden der Erde geschehen sind. Die damalige technische Entwicklungsphase ist längst vorbei, aber hoffentlich wird sie nie vergessen.

SCHICKSAL IN DEINER HAND

12. März 1963, auf dem Flugplatz von Spriggs Payne in Monrovia

Schmerzen plagten Brandners Rücken und zogen sich wie brennende Schnüre in sein rechtes Bein. Leicht stöhnend verschob er sein Gewicht auf der viel zu kleinen Sitzfläche des abgenutzten Barhockers. Tabakrauch lag in der Luft. Sein Blick streifte über die vielen Flaschen in den Regalen an der weiß getünchten Rückwand, die bunten Aufkleber, die verschiedenen Formen der fein säuberlich aufgestellten Gläser. Er dachte an nichts Besonderes, ließ seine Gedanken wandern, wollte sich auf nichts Bestimmtes konzentrieren. Nur für eine Weile in Ruhe gelassen werden, keine Antworten auf dumme Fragen geben. Margie schien ihren einzigen Gast an der Bar und seine Launen zu kennen. Gelassen schob sie die winzige Kaffeetasse über das polierte Holz der Theke, blinzelte dabei schelmisch mit ihren großen, braunen Augen, als wollte sie ihn auffordern, ein wenig mehr Lebenslust zu zeigen.

„Dieses Zeug wird dich wieder auf den Damm bringen, Werner", sagte sie und stemmte dabei trotzig ihre braungebrannten Arme vor ihm gegen die gerundete Kante der Theke.

„Hast du etwa Ärger mit der Maschine?"

Brandner schüttelte nicht existierende Schweißperlen von der breiten Stirn.

„Maschine?"

„Mann, die Tri-Pacer natürlich," ergänzte Margie ihre knappe Frage. Brandners ovales Gesicht hellte sich ein wenig auf. Dabei gab er sich einen Ruck und tauchte entschlossen die zwei auf der Untertasse liegenden Zuckerwürfel in den dampfenden Kaffee.

„Kein Ärger, nur eine kleine Pause. Das Bugrad hat sich durch einen herumliegenden, großen Glassplitter einen tiefen Schnitt eingefangen. Der Mechaniker von Valdez zieht mir gerade einen neuen Reifen auf. In einer Stunde bin ich wieder unterwegs."

„Ein bisschen viel Pech in letzter Zeit, das kostet eine Menge Geld und Zeit", meinte Margie mit gesenktem Kopf. Ihr schulterlanges, blondes Haar schwang ihr ins Gesicht, Sorge lag in ihrer rauen Stimme. Sie kannte Werner Brandner nun schon viele Jahre, die meisten, die er in diesem verfluchten Land bis jetzt verbracht hatte. Sie kannte seine Macken, wie auch die jedes Piloten und Mechanikers, der in ihrer kleinen Flugplatzbar ein- und ausging. Manchmal kam sie sich vor wie eine Ersatzmutter für die meist unverheirateten, jungen Männer aus Europa und Amerika, die ihr ihre persönlichen Anliegen zur Beurteilung überließen.

Es waren Männer mit jugendlichem Ungestüm und Tatendrang, bereit, ihr Leben für die Buschfliegerei zu riskieren. Wie viele hatten sich mit der Zeit um sie geschart, wie Küken um eine Henne, um ihre Seele auszuschütten, ihre Ängste und Sorgen, aber auch Freuden zu offenbaren! Und wie viele hatte sie schon auf ihrem letzten Weg begleitet. Hoffnungsvolle Männer, die den Anforderungen der Dschungelfliegerei nicht gewachsen waren, sie leichtsinnig unterschätzt hatten.

Brandner war anders; er war scheinbar unter einem besonderen Glücksstern geboren worden. Wie viele Male hatte er schon in gewaltigen tropischen Gewittern das Glück mit seiner Piper herausgefordert und war unversehrt auf den schlimmsten Pisten des Hinterlandes gelandet? Und immer hatte Brandner nach Monrovia zurückgefunden. Aber sie konnte sich auch noch an die Zeit erinnern, als Brandner ohne einen Cent in der Tasche versuchte, sich im Hafen mit Gelegenheitsarbeiten durchzuschlagen.

Brandner war erst vor etwa acht Jahren hier am kleinen Flugplatz östlich der Stadt aufgetaucht, um sein Glück in der Fliegerei zu machen. Dazu verhalf ihm der Gelegenheitskauf einer Piper „Tri-Pacer", die, kaum noch flugtüchtig, schon Monate am Rande des Platzes gestanden hatte und vom Dschungel schon fast versteckt worden war. Nur mit dem vorhandenen Pilotenhandbuch und ohne je einen Fluglehrer gesehen oder eine Stunde Theoriekurs besucht zu haben, hatte Brandner sich das Wichtigste vom Innenleben der Maschine gemerkt und das Äußere des gedrungenen Fliegers auf Hochglanz poliert.

Schließlich näherte sich der Tag, an dem Brandner die Maschine in die Luft bringen wollte. Innere Zweifel an seinem Können hatten ihn glücklicherweise dazu bewogen, sich Karl Steinhoff als Instruktor zu angeln, einen heruntergekommenen ehemaligen Piloten der Luftwaffe. Ein paar Platzrunden später war Brandner bereits allein um den Flugplatz gekurvt. Er war damals in aller Munde, und niemand gab für die fliegerische Zukunft des kleinen Schweizers einen Pfifferling. Wie hatte Steinhoff doch einmal an der Bar getönt?

„Dieser Verrückte, dieser Brandner mit seiner Tri-Pacer, der macht es bestimmt nicht lange. Er kennt nicht einmal die verdammten Instrumente und weiß nicht, wie ein Höhenmesser oder ein Wendezeiger funktioniert. Völlig daneben, dieser Mann!"

Das war vor gut sechs Jahren gewesen. Brandner hatte nicht nur überlebt, er hatte über 8.000 Stunden hinter sich gebracht, die schlimmsten Landepisten im Land kennengelernt und auch die meisten Piloten überlebt, die das Fliegen in der Zivilisation von Grund auf gelernt hatten. Werner Brandner war ein kleines Wunder, dies war inzwischen auch alten Füchsen wie Steinhoff klargeworden.

Brandners Augen zogen sich zu schmalen Schlitzen, als er Daumen und Zeigefinger aneinander rieb. „Immer, wenn es finanziell für eine Weile gut aussieht, kommt etwas dazwischen, das ein Loch in den Geldbeutel reißt."

Margie lachte hell auf.

„Mein Gott, so ein kleiner Reifen an deiner Tri-Pacer kann doch nicht die Welt kosten, oder?"

„Margie, es ist nicht nur dieser eine Reifen. Hier ein neuer Auspuff, da neue Kerzen oder Kabel. Dann wieder eine verbogene Flügel- oder Fahrwerkstrebe, ein neuer Propeller, ein Leitwerk, das repariert werden muss, die mickrigen Bremsen … Es hört nie auf", stöhnte Brandner, tiefe Falten in der breiten Stirn.

„Ihr alle macht doch gutes Geld mit der Buschfliegerei", warf Margie ein und zwinkerte mit den langen Wimpern. „Von den Diamanten wollen wir mal nicht reden."

„Hin und wieder kommt uns das Glück zugute", gab Brandner zaghaft zu. „Aber seit meiner Heirat ist der Dollar eben auch nur noch die Hälfte wert."

Margie nickte. Ein Schmunzeln zog feine Grübchen in ihre Wangen. In Gedanken sah sie Brandner vor etwas über einem Jahr über das ganze Gesicht strahlen und den Brief und das Foto aus dem fernen Deutschland im Kreise der Fliegerfreunde hier an der Bar herumschwenken; er hatte sie jedem Interessierten zur Begutachtung vorgezeigt. Es war die einzige Antwort auf seine Heiratsannonce in einer deutschen Wochenzeitschrift gewesen.

Werner Brandner war vom Bild und der Zuschrift so begeistert gewesen, dass er sich auf der Stelle entschlossen hatte, sein Junggesellentum aufzugeben. Innerhalb von ein paar Wochen waren die nötigen Papiere von der Behörde ausgestellt worden und die junge Dame aus Deutschland eingeflogen.

Entgegen den Erwartungen seiner Freunde hatte sich Brandner schon länger auf ein Leben zu zweit vorbereitet. Über lange Monate hinweg hatte er sich an seinen freien Tagen in der praktisch unberührten Wildnis hinter dem St. Paul River ein Stück Land gerodet, das er vor langer Zeit erworben hatte. Auf diesem Land hatte er anschließend sein Haus erbaut. Eine großzügige Behausung aus selbst gefertigten Zementblöcken, soliden Teakholzplanken und Außenwänden aus Tausenden von grünglasigen Bierflaschen, die er aus allen Bars der Stadt zusammengesammelt und hinaus auf sein Stück Land gebracht hatte.

Die soliden Flaschenböden, nach außen aufgeschichtet und die Zwischenräume mit Zement ausgefüllt, ließen ein eigenartiges Tageslicht ins Innere der Wohnräume fallen. Brandner schien auf vielen Gebieten ein besonderes Talent zu haben, ohne je dafür ausgebildet worden zu sein. Nicht nur, dass er einen Stromgenerator aus alten, nicht mehr brauchbaren Teilen zusammenbasteln konnte, er baute auch eine Wasserleitung mit dazugehöriger Pumpe für fließendes Wasser im Haus. Direkt nebenan plagte er sich wochenlang mit der Rodung einer eigenen Landepiste für seine Tri-Pacer ab und konstruierte einen Unterstand für sein Flugzeug, um geschützt vor tropischen Stürmen die Wartung selbst durchzuführen. Für Margie war Brandner ein wahres Genie, und seit er mit dieser Marianne verheiratet war, schien er als treusorgender Familienvater über sich selbst hinauszuwachsen.

Margies Gedanken wurden unterbrochen, als Willy Graber eintrat. Sein schlaksiger Gang, das schmale Gesicht mit dem stets unbekümmerten Ausdruck und die hellbraunen, gescheitelten Haare machten ihn unter Tausenden erkennbar. Behände schob er sich neben Brandner auf einen der Hocker. Ein schiefes Grinsen zeigte seine gesunden Zähne, als er mit dem rechten Daumen auf die halb geleerte Tasse vor Brandner zeigte.

„The same – das Gleiche wie mein Freund hier!"

„Also einen Espresso", bestätigte Margie und fuhr fort: „Aus Wesua zurück?"

„Nope, ich komme gerade aus Nimba. Die Schweden brauchten wieder einmal dringend Maschinenteile für den Erzabbau."

Brandner horchte auf. Das Geschäft mit der Nimba-Minengesellschaft, bei dem er nicht mitmischen konnte, lag ihm schwer auf dem Magen. Gegen die schnelleren Cessnas mit mehr Zuladung hatte er bei diesen gutbezahlten, längeren Flügen keine Chance. Seine Tri-Pacer war einfach zu langsam und besaß zu wenig Innenraum, um all das Zeug zu laden, das die Schweden transportieren wollten. Und diese Aufträge brachten eine Menge Geld. Moneten, die er dringend benötigte.

„Bist du heute Morgen direkt von hier gestartet?", wollte Brandner wissen und unterbrach für einen Moment das Rühren seines Kaffees.

Willy Graber klopfte Brandner jovial auf die Schulter. „Ach wo! Erst musste ich nach Robertsfield, um zwei Passagiere abzuholen, die mit der PanAm angekommen waren. Mit denen ging es nach Buchanan ins Hauptcamp und erst von dort flog ich weiter nach Nimba. Es war ein guter Flug, hat auch eine schöne Stange Geld eingebracht. Max wird sich freuen, wenn er die Rechnung ausstellen darf."

„Und erst Senator White", rief Margie über die Schulter, während sie den Kaffee für Willy Graber aus der Espressomaschine presste. Graber lachte gekünstelt. Er räusperte sich und schob eine Zigarette zwischen die Lippen, zündete sie umständlich mit einem Streichholz an. Margie hatte den Nagel mit der Bemerkung anscheinend auf den Kopf getroffen, denn Graber war merklich zusammengezuckt. Sichernd schaute er hinter sich, aber es war niemand in der Nähe.

„Dieser verdammte Hund! Eines Tages wird es noch Schwierigkeiten geben. Partner von Max Decker soll der sein, dass ich nicht lache. Er ist nur daran interessiert, wie viel Geld er am Ende des Jahres in seine eigene Tasche stecken kann. Ein Blutsauger ist das."

„Ist uns allen bestens bekannt", warf Brandner gelassen ein.

„Was kann man dagegen tun? Nichts! Wir sind in diesem Land nur geduldet, weil wir etwas bringen, was die nicht haben."

„Was denn?", fragte Graber spöttisch und blies eine lange Fahne blauen Dunstes durch die Lippen.

„Grips!", sagte Brandner, ohne aufzuschauen.

„Sind wir damit wieder beim leidigen Thema?", fragte Margie, die Tasse für Graber in der Hand haltend.

„Scheint so", brummte Brandner. Mit einer schnellen Bewegung kippte er den Rest in der Tasse hinunter und rutschte seufzend vom Hocker. Willy Graber drehte sich um.

„Hast du einen Flug?"

„Nachher – erst muss ich sehen, ob mein Bugrad fertig montiert worden ist", antwortete Brandner. Sein Gesicht verzog sich dabei schmerzhaft.

„Schwierigkeiten?", fragte Margie.

„Nichts Besonderes", entgegnete Brandner. „Es ist die alte Geschichte."

Er versuchte, ein Lächeln aufzusetzen; dann bewegte er sich mit seinem eigenartig schleppenden Gang dem offenen Ausgang zu. Ihm war nicht zum Lachen zumute, aber er ließ sich auch nichts anmerken. Die Muskulatur in seiner Hüfte machte ihm heute wieder einmal schwer zu schaffen.

Seit jenem tragischen Zwischenfall mit der Gabunviper in seinem kleinen Gemüsegarten konnte er sich zu einer besonderen Art von Menschen zählen. Er war einer, der dem Tod wahrhaftig in die Augen geschaut hatte.

Nur ungern erinnerte er sich an jenen frühen Abend auf der fast ebenerdigen Veranda vor seinem neuen Haus. Im selbst gezimmerten Sessel zurückgelehnt hatte er die untergehende Sonne auf sich wirken lassen und dabei vergebens nach seiner Sonnenbrille in der Hemdtasche gegriffen. Kurzes Nachdenken hatte ihm die Erleuchtung gebracht: die Brille musste ihm beim Pflücken der Salatgurken im kleinen Gemüsegarten aus der offenen Hemdtasche gefallen sein.

Obwohl schon lange, tiefe Schatten die Umgebung verdüsterten, hatte er sich entschlossen, im Halbdunkel des wild verwachsenen Gemüsegartens nach der Brille zu suchen. Zwischen den kniehohen, breiten Blättern der Gurken war die Sicht praktisch gleich null gewesen. Mit seinen Fingern hatte er daher an der vermuteten Stelle nach der Brille getastet. Das blitzschnelle Zucken in Richtung seiner Hand hatte er nicht gesehen. Er spürte plötzlich einen scharfen, stechenden Schmerz auf seinem Handrücken, sah die Bewegung der Blätter und wusste sofort, was das zu bedeuten hatte.

Blitzschnell war er zurückgesprungen und hatte im Halbdunkel entsetzt undeutlich den dicken, mit unverkennbarem Muster versehenen Körper einer Schlange gesehen. Er hatte sie auch gleich erkannt; die Art und Weise, wie sie sich durch die Deckung der Blätter wand, war nicht zu verkennen gewesen. Eine Gabunviper – eine „Kasava", wie sie im Volksmund genannt wurde! Der Tod persönlich. Farbig gezeichnet wie ein modernes Gemälde, aber tödlich. Mit fürchterlicher Klarheit war ihm damals bewusst geworden, dass sein Leben an einem sehr dünnen Faden hing. Der Biss dieser Vipern-Art konnte innerhalb kurzer Zeit den sicheren Tod bedeuten.

Brandner hatte trotz seiner Todesangst einen klaren Kopf behalten. Nur keine Panik, hatte er gedacht. Er war allein gewesen; hier draußen im Busch gab es keine Hilfe. Kein Mensch weit und breit, der die letzten Worte von seinen Lippen hätte lesen können. Aber noch war er nicht tot. Noch konnte er gehen, wenngleich ein leichtes Schwindelgefühl seine Sinne benebelt hatte. Vielleicht war es damals auch Angst gewesen, die ihn schwindlig werden ließ.

Und dann hatte er sich an die Spritze mit polyvalentem Antiserum in seinem petrolbetriebenen Kühlschrank erinnert. Eine dünne Hoffnung. Noch vor Erreichen seiner Haustür war ihm schrecklich übel geworden. Unfähig, sich auf den Beinen zu halten, war er mit dem letzten Überlebenswillen und auf den Ellenbogen kriechend über die zwei Stufen bis ins Haus und vor den Kühlschrank gerobbt. Kurz bevor er das Bewusstsein verlor, hatte er mit letzter Kraft die Spritze aus dem Kühlschrank gegriffen und sie sich durch die Jeanshose ins Gesäß gedrückt.

Wie man ihm sehr viel später erzählte, hatte man ihn am nächsten Tag auf dem Bauch liegend und neben der offenen Tür des Kühlschrankes gefunden, die leer gedrückte Spritze immer noch in seinem Hintern steckend. Er selbst konnte sich nur noch sehr schwach an die Zeit danach im Spital erinnern. Zwei Monate lang war er erblindet gewesen, und erst nach fast einem halben Jahr war auch die teilweise Lähmung seines Körpers soweit verschwunden, dass er wieder an eine Beschäftigung denken konnte. Doch seit jener Zeit stimmte etwas mit seinem Körperhaushalt nicht mehr. Gewisse Drüsen hatten unter der Einwirkung des diabolischen Giftes ihre Funktionen teilweise eingestellt. Rasch hatte er an Gewicht zugenommen; ihn schien eine dauernde Müdigkeit zu verfolgen, begleitet von Schmerzen in seinen Gliedern. Heftige Schweißausbrüche, die nichts mit der tropischen Hitze oder Feuchtigkeit zu tun hatten, plagten ihn ebenso wie häufiges Kopfweh, das er vorher nicht gekannt hatte. Immerhin hatte er überlebt – entgegen allen Weissagungen der Ärzte.

Willy Graber beobachtete aus den Augenwinkeln den schleppenden Gang Brandners und die leicht schiefe Haltung seiner Schultern, bis er um die Ecke des Korridors verschwunden war.

„Er sollte sich eben doch eine andere Maschine anschaffen. Diese alte Tri-Pacer, mit der er seit Jahr und Tag umherfliegt, wird auch nicht mehr lange halten."

Margie blieb stumm. Sie verstand wenig von den technischen Innereien eines Flugzeuges und hatte auch keine Lust, diese näher kennenzulernen. In ihre Gedanken vertieft rieb sie mit einem bunten Tuch die gewaschenen Tassen und Gläser trocken und stellte sie zu den anderen. Ihr Blick fiel auf das angespannte Gesicht Grabers, der unablässig den längst zergangenen Zucker in der kleinen Tasse umrührte. Ein ziemliches Gegenteil von Brandner, dachte sie. Hier dieser drahtige Deutsche, in etwa gleichem Alter wie Werner, aber immer zu Späßen aufgelegt und manchmal mit überbordendem Optimismus. Dort der jetzt rundliche, gesundheitlich angeschlagene Brandner, der stets über die Folgen eines jeden Schrittes grübelte.

Beide waren Buschpiloten, die, Artisten gleich, ihre Maschinen auf kleine, enge Pisten im Hinterland manövrierten und ihren Beruf doch so verschieden ausübten. Willy Graber war in jeder Beziehung ein Profi: während des letzten Weltkrieges Jagdflieger mit acht Abschüssen an der Westfront und selbst einmal von den Alliierten vom Himmel geholt, der Inbegriff eines tollkühnen Fliegers. Brandner, ein Eigenbrötler durch und durch. Für Späße hatte der wenig übrig und doch das Herz am richtigen Fleck. Ein Pilot durch Selbststudium und Erfahrung, und sogar ein ausgezeichneter. Margie schüttelte unmerklich ihren Kopf, strich sich mit dem Handrücken die Haare aus der Stirn. Sie schob ihr Kinn vor, als sie sagte:

„Hast du für heute schon Feierabend?"

Willy Graber schaute auf seine Armbanduhr, als wollte er die Antwort ablesen.

„Ein letzter Flug nach Bombo in etwa einer Stunde, dann ist Schluss für heute."

„Dein Chef Decker wird wohl sein Geld zählen wollen."

Grabers Lachen schien echt. Er schnitt eine Grimasse und deutete hinüber zum offenen Hangar, dessen eine Ecke durch den Eingang gerade noch ersichtlich war.

„Er hat andere Sorgen, die ihm im Magen liegen. Geld ist dabei nur ein temporäres Heilmittel."

„Macht sich der Senator wieder einmal bemerkbar?"

„Scheint so", murmelte Graber, glitt langsam vom Hocker und streckte seine Glieder.

„Auf die Rechnung, wie immer! Noch vier Tage, dann ist Zahltag und du kriegst dein Geld, okay?"

„Ist in Ordnung!", rief Margie ihm nach, als der Pilot zielstrebig durch den Ausgang ins gleißende Sonnenlicht trat. Ein feiner Kerl, dachte sie nachdenklich, aber er sollte sich mal eine vernünftige Frau suchen und heiraten. Vielleicht auf die gleiche Weise wie Brandner? Sie musste ihn einmal darauf ansprechen.

Auf dem Vorfeld startete ein Flugzeugmotor; sein Lärm verlor sich langsam. In der Kneipe drehte lautlos der Ventilator an der Decke.

*

Grau und nass lag der dichte Nebel über dem Gebiet des St. Paul River. Von den Blättern der Büsche hing schwer der Tau. Vereinzelt durchdrang das zaghafte Schreien der Lachtauben das Halbdunkel des anbrechenden Tages. Werner Brandner zog mit griesgrämigem Gesicht die steife Schutzdecke von der Windschutzscheibe seiner Piper Tri-Pacer und ließ das in den Falten angesammelte Wasser abrinnen. Dann legte er sie unter dem offenen Dach des Unterstandes zum Austrocknen auf einen Querbalken.

Ein kurzer Rundgang um die Maschine bestätigte ihm, dass kein Schaden den heutigen Flug infrage stellen würde. Der Ölstand war unverändert und alle Zündkabel an den Zylindern waren fest. Er stemmte sich schwerfällig auf den linken Sitz und drehte den Startschlüssel; der Motor sprang sofort an. Brandner fröstelte es unter seinem bunten Polohemd. Er zog rasch die Tür ins Schloss, als der Propeller die nasskalte Morgenluft nach hinten schleuderte. Nachdem der Motor ein paar Minuten warmgelaufen war, zog Brandner den Gemischhebel heraus und drehte die Magnetschalter wieder auf „OFF". Die plötzliche Stille wurde nur vom steten, monotonen Klopfen des Dieselgenerators hinter dem Haus unterbrochen.

Helles Licht fiel nebenan durch die offenstehende Haustür. Er ging hinüber, um die Thermosflasche abzuholen. Marianne stand in einem blassroten Morgenrock in der Türfüllung, als er herantrat. Sie hatte ihm noch ein paar belegte Brötchen eingepackt und streckte sie ihm zusammen mit der gefüllten Thermosflasche entgegen. Besorgt versuchte sie ein Lächeln.

„Pass bitte auf dich auf. Heute scheinen die Wolken dichter und tiefer als sonst zu hängen."

Ihr Mann war an diesem trüben Morgen nicht in der Stimmung, die Ratschläge seiner jungen Frau anzunehmen. Er war bereits hinter seinem selbst auferlegten Zeitplan, und wenn er sich nicht beeilte, würde die Konkurrenz heute vor ihm in Bombo sein.

Brandner brummte ein paar unverständliche Worte, gab ihr hastig einen flüchtigen Kuss auf die Lippen und drehte sich dann auf den Absätzen um. Seine Tri-Pacer wartete im Nassgrau des Nebels; der neue Tag nahm sich heute Zeit, das nasse Kriechgras war glitschig. Schwach glänzten auf den Spitzen der Gräser die Tauperlen. Vom Tau sichtbar gemacht hingen feine Spinnweben zwischen einzelnen Grasbüscheln, bildeten bizarre Gebilde. Die hinter der Piste wild wachsenden

Palmen versteckten teilweise immer noch ihre Kronen im Dunst, streckten wie mahnende Finger ihre nackten Stämme ins Grau des zaghaft anbrechenden Morgens.

Als Brandner den vorgewärmten Motor wieder startete und mit seiner Tri-Pacer ans östliche Ende der sehr kurzen Graspiste rollte, wurde ihm die Wetterlage bewusst. Anders als sonst blieb der Dunst heute hartnäckig in den Bäumen hängen; die Sicht war nur bis in ein paar Meter Höhe akzeptabel. Er musste beim Start unbedingt in Sichtkontakt mit dem Boden bleiben, sonst würde er in Schwierigkeiten kommen. Für einen kurzen Augenblick dachte er an die Möglichkeit, die wahrscheinlich dünne Wolkendecke vom Start weg steil nach oben zu durchstoßen. Aber er verwarf den Gedanken so schnell wie er gekommen war; er würde es nie schaffen, Blindflug war nicht seine Sache. Brandner dachte grimmig an die vielen Ratschläge und Warnungen, die ihm andere Piloten gaben. Innerlich musste er über so viel Sorge um ihn lächeln. Was brauchte er diese komplizierten Kenntnisse von Blindflug? Was brauchte er all diese verwirrenden Instrumente und Anzeigen, die ihm noch nie einen Sinn erbracht hatten?

Brandner war stolz darauf, dass er, ein fliegerischer Autodidakt, viele andere Piloten an Können weit in den Schatten stellte, wenn es darum ging, einen der gefährlichen Plätze im Hinterland anzufliegen. Wie hatte Bill Weaver doch einmal gesagt? Er habe das Fliegen im Arsch und das wäre die einzige, richtige Art, ein Flugzeug zu fliegen. Das Gefühl müsste man haben, nicht sture, trockene Theorie, die gewisse Piloten nur noch zu Instrumentenguckern machte. Diese Worte waren Balsam gewesen in seinen Ohren. Bill Weaver war schließlich kein Selbstmörder, er wusste, wie man die Kisten durch die Luft bewegte; er wusste, wie man im Sichtflug sein Einkommen sicherte. Er brauchte keine Ratschläge, eher konnte er welche erteilen. Über 8.000 Flugstunden hatte er als Buschflieger in diesem verdammten Land überlebt und noch nie hatte er eine Ahnung von Blindflug gehabt. Das sollte ihm erst einmal einer nachmachen.

Bei angezogener Bremse ließ Brandner nun den Motor hochdrehen, prüfte die Zündmagnete und die Drehzahl. Alles schien in Ordnung. Er stieß den Gashebel bis zum Anschlag nach vorne, löste die Radbremse und hielt die langsam beschleunigende Maschine mit dem Seitenruder in Startrichtung.

Es schien eine Ewigkeit, bis Brandner mit genügend Geschwindigkeit die Tri-Pacer kurz vor Ende der holprigen Piste vom Boden hochziehen konnte. Sofort drückte er nach, um nicht von der Nebeldecke verschlungen zu werden. Nur wenige Meter trennten ihn von den Wipfeln der Palmen, deren Kuppen dunkel und schemenhaft vor ihm aus dem Grau auftauchten.

Brandner war, als ob der Dunst wie ein Vergrößerungsglas wirkte. Die Hindernisse schienen in der plötzlich schlechter werdenden Horizontalsicht enorme Ausmaße anzunehmen. Für einen Augenblick bemerkte er unter sich die vorbeihuschenden Gleise der Eisenerzbahn nach Bomi Hill und kurz darauf huschte er über die dunklen Wasser des Kpo Rivers. Die Wolken lagen hier noch tiefer. Im Tiefstflug den engen Windungen des Flusses folgend, war es ihm jedoch möglich, die Nebeldecke auch hier zu unterfliegen.

Wie weit noch bis zur Küste? Ein, zwei Minuten? In der wilden Kurverei hatte er den Überblick über seine genaue Position verloren. Er musste bald dort sein, denn er raste jetzt knapp über der leicht verschleierten Oberfläche des Flusses. Seine Gedanken flogen und er wusste, dass er in der Klemme war. Wann tauchte endlich die Küste auf? Dort, am flachen Strand, konnte er sogar auf Bodenhöhe fliegen, ohne mit den Bäumen und Palmen in Konflikt zu kommen. Auf diese Art war er schon unzählige Male der Küste folgend bis nach Cape Mount gekommen. Von dort an kannte er den Weg bis nach Bombo wie den Inhalt seiner Hosentasche. In dieser Jahreszeit waren die zähen Morgennebel beinahe eine normale Erscheinung und für ihn nichts Neues. Im

Gegenteil, die Fliegerei bei solchen Grenzwerten brachte für ihn den richtigen Grad an Nerven-kitzel und auch die Bestätigung, dass er ohne Blindflug selbst bei dicker Suppe fliegen konnte.

Plötzlich merkte er zu seiner Erleichterung, dass sich der Nebel langsam von den Bäumen löste. Rasch riss er die Maschine aus der Enge des vom Fluss gebildeten, baumfreien Korridors und kurvte nach Südwesten, um direkt zum heller werdenden Streifen über dem Strand zu gelangen. Mit einem Schlag war das dunkle Grün unter ihm verschwunden. Erleichtert drückte er die Tri-Pacer wieder tiefer und den schäumenden, hellen Strand entlang. Jetzt konnte nichts mehr schiefgehen. Brandner kannte diesen Streckenabschnitt bestens. Bald würden die kleinen Lagunen beim Delta des Loffa Rivers rechts vor ihm in Sicht kommen, von dort an löste sich der Nebel immer viel früher auf.

Die Sicht nach vorne betrug momentan noch um die 300 bis 400 Meter und würde dann schlagartig besser werden. Er atmete ein paar Mal erleichtert durch und schaute nach den Instrumenten. Alles schien in bester Ordnung. Schon wollte er sich bequem zurücklehnen, sich entspannen, als er staunend bemerkte, wie sich die Wolkendecke erneut absenkte und nun in einiger Entfernung vor ihm praktisch auf dem Wasser auflag.

Brandner überlegte blitzschnell. Das war doch nicht normal! So etwas hatte er in all den Jahren noch nicht erlebt. Er war in eine Falle geraten! Fieberhaft jagten seine Gedanken. Aber wie er es auch drehte, es gab nur zwei Möglichkeiten: entweder er kehrte sofort um und versuchte, Monrovia zu erreichen, oder er versuchte wider besseren Wissens durch die Wolkendecke nach oben wegzusteigen.

Die Konturen vor der Windschutzscheibe wurden immer verwaschener. Brandner hatte Schwie-rigkeiten, die sich nun windende Küste auszumachen und er drückte seine Maschine noch tiefer. Ein paar Meter noch trennten ihn von der schäumenden Brandung. Er musste sich entscheiden. Beim Gedanken, durch die Wolkendecke nach oben durchzustoßen, überkam ihn panische Angst. Was war, wenn er die Orientierung verlor und außer Kontrolle geriet? Dort oben erwartete ihn das Unbekannte, eine Situation, die er nicht zu beherrschen gelernt hatte. Voller Unruhe beobachtete er die nackten Stämme der Palmen am Strand, die ihn wie eine Wand von Fingern warnten.

Umkehren – nicht gegen diese Hindernisse. Er war zu nahe, um eine Kurve zu riskieren; weiter aufs Meer hinaus konnte er nicht, da würde er den Sichtkontakt zur Küste verlieren. Also nach links abdrehen! Sein Blick wechselte nervös nach links auf den weiten Ozean, dessen farbloses Wasser sich mit dem monotonen Grau der aufliegenden Wolken vermischte. Brandner über-legte nicht mehr lange. Kurzerhand legte er seine Tri-Pacer in eine Steilkurve, riss das Höhensteuer unter Vollgas an sich und zog die Maschine in eine Wende.

*

Willy Graber saß leicht vorgebeugt und konzentriert in seinem ausgebeulten Pilotensitz. Im Tief-flug raste er mit seiner Cessna 180 den flachen Strand entlang. Die unverschalten Räder berührten dabei fast den hell in der Abendsonne leuchtenden Sand. Schräg vor ihm huschte der langge-streckte Schatten der Maschine zwischen den dunklen Wassern der Lagunen am Loffa River und dem unberührten Küstenstreifen.

Was für ein herrliches Gefühl, die Geschwindigkeit so intensiv zu spüren, dachte Graber. Es war wie in alten Zeiten, als er mit seinem Rottenkameraden mit der Messerschmitt die Ostsee-küste entlang zwischen den Fischkuttern hindurchfegte und das freudige Winken der Seeleute entgegennahm.

Das flache Delta des Loffa Rivers wischte nun unter Grabers Maschine durch. Unwillkürlich musste er an die vergangenen Tage denken, an denen er in dieser Gegend die Küste abgesucht hatte, um den vermissten Werner Brandner zu finden. Zwei volle Tage waren alle verfügbaren Flugzeuge eingesetzt worden, aber es war alles umsonst gewesen. Brandner blieb spurlos verschwunden. Kein Wunder, dass seine Frau einem Nervenzusammenbruch nahe war – kaum ein Jahr verheiratet, in einem Land, das für sie immer noch sehr fremd sein musste. Wie er zwischenzeitlich von Margie erfahren hatte, war sie auch noch im vierten Monat schwanger; ein grausames Schicksal. Graber konnte Mariannes Lage und ihre Verzweiflung über den Zustand verstehen. Was war, wenn Brandner nie gefunden wurde? Die Versicherung würde die Auszahlung wahrscheinlich hinausziehen, sie mittellos hängenlassen.

Alle Piloten hatten zwar in der Zwischenzeit eine kleine Sammlung untereinander durchgeführt, die über 600 Dollar eingebracht hatte. Eine vorläufige, kleine Hilfe, die aber nur ein Tropfen auf dem heißen Stein sein konnte. Für ihn wie auch alle anderen am Flugplatz in Monrovia war klar, dass Werner Brandner irgendwo zwischen seiner Hauspiste und Bombo abgestürzt war, aber wo? An jenem Tag hatte ein verflucht dichter Nebel über dem Küstengebiet gelegen.

Graber hatte den Start nach Wesua im Hinterland wegen schlechter Sicht um eine Stunde verschoben; Brandner jedoch war sehr früh gestartet. Das hatten sie von Marianne erfahren und auch, dass er kurz nach dem Start schon sehr tief im Nebel verschwunden war. Deshalb hatten sie die Suche auch zuerst auf dieses Gebiet konzentriert und erst, als dort keine Anzeichen eines Absturzes gefunden wurden, hatte man sich entschlossen, die Suche auf den ganzen Küstenstreifen bis nach Cape Mount auszudehnen. Aber auch auf der Strecke von Cape Mount bis Bombo war die Suchaktion erfolglos geblieben.

Willy Graber hatte so etwas schon ein paar Mal erlebt, aber immer war es im undurchdringlichen Dschungel des Hinterlandes passiert. Dort konnte selbst ein großes Flugzeug spurlos verschwinden, so viel war ihm klar. Sein Blick schweifte voraus, den schmaler werdenden Küstenstreifen entlang, der zunehmend von hohen Palmen gesäumt war. Die Gischt der auf die Felsen aufschlagenden Brandung sprühte über seine Windschutzscheibe und zog in Schlieren, langen Fäden gleich, nach oben weg.

Ob Brandner an jenem Morgen auch den Sprühnebel der Brandung abbekommen hatte? Tief musste er schließlich geflogen sein, sehr tief sogar, um die Nebeldecke zu unterfliegen. Graber zog die Cessna knapp höher, um ein paar Felsen auszuweichen, tauchte danach gleich wieder ab. Nur ein paar Handbreit trennten die Räder seiner Maschine vom Sand des jetzt flach auslaufenden Strandes.

Da, was war das? Graber hatte etwas im Sand liegen gesehen. Undeutlich, aber etwas, das nicht an diesen Ort gehörte. Ein Fremdkörper in dieser unberührten und menschenleeren Gegend. Instinktiv riss er die Maschine in einer Steilkurve hoch und drosselte den Motor. Mit ausgefahrenen Landeklappen flog er auf Gegenkurs den Küstenstreifen nochmals ab. Die untergehende Sonne blendete, aber er sah das Objekt sofort. Die Umrisse waren deutlich auszumachen und dann war er auch schon über den Gegenstand hinweg.

Das ist ein Reifen, dachte er und zog die Cessna höher, um erneut auf Gegenkurs zu gehen. Ein Reifen – vielleicht ein Flugzeugreifen? Das musste ein Flugzeugreifen sein, ein Bugrad vielleicht. Graber hatte kurz etwas ausmachen können, das wie eine Fahrwerksgabel aussah. Es schoss wie Feuer durch seinen Kopf: war es ein Rad von Brandners Tri-Pacer? Was denn sonst! Entschlossen fuhr er die Landeklappen voll aus und reduzierte die Geschwindigkeit. Der weiße, körnige Sand kam schnell näher. Graber nahm langsam die Schnauze seiner Cessna höher, schob sich parallel zur auslaufenden Brandung an den Strand heran. Seitwärts blickend machte er eine letzte Korrektur, dann stob auch schon der Sand hoch und die Maschine versuchte, nach links wegzuziehen. Mit aller Kraft und unter vollem Einsatz des Motors steuerte er sie wieder auf den feuchten Abschnitt des Strandes, wo er sie zum Stehen brachte.

Mit den letzten Drehungen des auslaufenden Propellers war Graber auch schon vom Sitz, öffnete die Tür und sprang in den feuchten Sand. Aufgeregt rannte er mit pochendem Puls zu der Stelle, wo der Reifen liegen musste. Er hatte sich nicht getäuscht. Es war nicht nur ein Reifen, es war ein ganzes Rad samt Bugradgabel und abgebrochenem Stoßdämpferrohr. Graber riss das eingeschwemmte Wrackteil aus dem Sand, spülte es in der Brandung sauber und ging damit zu seiner Cessna zurück. Es gab keinen Zweifel, die Teile mussten von Brandners Tri-Pacer stammen. Obwohl die Farbe von der Brandung zum größten Teil weggeschliffen war, konnte er die rote Lackierung auf der Fahrwerkgabel noch deutlich erkennen; Brandners Tri-Pacer war immer schon rot lackiert gewesen. Graber schob den Fund in den Gepäckraum und setzte sich wieder hinter das Steuer. Ein letzter Blick zurück zeigte die Sonne als eine versinkende, blutrote Scheibe am Horizont. Es war Zeit, dass er von hier wegkam und den Fund seinem Boss Max Decker zeigte. Irgendjemand am Flugplatz würde sicher in der Lage sein, die Teile mit Bestimmtheit zu identifizieren. Minuten später hob er sachte seine Cessna in den sich bunt verfärbenden Abendhimmel. Er schaute auf seine Uhr; in 20 Minuten würde er über Monrovia sein.

*

Max Deckers Gesichtsausdruck war ein einziges Fragezeichen, als Graber das abgebrochene Bugrad auf den alten Schreibtisch knallte.

„Verdammt, was soll das?"

„Vielleicht die Antwort auf Brandners Verschwinden", antwortete Willy Graber aufgeregt und deutete mit seinem Zeigefinger auf den schwarz glänzenden Reifen.

„Ich habe diese Reste eines Bugfahrwerks aus dem Sand beim Loffa River gezogen. Es könnte – ja, ich bin überzeugt, dass es das Bugfahrwerk von Brandners Piper Tri-Pacer ist."

Deckers Blick war eiskalt, als er von dem Wrackteil hochschaute und seinen Piloten fixierte.

„Willst du mir etwa sagen, dass du dort am Strand gelandet bist, um dieses Ding mitzunehmen?"

„Sicher, wie sollte ich denn sonst dieses ‚Ding', wie du es nennst, bergen?"

„Du riskierst die teure Cessna für irgendein Rad, das du im Vorbeiflug im Sande liegen siehst? Du hättest auf die Fresse fallen können, hoffentlich ist dir das klar."

„Schon gut, Max! Ich habe aufgepasst und mich in der Nähe der Brandung gehalten. Aber was sagst du zu dem Fund?"

Deckers Stimme wurde ruhiger, als er sich erneut dem Rad auf seinem Schreibtisch zuwandte. Er drehte das Ganze um und besah sich die abgescheuerte Radgabel und das gewaltsam abgebrochene Stoßdämpferrohr.

„Hm, könnte schon von Brandners Maschine stammen. Von einer Tri-Pacer ist es ganz bestimmt. Ich kenne doch die Konstruktion, aber ob es …"

„Moment!", unterbrach Graber. „Ich habe es doch völlig vergessen."

Er fuhr sich kopfschüttelnd durchs Haar und schob die feinen Schweißperlen mit dem Handrücken aus seiner Stirn.

„Am Tag vor seinem letzten Flug habe ich Brandner kurz bei Margie an der Bar getroffen. Er hatte wegen eines Reifenwechsels am Bugrad eine Startverzögerung, anscheinend war der Reifen von einer Glasscherbe zerschnitten worden."

„Und wer hat den Reifen gewechselt?", fragte Decker und besah sich die leicht zerschundenen Seiten des Reifens.

„Wahrscheinlich der Spanier. Du weißt ja, José übernimmt manchmal so kleine Nebenarbeiten, wenn er etwas verdienen kann."

Decker brummte etwas Unverständliches. Dann notierte er, einer plötzlichen Eingebung folgend, verschiedene Zahlen, die auf dem Reifen zu erkennen waren.

„Hier, geh mit diesen Angaben zu José. Vielleicht hat er noch einen alten Lieferschein und wir können die Nummern bestätigen. Wenn die identisch sind, haben wir die Gewissheit."

Graber schnappte sich den Zettel von Deckers Hand und wollte aus dem Büro stürmen, aber der andere rief ihn zurück.

„Moment mal, nur nicht so schnell. Wir wollen das Ganze gleich einmal bei Margie drüben besprechen. Es ist jetzt sowieso Feierabend, alle sind drüben beim Biertrinken und dieser Fund hier wird viel Gesprächsstoff und vielleicht eine Lösung bringen. Ich werde drüben warten."

Graber war Sekunden später durch die verglaste Tür nach draußen verschwunden. Decker hob das Bugrad vom Tisch und drehte den Lichtschalter für seines Büros aus. Der Weg hinüber zum Flugplatzgebäude war kurz. Das Wrackteil unter den rechten Arm geklemmt, strebte er mit langen Schritten dem hell erleuchteten Eingang entgegen. Schon von weitem hörte er den Lärm der vielen Gäste an Margies Bar. Er schwoll noch beträchtlich an, als Max Decker am Eingang erschien.

„Was hast du denn da unter dem Arm?", rief jemand laut, und eine andere Stimme setzte hinzu: „Wahrscheinlich hat er die eine Hälfte eines Horex-Motorrades der Polizei in einem Graben gefunden."

Lautes Gelächter quittierte die Bemerkung, aber Decker verzog nicht einmal sein Gesicht. Ohne sich aufhalten zu lassen, ging er an der Bar vorbei und betrat das leere Restaurant dahinter. Beim ersten Tisch, der bereits für das Abendessen gedeckt war, schob er das weiße Tischtuch samt dem Besteck und den Tellern auf eine Seite und legte das abgebrochene Bugfahrwerk auf den freien, nun blank glänzenden Teil der Platte.

„That's it", sagte er halblaut zu sich und blieb abwartend stehen, wohl wissend, dass die Neugier all jene in diesen Raum treiben würde, die etwas mit der Fliegerei zu tun hatten. Er brauchte nicht lange zu warten. Margie drängte als Erste durch die mit Moskitonetz überzogene Tür. Hinter ihr standen Jo Langen, Weaver und Sam Dickson, die ein wenig unschlüssig dreinblickten.

„Hey, Max! Was hast du mit dieser modernen Skulptur vor?", fragte Sam Dickson, spöttisch auf das Wrackteil zeigend.

„Skulptur, schön wär's! Willy hat dieses Ding vor etwa einer halben Stunde in der Nähe des Loffa Rivers aus dem Strandsand geborgen. Er meint, es könnte vielleicht …"

Decker kam nicht weiter, denn die Tür schlug knallend von außen gegen die Wand. Einen rosa Zettel hochhaltend, stürmte Willy Graber mit grimmig-triumphierender Miene in den Raum. Auf seinen Fersen folgte ihm José Prado.

„Wir haben den Beweis! Max, dies hier ist der Beweis!"

„Was für ein Beweis?", fragte Bill Weaver verwirrt.

Graber legte aufgeregt das Papier in seinen Fingern neben dem Wrackteil auf den Tisch und sagte:

„Der Reifen an diesem abgebrochenen Fahrwerk wurde vor einer Woche von Werner Brandner bei José gekauft und José hat ihn persönlich auf die Felge aufgezogen. Die Nummern stimmen."

Für Sekunden war es still im Raum. Man hörte nur das heftige Schnaufen von José Prado, der nun den Reifen auf dem Tisch näher betrachtete.

„Von Brandners Maschine?", stammelte Sam Dickson. Auch er trat nun an den Tisch, um sich persönlich zu überzeugen.

Immer mehr Leute drängten von hinten in den kleinen Raum. Willy Graber fühlte, dass er den Anwesenden eine Erklärung schuldig war; schließlich waren sie auf diesem Flugplatz eine eingeschworene Gemeinschaft von Abenteurern. Alle hatten Werner sehr gut gekannt und mehrere Stunden an der Suche nach ihm teilgenommen. Graber stellte sich ohne Umschweife mit seinen Stiefeln auf einen mit feinem Stoff überzogenen Sessel und erzählte lang ausholend, wie er das Wrackteil am Strand geborgen und nach Monrovia gebracht hatte. Als er von seiner Vermutung erzählte, dass dieses abgebrochene Bugrad vielleicht von Brandners Maschine stammte, hörte das nervöse Scharren der Schuhe auf dem Boden auf; jeder lauschte aufmerksam. Schließlich kam Graber auf den Lieferschein zu sprechen, der den endgültigen Beweis zu erbringen schien.

„Das würde heißen, dass Werner dort am Strand notgelandet ist", sagte Jo Langen, sich auf die Zehenspitzen stellend. „Aber wo zum Teufel ist dann die Maschine geblieben?"

Es schien, als ob jedermann auf die Gelegenheit gewartet hätte, jetzt seine Meinung zu äußern; alles redete durcheinander, niemand konnte etwas verstehen.

„Ruhe, verdammt noch mal – nur einer soll sprechen!", mahnte Weaver laut und verärgert.

„Willy, du hast den Reifen gefunden, hast die Gegend genau gesehen – was hast du zu sagen?"

Willy Graber nickte dankbar von seinem Stuhl herab und fuhr fort: „Nun, ich glaube im Gegensatz zu Jo hier nicht an eine Landung Brandners an der Küste. Ihr alle wisst, dass an jenem Morgen eine echte Nebelsuppe über dem ganzen Küstengebiet lag. Wir wissen auch, dass Werner an jenem Morgen früh gestartet ist, um in Bombo die ersten Passagiere aufzunehmen."

„Wissen wir längst. Komm endlich auf den Punkt!", rief Jack Burns von ganz hinten.

„Nehmen wir also einmal an, Brandner wäre, wie schon so oft, tief über den Strand in Richtung Cape Mount geflogen, um unterhalb der Nebeldecke zu bleiben. Und nehmen wir weiter an, die Sicht im Loffa River Gebiet wurde immer schlechter, die Nebeldecke hing immer tiefer, und Werner entschloss sich, sich aus dem Schlamassel zu befreien; was würde wohl passieren? Ich habe lange darüber nachgedacht und ich weiß jetzt ziemlich sicher, was passiert ist. Nach rechts abdrehen konnte er nicht, denn da standen in Reih und Glied die hohen Palmen, ihre Kronen wahrscheinlich im Nebel. Nach oben durch den Nebel durchstoßen, das hätte er niemals probiert, denn wir wissen, dass er keine Ahnung von Blindflug hatte. Also blieb ihm nur ein einziger Ausweg, und das war eine Umkehrkurve nach links auf das offene Meer hinaus …"

Graber schaute in die Runde, um zu sehen, wie seine Worte gewirkt hatten, und holte dabei tief Luft.

„Und wo liegt das Problem?", wollte Decker wissen. „Da draußen gibt es wenigstens keine Bäume."

„Richtig", gab Graber zur Antwort, aber dann machte er eine ausholende Geste. „Stell dir vor, du stehst am Strand und schaust auf das offene Meer hinaus. Und jetzt stell dir vor, es liegt tiefer Nebel über der Wasseroberfläche und die Sicht ist begrenzt. Was siehst du dann? Nun, ich will es dir sagen – nichts! Himmel und Wasser bilden eine einzige Einheit, eine düstere Wand. Falls Brandner versucht hat, seine Tri-Pacer in der Linkskurve nach einem Horizont auszurichten, dann war es aus. Ich möchte schwören, dass er in der Steilkurve verzweifelt die Wasseroberfläche, respektive den Horizont als Anhaltspunkt suchte, aber natürlich nicht gefunden hat. Dann hat wohl der linke Flügel seiner Maschine die Wasseroberfläche berührt und von da weg sind die Fetzen geflogen."

„Theorie, aber sehr einleuchtend," sagte Sam Dickson gedehnt. „Das würde auch die Anwesenheit eines Teils des Bugfahrwerkes am Strand erklären. Beim Aufschlag wurde es abgerissen, vielleicht auch mit dem Rest der Trümmer in die Tiefe gezogen und später an Land gespült."

Gesprächsfetzen wurden wieder lauter hörbar; es gab zustimmendes Nicken von Einzelnen, die sich nun das Wrackteil auf dem Tisch ansahen. Willy Graber hatte den Stuhl wieder unter den Tisch gestellt und versuchte die Fragen, die an ihn gerichtet wurden, so gut wie möglich zu beantworten.

„Hast du außer diesem Bugrad keine anderen Wrackteile gesehen?"

„Gar nichts, Bill. In dem Wasser um die Felsen herum war der Sand so aufgewühlt, dass man überhaupt nichts erkennen konnte. Dazu kommt noch der Umstand, dass die seitliche Strömung dort sehr stark wirkt. Brandner könnte auch ganz woanders abgestürzt sein; die Strömung hat das Rad dorthin getragen, wo ich es gefunden habe."

„Auch möglich," antwortete Weaver nachdenklich. „In diesem Fall werden wir wohl nie wieder etwas von Werner finden, aber der Versicherung kann jetzt wenigstens erklärt werden, dass er ins Meer gestürzt ist. Das sollte wohl für eine sofortige Auszahlung des Geldes an seine Frau genügen."

Weaver hielt inne und blickte Graber fest an.

„Willy, du kennst Werners Frau Marianne am besten. Ich möchte dich bitten, mit José zu ihr hinauszufahren, um ihr das alles so schonend wie möglich beizubringen. Ich werde morgen früh mit Max zusammen versuchen, die Sache an offizieller Stelle zu regeln, um einen Totenschein für Werner zu kriegen."

Graber schluckte hörbar, aber er widersprach nicht. Weaver hatte recht. Werner Brandner war sein langjähriger Freund gewesen, er war es ihm und seiner jungen Frau schuldig. Mit einer müden Handbewegung winkte er Margie heran, die an die Wand gelehnt immer noch abwesend ins Leere starrte. Ihre Augen glänzten und er glaubte, quellende Tränen zu sehen.

„Margie, bring uns eine Flasche ‚Black Label'. Wir wollen auf Werner einen letzten Salut trinken. Er war ein guter Kerl!"

Sie stieß sich wortlos von der Wand ab, ging mit gesenktem Kopf hinter der Gruppe von Männern vorbei und durch die Tür, die noch für eine Weile leicht nachpendelte. An der Bar grölte der Alltag.

Piper Tri-Pacer, Bild: Piper

TROPISCHE GEWITTER

12. Februar 1972, Nachtflug von Kinshasa nach Nairobi

Die geschlossene Wolkenschicht über dem Flugplatz N'Djili bei Kinshasa wirkte wie der Deckel auf einem Kochtopf. Die feucht geschwängerte Luft hing einem triefenden Lappen gleich über dem Flugplatzgelände und schien alles Leben lahmzulegen. Jetzt, kurz vor Sonnenuntergang, war noch immer keine Abkühlung festzustellen. Auf dem großen, verlassen wirkenden Abstellplatz rührte sich nichts; nur vor dem offenstehenden Militärhangar am östlichen Ende des riesigen Tarmacs schien sich an einer viermotorigen Douglas DC-4-Transportmaschine jemand zu schaffen zu machen.

Die angestaute, drückende Hitze im Innern des Flugzeugs hatte sämtliche Schweißporen von Captain Davies geöffnet. Das Hemd bis zum Hosenbund aufgeknöpft, stand er mit nass glänzender Haut im Rahmen der Frachttür. Sein vorgeschobenes Kinn, die steilen Stirnfalten und seine kräftige Statur strahlten Entschlossenheit aus. Davies gab laut und deutlich Anweisungen an den Fahrer des Lastwagens, der langsam rückwärts an die Frachttür des Flugzeuges herantuckerte. Davies' Achtsamkeit hatte ihre Gründe: es war nicht das erste Mal, dass ein Idiot von Fahrer bei diesem Manöver mit der Ladebrücke eine Beule oder ein Loch in die Beplankung des Flugzeugrumpfes gedrückt hatte. Die einheimische Mannschaft, die für das Beladen der Maschine zuständig war, stand bereits abwartend auf der Ladebrücke und rief ihrerseits Anweisungen an den Fahrer.

„Stopp!", rief Davies scharf, als die Ladekante des Lasters nur noch eine Handbreit vom unteren Rahmen der Frachttür entfernt war. Jetzt zog die Lademannschaft die schützende Plane von der Ladung des Lasters zurück. Darunter kamen verschiedene Büromöbel und große Holzkisten zum Vorschein. Mir scheint, die Amerikaner wollen ihre Botschaft in Mogadischu neu einrichten, dachte Davies kopfschüttelnd und blickte auf die Ladepapiere in seiner Hand. Ganze fünf Tonnen Totalgewicht zeigte die Aufzeichnung der Frachtliste. Das ist wohl auch nur geschätzt, mutmaßte Davies und rechnete kurz die Gewichtsreserve bis zum kritischen Zero-Fuel-Weight. Das Volumen der Ladung wird die Maschine wohl bis auf den letzten Meter ausfüllen, überlegte er mit skeptischem Blick auf das sperrige Ladegut. Unten neben dem Laster bemerkte er seinen Co-Piloten Carsten, der gerade mit Dokumenten und einem Papiersack in der Hand das Geschehen beobachtete. Davies winkte ihn energisch hoch.

„Jo, komm nach oben! Ich brauche dich hier zum Überwachen, wenn die Beladung beginnt!"

Jo Carsten beeilte sich. Er wusste, dass der Skipper langsame Arbeit ganz und gar nicht leiden konnte. So stieg er zügig die an die Cockpittür angelehnte Aluminiumleiter hoch und legte Sack und Papiere ab. Dann eilte er durch die leere Kabine zurück zu Captain Davies.

„Der Flugplan ist aufgegeben. Ich habe 18:00 GMT als Abflugzeit angegeben und drüben im Restaurant die Sandwiches besorgt. Schinken mit Käse in einem französischem Baguette, sieht gut aus."

„Perfekt", entgegnete Davies und strich sich über den knappen Schnurrbart. „Hast du auch den Tankwagen angefordert?"

Jo Carsten nickte. „Der Tanker von Shell sollte in zehn Minuten hier sein. Noch sind sie mit dem Füllen ihres Tankwagens bei der Pumpstation beschäftigt."

„Gut gemacht", sagte Davies und zeigte auf die Ladung des Lastwagens.

„Sieh zu, dass richtig verladen wird. Die schweren Kisten gehören in den vorderen Bereich der Kabine. Die leichteren Möbel eher in den rückwärtigen Teil. Ich schau mich inzwischen mal nach einem mobilen Generator um. In zehn Minuten wird es dunkel. Wir brauchen dringend Licht in der Maschine."

Carsten nickte. Seit er bei der Transglobal Airlines arbeitete, hatte er bereits mehrere Frachtflüge als Co-Pilot mitgemacht. Er wusste, dass die Beladung von Hand eine ganze Weile dauern würde. Da die Fracht nicht auf Paletten geladen war und keine Hebebühne vorhanden war, musste jedes Frachtstück einzeln und mühsam von Hand in die Maschine gepackt werden. Dass die von der amerikanischen Botschaft angeheuerte Gruppe lokaler Helfer sehr viel mehr am versprochenen Geld als an der Arbeit interessiert war, hatte sich bereits beim Entladen der Maschine gezeigt. Captain Davies war dabei schließlich der Geduldsfaden gerissen. Mit vor Wut rot angelaufenem Gesicht hatte er die schnatternde Meute als faules Gesindel bezeichnet, sein Uniformhemd ausgezogen und ihnen gezeigt, wie man eine Arbeit anpacken muss.

Ich werde diesem faulen Haufen mal zeigen, was man leisten kann, hatte Davies gezischt. Dieses Pack glaubt wohl, er könne nur als Manager im Büro seinen Mann stehen. Ohne Hilfe hatte er danach schwere Kisten eigenhändig aus der Maschine gezerrt und auf den bereitstehenden Laster geschoben. Die herumstehenden Menschen hatten nicht glauben können, was sie da sahen; offensichtlich begannen sie, ihre Ansicht über die physischen Leistungen zu ändern. Ihr Respekt für den „Commandant" der fliegenden Maschine war jedenfalls in ungeahnte Höhen gestiegen.

Dass Captain Davies das Letzte hergegeben hatte, um bei der herumstehenden Lademannschaft Eindruck zu schinden, war für Carsten offensichtlich gewesen; aber es hatte den erwarteten Erfolg gebracht. Als Davies nach einer Viertelstunde mit schweißglänzendem Oberkörper zurückgetreten war und auf die von ihm ausgeladene Fracht auf dem Laster gewiesen hatte, war bei der Lademannschaft kein Halten mehr gewesen. Die Männer hatten nun ihrerseits beweisen wollen, dass sie die Aufgabe vielleicht noch schneller erledigen konnten. Eine halbe Stunde später war die mit knapp neun Tonnen Fracht beladene Douglas DC-4 entladen gewesen.

Carsten war überzeugt, dass das Beladen diesmal flink vorangehen würde. Noch einmal blamieren wollte sich die Lademannschaft sicher nicht. Davies war unterdessen nicht untätig geblieben. Er holte mit einem der herumstehenden Helfer den benzingetriebenen Generator aus dem nahen Hangar und schloss ihn an die DC-4 an. Jetzt konnten alle Lampen in der Kabine eingeschaltet werden. Ein Teil der Fracht war bereits von der Mannschaft verladen worden als auch der Tankwagen vorfuhr und sein Fahrer von Captain Davies Anweisungen für das Füllen der Tanks entgegennahm. Davies ließ es sich nicht nehmen, jeden der sechs Flügeltanks mit dem Messstab auf den Inhalt zu überprüfen. Am Ende der Betankung überzeugte er sich, dass die Tankverschlüsse sicher aufgesetzt waren.

Auch die Öltanks für die vier Pratt&Whitney-R-2000-Motoren mussten nachgefüllt werden. Am Ende unterzeichnete Davies die Benzin- und Öllieferung. Er war sichtlich zufrieden und nahm sich nun die Zeit, das Äußere der Maschine einer genauen Prüfung zu unterziehen. Aber er fand nichts Verdächtiges. Die Kühlklappen an den Motoren hatten das zulässige Spiel, die Stoßdämpfer und Bremsen am Hauptfahrwerk hielten der Kontrolle stand und die Öltropfen, die sich unter den Motoren auf den Betonplatten sammelten, waren als ein normales Vorkommnis einzustufen. Davies stieg wieder die Leiter hoch, legte die Betankungspapiere im Cockpit ab und ging dann zurück in den Frachtraum. Hinter dem schmalen Durchgang zwischen bereits geladenem Frachtgut und Kabinenwand traf er seinen Co-Piloten, der sich mit dem richtigen Platzieren der einzelnen Frachtstücke abmühte. Sein Uniformhemd hatte er abgelegt, das darunter befindliche T-Shirt klebte schweißverfärbt auf seiner Haut.

„Wie kommst du mit der Beladung voran?"

Carsten blickte auf und zeigte grinsend auf die eifrig arbeitende Lademannschaft.

„Wie du siehst, geht es wie in einem verfluchten Bienenhaus zu. Ich denke, wir sind bereits in einer halben Stunde fertig", lachte er. „Danach brauche ich dringend etwas zum Trinken."

„Was für ein Unterschied zu vorher", pflichtete Davies schmunzelnd bei. „Diesen Eifer muss ich am Ende unbedingt mit einem Trinkgeld belohnen. Das wird das nächste Mal helfen, den Leuten Beine zu machen."

„Eine gute Idee", stimmte Carsten enthusiastisch zu.

„Ich werde jetzt beginnen, die Ladung von vorne nach hinten gut mit Netzen zu sichern", fuhr der Captain fort. „Wir müssen auf dem Flug über die Seenregion und Gebirgszüge im Osten mit Turbulenzen und schlechtem Wetter rechnen. Ich möchte sicher sein, dass sich die Ladung nicht selbstständig macht."

Carsten strich sich den brennenden Schweiß aus den Augen und nickte. Er hatte schon erlebt, welche Gewalt die Gewitter im Bereich des Äquators und speziell über dem Kongo entwickeln konnten. Im Gegensatz zum Skipper rechnete er jedoch auf der gesamten Strecke immer noch mit gutem Wetter und hoffte, dass sein Skipper nicht Recht behielt. Für einen Moment blickte er Captain Davies hinterher, der sich wieder nach vorne durchzwängte. Er mochte seine ruhige Art, vor allem gefiel ihm, wie er mit den Juniorpiloten in der Firma umging. Im Cockpit verlangte er immer absolute Aufmerksamkeit; oftmals gab es einen kurzen Anschiss, wenn man beim Herumgaffen erwischt wurde. Nur selten hatte er Davies unbeherrscht erlebt, und wenn es vorkam, war es berechtigt gewesen. Davies sprach wenig und war nicht unbedingt ein geselliger Zeitgenosse, aber wenn er etwas sagte, dann hatte dies Hand und Fuß.

Carsten rackerte sich endlich mit dem Ladeplan in der Maschine ab, ließ Kisten nach Gewicht umstellen, Möbel aufschichten und Kartons stapeln. Endlich war die ganze Ladung im Rumpf der DC-4 verstaut. Captain Davies stellte sich vor die Lademannschaft und dankte in knappen Worten für die Leistung. Dann überreichte er dem Anführer ein paar Zaire-Geldscheine, deren Summe auf seine Leute aufzuteilen war.

Die Reaktion auf die unerwartete finanzielle Belohnung war nicht zu überhören. Überschwänglich bedankten sich die Männer. Minuten später war die Bühne leer. Der Lastwagen verabschiedete sich mit qualmendem Auspuff und verschwand in der Dunkelheit.

„Das wäre geschafft! Jetzt nur noch die Sicherung der restlichen Fracht, dann gönnen wir uns erst einmal etwas zum Trinken und machen eine Pause", verkündete Davies aufatmend.

„Und ich möchte jetzt am liebsten unter eine Dusche", grinste der Co-Pilot.

„Auch mir kleben die Kleider am Körper. Im Dokumentenkoffer habe ich ein paar frische T-Shirts. Ich kann dir eines davon leihen."

Carsten hatte zwar immer noch sein Uniformhemd im Cockpit hängen, aber er nahm das Angebot gerne an; so musste er den Gestank von Schweiß und abgestandener Luft nicht am Körper tragen.

„Erst schließt du die Frachttür! Dann kannst du mir helfen, den Generator abzuhängen und wieder in den Hangar zu schieben", ordnete Davies an. „Es ist keine Sau mehr dort, um uns diese Arbeit abzunehmen."

„Und was ist mit dem Feuerlöscher, wenn wir die Motoren starten?"

Davies lachte nur. „Forget it! Im Dunkel der Nacht haben hier die Geister das Sagen."

Hin und wieder konnte der Skipper auch mit etwas Humor aufwarten. Dass nach Einbruch der Dunkelheit auf den Flugplätzen im tropischen West- und Zentralafrika alles dichtmachte und die meisten der wenigen Funkfeuer nicht mehr funktionierten, war ihm bekannt. Aber das war nicht die Schuld der hiesigen Geisterwelt, sondern vielmehr der Tatsache geschuldet, dass die Dieselgeneratoren auf den abgelegenen Flugplätzen einfach abgeschaltet wurden.

Die beiden Piloten drückten sich an der Fracht vorbei ins Cockpit, wo Davies die Notbeleuchtung auf die Bordbatterien schaltete. Dann kletterten sie die Leiter hinunter, um den alten, lärmigen Generator abzustellen und zurück in den Hangar zu schieben.

Es war kurz vor 20 Uhr örtlicher Zeit, als sie die Leiter einzogen und mit den Vorbereitungen zum Motorenstart begannen. Carsten las die Checkliste, während Captain Davies die Punkte abarbeitete und anschließend bestätigte.

„Fuel on bord?"

Davies blickte auf das Load Sheet. „2.300 Gallons, 13.450 Pfund!"

„Ladung?"

„11.000 Pfund. Startgewicht liegt nun bei rund 65.300 Pfund."

„V1 und V2?"

Davies holte seine kleine in Plastik eingeschweißte Tabelle hervor und ließ seinen Finger über die Zahlen gleiten.

„90 und 96 Knots!"

Carsten markierte die Daten mit einem dicken Filzstift auf dem Plastikschild an der Instrumentenblende.

„Check engine for start. Clear three!", gab Davies durch und legte dabei seinen Finger auf die entsprechenden Startschalter an der Cockpitdecke.

„Clear three!", rief Carsten über die Schulter, nachdem er sich vergewissert hatte, dass niemand in der Nähe stand. Dann sah er auch schon, wie der Propeller sich zu drehen begann. Er zählte laut den Durchgang der einzelnen Blätter, dann hustete das große Auspuffrohr dichten Rauch. Zögernd stabilisierte sich der Doppelsternmotor im Leerlauf.

„Oil pressure coming up!", bestätigte Carsten, als er sah, wie der Zeiger des Instruments hochkletterte. Nach zwei Minuten liefen alle vier Motoren und Davies nickte zufrieden.

„Ruf mal den Kontrollturm für die Rollfreigabe!"

Carsten vergewisserte sich, dass der Frequenzschalter auf 118.1 stand, stülpte den Kopfhörer über seine Ohren und drückte den Mikrofonknopf. Dann lauschte er angestrengt und kritzelte hastig auf sein Kniebrett.

„Clear for Runway 25. QNH 29.94. Wind aus 270 mit fünf Knoten!"

Captain Davies nickte stumm. Nachdem er erneut die Checkliste abgerufen hatte, löste er die Bremsen und die DC-4 begann, langsam vom Standplatz zu rollen. Bald hatten sie den Holding Point von Piste 25 erreicht, wo Davies gewissenhaft den Motorencheck durchführte. Nachdem auch die letzten Checkpunkte abgerufen waren, holte der Co-Pilot die Startfreigabe ein und notierte sorgfältig die Daten, die er vom Kontrollturm erhielt.

„Cleared for take-off. Left turn after take-off, climb to 5.000 feet initially. Report leaving control zone!"

Davies hatte inzwischen seinen Kopfhörer über das linke Ohr gestülpt und die Durchsage mitverfolgt. Langsam rollte er auf die Piste und richtete die Maschine in Startrichtung aus. Eine

4.700 Meter lange Rollbahn lag vor ihnen, lang genug, um einen vollbeladenen B-52-Bomber in die Luft zu kriegen, dachte Davies und schaltete die Scheinwerfer ein. Dann schaute er sich ein letztes Mal im Cockpit um und schob langsam die vier Leistungshebel nach vorn.

Das Brummen der Motoren steigerte sich zu einem Donnern. Bebend begann die DC-4 zu beschleunigen. 20 – 40 – 60 Knoten. Immer schneller rasten die Lampen der Pistenbefeuerung an ihnen vorbei. Carsten behielt die Geschwindigkeitsanzeige im Auge: 90 Knoten.

„V1!", rief er laut, während er sorgfältig daran arbeitete, mit den Leistungshebeln auf seiner Seite den Ladedruck der Motoren auf 50 Zoll zu halten. Davies zog die Steuersäule langsam an und nahm den Druck vom Seitenruder zurück.

„V2!", rief Carsten aus, als die Nadel bei 96 Knoten vorbeikam. Das Rumpeln von den Trennfugen in den Betonplatten der Piste hörte schlagartig auf; sie hatten abgehoben und waren in der Luft.

„Gear up!"

Carsten griff nach dem Fahrwerkshebel auf seiner Seite des Instrumentenbretts und zog ihn hoch.

„Gear coming up – in transit!"

Fast gleichzeitig nahm Davies die vier Leistungshebel etwas zurück. Das tiefe Grollen der Motoren, das Zittern in der Struktur nahm ab; dann erloschen auch die Leuchtfinger der Scheinwerfer. Die Nase der Maschine zeigte in den pechschwarzen Himmel. Die Stimme vom Kontrollturm gab die Startzeit mit 18:18 GMT durch und Carsten antwortete mit der geschätzten Zeit des Verlassens der Kontrollzone.

Während Davies die Maschine kontinuierlich auf 3.000 Fuß steigen ließ, ging er mit Carsten die Checkliste durch. Dann drehte er langsam nach links auf den direkten Kurs nach Nairobi und stieg weiter auf 5.000 Fuß.

„Wie sieht es mit den Überflugzeiten aus?", wollte Davies wissen.

„Einen Moment, bitte. Bin gerade bei den letzten Zahlen", erwiderte der Co-Pilot. Seine Finger drehten eifrig am Sanderson Flight Computer und er notierte seine Rechenergebnisse auf dem Flugplan, der auf dem Kniebrett war.

„Leaving control zone at 18:58. First checkpoint Bujumbura at 22:48. Nairobi estimate at 01:38", meldete Carsten.

„Okay, also etwas über sieben Stunden; wenn nichts passiert. Gib die Daten an Kinshasa Control weiter."

Was heißt hier, wenn nichts passiert, dachte Carsten. Was sollte denn schon passieren. Rechnete Davies etwa mit Schwierigkeiten mit einem der Motoren? Wusste er mehr, als er verraten wollte? Hatte er wieder einmal eine seiner schon fast berühmten Vorahnungen, die er mit dem berüchtigten Gefühl im Hintern ermittelt hatte? Es wäre nicht das erste Mal, dass er damit einem technischen Problem auf die Spur kam, das noch keinem der Mechaniker aufgefallen war. Carsten erinnerte sich an einen Vorfall, bei dem Davies Probleme mit einem der Motoren vorausgesagt hatte. Die Mechaniker hatten dafür bloß ein Lächeln übriggehabt. Aber beim nächsten Flug war der Öldruck von Nummer vier weg und Davies musste den Motor stilllegen.

Carsten schüttelte die Gedanken von sich und nahm Verbindung mit Kinshasa Control auf. Davies lauschte dem Funkverkehr und gab Carsten ein Zeichen, dass er auf Flight Level 90 steigen wollte.

Kinshasa Control hatte nichts dagegen und Davies ließ die Maschine gemächlich weiter aufsteigen. Kurz darauf hatten sie die Grenze der Kontrollzone erreicht und Carsten meldete sich ab. Captain Davies zog den Kopfhörer vom Kopf und deutete nach hinten.

„Jetzt hätte ich Lust auf ein Sandwich."

Carsten löste den Bauchgurt und kletterte nach hinten.

„Eine Coke dazu?"

Davies nickte und beobachtete die Instrumente. Alles schien in Ordnung, lediglich die Anzeige des Benzindrucks von Motor No.2 schwankte leicht. Davies trimmte die Maschine auf Level 90 aus und drückte die Ventile für den Autopiloten. Inzwischen hatte Carsten zwei Flaschen Cola aus der Kühlbox genommen. Er reichte eine davon samt einem Sandwich nach vorn zu Captain Davies. Dann ließ er sich wieder auf dem rechten Pilotensitz nieder.

Es war eine klare Nacht. Die Maschine lag wie ein Brett in der Luft. Nur hin und wieder leuchteten ein paar Lichter aus der Landschaft unter ihnen. Unbewohnte Gegend, Dschungel, Wildnis. Die Sandwiches schmeckten.

„Was haben sie in Kinshasa über die Wetterlage gesagt?", fragte Davies.

„Nichts Besonderes. Mögliche Gewitter bei Goma, das Übliche. Keiner von denen im Met-Office weiß etwas über das Streckenwetter, also bleiben die Prognosen neutral."

„Wir werden ja sehen. Ich habe da so eine Ahnung. Meistens haben die Berge vom Ruwenzori bis zum Lac Tanzania eine Überraschung auf Lager. Auch in der Trockenzeit sind Schlechtwetterlagen dort nicht ausgeschlossen. Ohne Bordradar wird es dann schwierig", brummte Davies nachdenklich. Aha, der Skipper hat wieder einmal seinen Hintern konsultiert, sinnierte Carsten und musste grinsen. Dieses Mal wird er bestimmt falsch liegen.

„Momentan scheint die Lage ruhig. Wir haben auch keinen Flugverkehr auf der Strecke. Also werde ich mal ein kurzes Nickerchen machen", entschied der Captain. „Du hast die Controls."

Carsten blickte überrascht hinüber zum Skipper. Es kam selten vor, dass er sich aufs Ohr legte. Aber dann dachte Carsten an die lange Strecke, die sie noch vor sich hatten. Gute sieben Stunden bis Nairobi und nach dem Auftanken nochmals rund dreieinhalb Stunden bis Mogadischu; da würde Davies ein Nickerchen guttun. Im Geheimen hoffte er, etwas später ebenfalls in den Genuss einer kurzen Ruhepause zu kommen. Er beobachtete, wie Davies seinen Kopf seitlich gegen den Fensterrahmen legte und die Augen schloss.

Das ruhige Brummen der Motoren wirkte auch auf Carsten wie ein Schlafmittel. Er musste sich zusammenreißen, um nicht einzunicken. So konzentrierte er sich auf die Instrumente, beobachtete den Kurs und blickte hin und wieder in die Dunkelheit unter ihnen. Nach knapp zwei Stunden hatte Davies seinen Halbschlaf beendet.

„Gibt's was Neues?"

„Alles ruhig, keine Vorkommnisse. In einer Stunde sollten wir über Bujumbura sein."

Captain Davies murmelte etwas Unverständliches und verlangte das Flightlog. Er überflog die Zahlen, schaute auf die Uhr und blickte in die Finsternis vor ihnen.

„Wir kriegen Besuch!"

„Besuch?"

Davies zeigte schräg nach vorne. „Dort vorne sehe ich Wetterleuchten. Es liegt ziemlich genau auf unserem Kurs."

Auch Carsten hatte das ferne Glimmen schon gesehen, ihm aber keine Wichtigkeit zugemessen.

„Versuch mal, Kinshasa auf Kurzwelle zu erreichen", ordnete der Captain an. „Wir steigen auf Flight Level 130."

Carsten blickte etwas erstaunt hinüber und hoffte, falsch verstanden zu haben. Flight Level 130?

„Wir haben doch keine Druckkabine und keinen Sauerstoff an Bord."

„Scheiß drauf! Sicherheit ist mir lieber. Los – versuche die Meldung auf 8.820 KHz durchzugeben!"

Carsten rastete die Frequenz. Warum dieser plötzliche Sinneswandel, warum diese Eile? Er drückte den Knopf des Mikrofons und begann Kinshasa zu rufen. Vergebens.

Schließlich meldete sich Brazzaville Control. Der Lotse versprach, Kinshasa anzurufen und sich wieder zu melden.

„Es ist immer der gleiche Shit. Während sie in Kinshasa schlafen, scheinen sie auf der anderen Seite des Flusses ein waches Ohr zu haben."

Minuten später kam die Freigabe für Level 130. Davies schaltete den Autopiloten aus, setzte die Motoren auf Steigleistung und begann einen flachen Steigflug. In diesem Moment wurde die Maschine von leichten Turbulenzen erfasst. Wolken huschten an den Cockpitfenstern vorbei und rechts vorn erhellte plötzlich ein greller Lichtstrahl die milchige Umgebung.

„Hab' ich mir doch gedacht, dass wir noch Probleme bekommen", meinte Davies. Sorgenfalten zogen über seine Stirn. Direkt vor ihnen schien das Zentrum eines Gewitters zu sein.

„Ich glaube, wir fliegen in die Kernzone eines Gewitters, das sich nach Süden ausdehnt. Versuch mal, eine VOR-Anzeige von Bujumbura zu kriegen. Die normalen ADF-Sender sind sowieso nicht eingeschaltet."

Carsten rastete die Frequenz 112.3 ins Sichtfenster und wartete. Aber es zeigte sich nichts. Davies hatte es schon vermutet, aber versuchen musste man es; schließlich hatten sie nicht einen einzigen Anhaltspunkt, wo sie sich genau befanden. Die Gewitterfront vor ihnen wies vermutlich auf die Bergregion von Burundi und Rwanda hin. Da war guter Rat teuer! Sollten sie etwas vom Kurs abgekommen sein, so konnte vor ihnen das gewaltige Bergmassiv des Ruwenzori liegen. Und wenn dem so war, so reichten dort die Spitzen bis auf etwa 17.000 Fuß.

Ein gewaltiges Feuer vor ihnen erhellte die dichten Wolken, in denen sie sich befanden. Die Turbulenzen wurden stärker. Bahnte sich hier eine Squall line an? Davies versuchte, die Lage zu beurteilen. In diesem Moment hob es ihn aus dem Sitz und riss ihn gegen die Gurte. Der Dokumentenkoffer an seiner Seite flog hoch und knallte seitlich von ihm gegen die Cockpitdecke. Staub wirbelte auf. Carsten gab einen Schreckensschrei von sich und Davies sah noch, wie die Geschwindigkeitsanzeige ruckartig abfiel, als die DC-4 wie ein Stein in die Tiefe absackte.

„Climb power, now!", rief er über das Rauschen der immensen Wassermassen hinweg, die jetzt auf die Maschine niedergingen. Er stellte die nötige Propellerdrehzahl ein und folgte sofort mit den Leistungshebeln nach. Der Höhenmesser kurbelte konstant nach unten, die Zylindertemperatur fiel in den Keller. Die Steuer wurden weich. Im nächsten Augenblick aber stauchte es ihn in den Sitz. Die Geschwindigkeitsanzeige schnellte nach oben, wanderte gegen die rote Linie und die Maschine ächzte im rasanten Aufwind.

Davies reagierte sofort. Er hatte Erfahrung in solchen Dingen. Er riss die Leistungshebel zurück, versuchte die korrekte Geschwindigkeit bei Turbulenz zu halten und mit beiden Händen an der Steuersäule gegen die gewaltigen Kräfte zu arbeiten, die an der Maschine zerrten. Zuckende Blitze erhellten links und rechts die tobenden Luftmassen. Davies hatte den Eindruck, dass die Gewittertätigkeit auf der linken Seite etwas geringer war und drehte entschlossen ab. Aber je mehr er nach Norden kurvte, umso mehr schien die Gewitterzone das Flugzeug zu überholen. Die Turbulenzen waren gewaltig und Davies stand vor Anstrengung und Sorge um die Maschine der Schweiß auf der Stirn.

Carsten hatte sich inzwischen mit beiden Händen in den Armlehnen seines Sitzes festgekrallt und starrte mit weit geöffneten Augen auf die von Blitzen erleuchteten Gewitterwolken. Es war die reine Hölle und die Angst stand dem Co-Piloten deutlich ins Gesicht geschrieben. Der Zeiger der Geschwindigkeitsanzeige tanzte wie wild umher; mal stand er knapp über der Abschmiergrenze, dann hüpfte er nahe der roten Maximalmarke herum. Wie lange würde die betagte DC-4 diese Tortur noch aushalten?

Davies wusste, dass sie mit der Maschine in eine ausgewachsene Squall line geraten waren. Wie weit streckte sie sich aus? Vielleicht über mehrere 100 Kilometer, es war schwer zu sagen. Davies hatte solche Lines schon in den Bergen von Kamerun mit über 800 Kilometern Ausdehnung erlebt. Sollten sie vielleicht umkehren? Aber wohin? Jetzt um Mitternacht war nur ein Flugplatz offen, Entebbe; doch der lag auf der anderen Seite der Gewitterfront. Also gab es nur eines: hindurch! Davies' Blick fiel auf den Höhenmesser, dessen Zeiger sich rückwärts drehte: 10.000 Fuß! Sie hatten massiv an Höhe verloren. Wo waren die verdammten Berge? Waren sie vielleicht schon mitten drin? „Mountains of the Moon" wurden die Ruwenzoris auch genannt. Ein treffender Name, dachte Davies. Vielleicht sollte man sie Mountains of Death nennen.

„METO power!"

Davies schob die Propellerhebel auf 2.550 Touren vor und folgte mit den Griffen für die Leistung nach. Er zog die Maschine an und begann einen Steigflug inmitten der schweren Turbulenzen, die die Maschine wie einen Spielball umherwarfen. Nach einer endlosen Viertelstunde schlingerte die Maschine endlich schwerfällig auf einer Höhe von 15.000 Fuß.

„Sollten wir die Änderung der Höhe nicht an Kinshasa durchgeben?" Carstens Gesicht war kreidebleich. Ihm war zum Kotzen übel. Davies schüttelte energisch den Kopf.

„Keine Zeit für solche Späße! Es fliegt sowieso kein normaler Mensch in dieser Scheiße umher. Hier ist weit und breit kein Flugverkehr. Halt lieber die Augen offen für die Zylinder- und Öltemperaturen!"

Davies war nun voll damit beschäftigt, die Maschine in der Luft zu halten, ohne dass sie bleibende, strukturelle Schäden davontrug oder gar auseinanderbrach. Die vertikalen Beschleunigungen waren so groß, dass er sich etliche Male im rasanten Aufwind überlegte, das Fahrwerk auszufahren, um die zulässige G-Belastung bei zu hoher Geschwindigkeit nicht zu überschreiten. In der verzweifelten Suche nach einem weniger turbulenten Weg durch die von zuckenden Blitzen erleuchtete Wetterfront war die Positionsbestimmung völlig zusammengebrochen.

Der Niederschlag klang wie das Trommeln von Niethämmern, als plötzlich weiße Objekte auf die DC-4 einprasselten und auf der Windschutzscheibe explodierten.

„Shit, jetzt sind wir auch noch in einem Hagelsturm!", rief Davies, den hämmernden Lärm übertönend. „Pass auf die Vergasertemperatur auf!"

Carsten spürte, wie eisige Kälte über seinen Rücken lief. Angesichts dieser infernalischen Kräfte, die auf die Maschine einwirkten, sah er das Ende vor sich. In seinem Kopf tauchten Szenen von im Sturm abstürzenden Flugzeugen auf, von Tragflächen, die sich in den gewaltigen Turbulenzen von Cumulonimbus-Gewittern verabschiedeten. Und dies hier war nicht nur eine der gewaltigen Gewitterwolken, es war eine ganze Reihe davon, die sich scheinbar über Hunderte von Kilometern erstreckte. Der Skipper hatte mit seiner Vorahnung im Arsch wieder mal Recht behalten.

„Wir müssen noch höher. Mit 17.000 Fuß sind wir erst auf der Höhe der Bergspitzen!", rief Davies und drehte weiter nach Nordwesten, um im Steigflug nicht in die Nähe des Ruwenzori-Massivs zu geraten. Schwerfällig hing die DC-4 in der dünnen Luft. Die Motoren gaben alles her, aber in dieser Höhe war der Ladedruck weit abgefallen und die Steigleistung war miserabel. Endlich standen die Zeiger der Höhenmesser auf 20.000 Fuß. Der Hagelschlag hatte so plötzlich aufgehört wie er gekommen war.

„Diese verdammte Mühle hängt in der Luft wie eine schwangere Ente. Da ist nichts mehr drin. Wir sind jetzt aber mit einer guten Höhenreserve über den Bergen. Auch in schweren Turbulenzen sollten wir hoffentlich nicht unter 17.000 Fuß absaufen."

Carsten dachte mit Schrecken an den Sauerstoffmangel in dieser Höhe, 6.000 Meter über dem Meeresspiegel. Unwillkürlich schaute er auf seine Fingernägel. Vor irgendjemandem hatte er einmal gehört, dass sie als erstes Zeichen von Sauerstoffmangel und Bewusstlosigkeit blau anlaufen würden. Noch schien alles in Ordnung. Davies schien die Gedanken seines Co-Piloten erraten zu haben, denn er blickte ihn skeptisch an. Dann änderte er den Kurs der DC-4 in Richtung Osten.

„Wir gehen jetzt voll rein. Die nächsten Minuten werden wohl die Hölle werden! Halte bloß die Temperaturen der Motoren im Auge und immer tief und ruhig durchatmen! Es hilft. Ich brauche jetzt beide Hände und muss mich auf den künstlichen Horizont und die Geschwindigkeit konzentrieren."

Der Skipper hat gut reden, dachte Carsten. Wie konnte man in diesem verdammten Inferno ruhig bleiben? Davies hatte Nerven.

Seine Überlegungen gingen im Gurgeln der tobenden Luftmassen unter. Wieder neigte sich die Maschine schlagartig auf die Seite, schien abzuschmieren und Carsten konnte sehen, dass Captain Davies das Querruder voll nach links ausgeschlagen hatte. Trotzdem kippte die Maschine nach rechts ab. Wieder spulte der Höhenmesser nach unten, hatte sich aber bei rund 18.000 Fuß wieder gefangen und die Maschine stieg anschließend, wie von einem gewaltigen Staubsauger angezogen, in einem turbulenten Aufwind erneut hoch. Davies fragte sich zusehends, ob die verzurrte Ladung hielt. Hielten die Sicherungsnetze oder begann sich die Fracht im Laderaum zu verschieben? Das konnte das Ende bedeuten.

Es war ein Ringen um jede Meile, aber Davies gewann mit groben Steuerausschlägen und feinem Abtasten seiner Möglichkeiten zusehends den Kampf gegen die tobenden Elemente. Nach einer guten Viertelstunde wurde die DC-4 aus den brodelnden Luftmassen in eine klare Nacht hinausgespuckt. Sie hatten die Berge und die tödliche Squall line hinter sich gelassen. Davies leitete einen langen Sinkflug ein und schlug Carsten erleichtert auf die Schulter.

„Es ist vorbei! Wir haben es geschafft. Versuch mal, das Funkfeuer von Entebbe zu empfangen. Wir brauchen jetzt dringend eine Positionsbestimmung und in tieferen Lagen den nötigen Sauerstoff. Das war knapp genug."

Carsten konnte nur zustimmen. Hastig suchte er auf der Jeppesen-Karte nach der Frequenz und rastete sie im Navigationsgerät ein, doch es rührte sich nichts. Er versuchte es mit dem Funkfeuer in Mwanza und empfing ein schwaches Signal, das den Zeiger des Radiokompasses langsam auf den Sender einschwenken ließ.

„Ich habe Mwanza auf dem ADF. Der Sender ist rechts vor uns, aber noch weit entfernt."

Carsten zeigte mit dem Finger auf den leicht schwankenden Zeiger.

„Sieht nicht schlecht aus. Ich habe den Kurs bereits etwas korrigiert, denn ich vermute, dass wir die Squall line in der Nähe von Fort Portal durchquert haben", mutmaßte Davies. Er trimmte die Maschine auf der letzten, per Kurzwellensender durchgegebenen und bestätigten Höhe aus. Dann lehnte er sich entspannt zurück.

„Ich werde langsam zu alt für diese Art von Kamikaze-Fliegerei. Solch tropische Gewitter sind mörderisch. Es ist ein Vabanque-Spiel, das schlimm enden kann. Du hast ja gerade die Feuertaufe erlebt."

Und ob ich die erlebt habe, dachte Carsten. Um ein Haar hätte ich mir vor Angst in die Hosen gemacht. Aber er sagte: „In diesem Tohuwabohu ist man ja blind wie junge Mäuse. Und dann

Douglas DC-4, Bild: Sammlung WM

dieser Regen, der Hagel und die ungeheuren Beschleunigungen, bei denen man glaubt, jeden Moment könnten die Flügel abmontieren."

„Ich weiß, mit Radar wäre alles wesentlich besser zu meistern. Da lob ich mir die zuverlässige DC-6. Da ist alles drin, was man braucht", antwortete Davies bedächtig. Den Rest behielt er für sich. Die DC-4 mochte ja günstig im Betrieb sein, aber bei schlechtem Wetter zog er jederzeit die DC-6 vor. Die mit einer Druckkabine ausgerüstete Maschine hatte zuverlässige Motoren, gute Leistung und ein Bordradar, das man bei solchen Wetterlagen vorteilhaft einsetzen konnte.

Carsten versuchte inzwischen immer wieder, mit Nairobi Control oder Daressalam in Kontakt zu kommen – vergebens. Nur die Nadel von Radiokompass wanderte langsam aber stetig und stand kurz darauf auf 90 Grad.

„Wir sind jetzt nördlich und nach der Winkelberechnung etwa 60 Meilen von Mwanza entfernt. Neuer Kurs zum Narok Funkfeuer ist 88 Grad. So wie es jetzt aussieht, haben wir im Sturm etwa 35 Minuten verloren und erreichen Narok verspätet um 01:52 GMT, also in etwa einer Stunde."

„Und Nairobi?"

„Estimate 02:13 GMT."

„Sobald du Radiokontakt hast, frag mal nach dem Wetter und gib die neuen Ankunftszeiten durch!"

Davies konnte erkennen, dass sich unter ihnen eine Wolkendecke erstreckte. Wahrscheinlich hatte sich vor Stunden auch in dieser Gegend ein Gewitter ausgelassen, sich aber inzwischen aufgelöst. Leichter Nieselregen schlierte über die Windschutzscheibe. Fast auf die Minute genau schwang die Nadel vom Radiokompass über der Position Narok herum und Carsten gab den neuen Kurs direkt zum Funkfeuer auf den N'Gong Bergen durch. Kurz darauf kam von Nairobi Control die Genehmigung für einen direkten Instrumenten-Anflug auf Piste 06 von Nairobi-Embakasi. Eine halbe Stunde danach quietschten die Reifen des Hauptfahrwerkes auf der nassen Piste von Embakasi und die Douglas DC-4 rollte zum Terminal.

EIN UNGLÜCK KOMMT SELTEN ALLEIN

August 1968, auf einem Ferryflug von Ostafrika nach Bangui, CAR

Seit ihrer Zwischenlandung in Entebbe waren schon über sieben Stunden vergangen und die glühende Sonnenscheibe, die ihnen jetzt zwischen zwei Wolkenschichten direkt ins Gesicht blendete, lag bereits tief über dem blassgelb leuchtenden Horizont. In weniger als einer Stunde würde die Dunkelheit über dem Dschungelgebiet des Kongo hereinbrechen. Die Regenwolken und die Turbulenzen, die ihnen während der letzten zwei Stunden allerhand fliegerisches Können abverlangt hatten, lagen hinter ihnen, doch noch immer dehnte sich in Flugrichtung eine dichte Stratusschicht nach Westen aus und nahm jegliche Sicht auf die Landschaft unter ihnen. Die Navigation beschränkte sich auf die minimalen Hilfsmittel von Kompass und Uhrzeit. Schon vor der unerwarteten Schlechtwetterfront waren weder der verantwortliche Pilot Nigel Curtis noch sein Co-Pilot Roy Foster von ihrer Position über dem riesigen Dschungelgebiet überzeugt gewesen; außer einigen Wasserläufen hatte es nur wenige Anhaltspunkte gegeben.

Nigel Curtis wusste, dass sie die momentane Höhe von 10.000 Fuß einhalten mussten, um einem möglichen Beschuss durch die Simba-Rebellen im Nordosten des Kongo aus dem Weg zu gehen. Eine entsprechende Warnung war ihnen noch kurz vor dem Start von der Flugsicherung in Entebbe gegeben worden. Also hielt er diese Höhe und hoffte inständig, dass die Wolkendecke unter ihnen bald aufreißen würde, damit sie den Grenzfluss zur sicheren Zentralafrikanischen Republik erkennen konnten. Wenn sie einmal den Ubangi River überquert hatten, waren sie solchen Gefahren entronnen und einem Sinkflug nach Sicht würde nichts mehr im Wege stehen.

Doch noch war es nicht so weit. Die genaue Position war nur mit Bodensicht zu bestimmen. Die Nervosität der beiden knapp über 20 Jahre alten Piloten steigerte sich und Nigel Curtis, der den linken Pilotensitz eingenommen hatte, schaute vermehrt auf die Zeiger der Borduhr, deren Sekundenzeiger präzise zuckend auf dem Zifferblatt vorrückte. Und je mehr sich die Zeiger der Uhr weiterdrehten, umso mehr lehnten sich die Zeiger der Inhaltsanzeigen für die Brennstofftanks nach links, wo mit unbarmherziger Genauigkeit ein „E" für „Empty" den Leerstand anzeigte. In weniger als einer Stunde mussten die Tanks geleert sein. Wenn sie nicht bis dahin Bangui erreicht hatten, gnade ihnen Gott. Eine Bruchlandung in unbekanntem Gelände bei einfallender Dunkelheit bedeutete mit großer Sicherheit das Ende für sie beide. Nigel Curtis' dumpfe Überlegungen wurden unterbrochen, als Roy Foster sich plötzlich aus seinem Sitz hochreckte und rief:

„Da vorne rechts reißt die Wolkendecke auf! Wir könnten versuchen, nach unten durchzustoßen."

Nigel Curtis lehnte sich neugierig hinüber und sah, dass die grauweiße Decke unter ihnen in ein paar Meilen Entfernung tatsächlich von einem dunklen Hintergrund abgelöst wurde. Sein Entschluss war schnell gefasst; er griff in das Steuerhorn, machte eine Kurskorrektur und nahm gleichzeitig die beiden Leistungshebel etwas zurück. Minuten später hatten sie das leicht ausgefranste Ende der Wolkenschicht erreicht und tauchten in die endlose Weite über dem Urwald ab.

„Halt Ausschau nach dem Ubangi River! Wir müssten eigentlich schon bald in der Nähe von Bangui sein und die Hügelkette nördlich davon sehen können!", rief Curtis aufgeregt.

„Alles, was ich sehe, ist ein grüner, gewellter Teppich und ein paar dünne Wasserläufe."

„Okay, wir sinken jetzt bis auf 3.000 Fuß. Vielleicht kannst du dann etwas ausmachen."

Aber auch auf dieser Höhe blieb es nur bei der Hoffnung. Weder Nigel noch Roy konnten feststellen, wo sie sich auf der Navigationskarte befanden. Die Minuten krochen quälend dahin, ohne dass sich ihre prekäre Situation änderte. Nigel Curtis und Roy Foster wussten jetzt mit Sicherheit, dass sie sich vollkommen verfranzt hatten. Bangui war irgendwo, aber sicher nicht in ihrer Nähe. Die unstete Nadel des Radiokompasses machte keine Anstalten, sich in Richtung des Senders einzupendeln. Curtis versuchte, in kurzen Abständen über die Funkfrequenz mit dem Kontrollturm des Flugplatzes Verbindung aufzunehmen, aber auch diese Bemühungen schlugen fehl. Plötzlich deutete Foster aufgeregt nach vorn, wo sich kaum sichtbar ein feiner Silberstreifen im tiefen Grün des Dschungels zeigte.

„Verdammt, da drüben – das ist der Grenzfluss! Es muss dieser Ubangi River sein."

Curtis sagte nichts, denn er hatte seine Zweifel; aber er drückte jetzt die Cessna 337 in Erwartung einer erlösenden Positionsbestimmung tiefer. Pfeifend quittierte der Luftstrom die zur roten Markierung hin zitternde Nadel des Geschwindigkeitsmessers. Curtis beobachtete aufmerksam den Verlauf des rechts von ihnen bereits rasch größer werdenden Flusses und versuchte, die Windungen auf seiner Navigationskarte wiederzufinden, fand aber keine Ähnlichkeiten. Sicher war nur, dass sie auf dem gegenwärtigen Kurs fast parallel zu einem großen Fluss flogen. Weder für Curtis noch für Foster war dies logisch. Ihren Berechnungen zufolge mussten sie diesen Fluss, falls es der Ubangi war, fast im rechten Winkel überfliegen, um in die Nähe von Bangui zu kommen.

„Es muss aber der Ubangi sein", entschied Curtis und drehte nach rechts ab, um endlich den Grenzfluss zu überqueren.

„Etwas stimmt trotzdem nicht." Roy Foster setzte besorgt seinen Zeigefinger auf einen Punkt der Karte.

„Vielleicht sind wir zu weit nach Süden abgekommen und dies da unten ist nicht der gesuchte Ubangi, sondern der ähnlich verlaufende Lua DeKere Fluss."

„Verdammt Roy, dann wären wir ja fast 60 Meilen vom Kurs abgekommen. Das ist ganz und gar unmöglich. Ich sage dir jetzt, was wir machen. Wir fliegen für zehn Minuten genau nach Norden. Damit kommen wir bestimmt ins Territorium der Zentralafrikanischen Republik."

„Und wo hast du vor zu landen? Wir sind ja nicht einmal in der Nähe von Bangui, sonst bekämen wir doch eine Antwort auf deren Radiofrequenz."

„Kommt Zeit, kommt Rat", wich Curtis aus, aber ihm war dabei alles andere als wohl. Roy hatte vielleicht recht, sie konnten unmöglich in der Nähe von Bangui sein. Er glaubte auch nicht, dass sie diesen anderen Fluss Lua DeKere unter sich hatten, sonst mussten sie doch irgendwo eine Straße oder ein kleines Dorf zu sehen bekommen. Hier unten war jedoch außer Urwald nichts, rein gar nichts.

Wieder blickte Curtis auf die sich weiter dem „E" nähernde Tankanzeige. Alles schien sich gegen die Crew verschworen zu haben; die Nacht kam mit der gleichen Unerbittlichkeit auf sie zu wie der letzte Tropfen Brennstoff in den Tanks. Es war eine richtig beschissene Situation, und Curtis wusste keinen Ausweg. Wie hatte doch Jerry in der Flugabfertigung von Nairobi gesagt? „Passt bloß auf die Maschine auf. Sie ist nagelneu und ersetzt die Cessna 310, die von Lagos hierher überflogen wird. Es wird für Euch Anfänger ein gemütlicher Ferryflug nach Entebbe und dann weiter über den Dschungel des belgischen Kongo bis nach Bangui werden. Von dort bis Lagos ist es ein Kinderspiel."

Der hatte vielleicht Nerven! Nur ein Idiot konnte so etwas über die Lippen bringen. Aber was wusste Jerry Malven schon von der Fliegerei. Der hatte gut reden mit seinen Flugplänen und der

Einteilung von Besatzungen. Der saß in seinem bequemen Bürosessel und bohrte jetzt wohl in seiner Nase.

„Mein Gott, Nigel – ich sehe etwas!", rief Foster neben ihm plötzlich. „Auf der anderen Seite des Flusses – es könnte ein Dorf sein. Schau, da vorne, etwas rechts von diesem versumpften Flussarm."

Curtis rollte die Maschine nach rechts, um besser sehen zu können. Tatsächlich, da waren Hütten, kreisrund um einen großen, freien Platz aufgereiht und in der Mitte eine Fahnenstange. Er sah aber auch noch etwas anderes: gerodetes Land, Bananenstauden, eine Lichtung im Wald und einen Weg, der sich durch das Gebiet nach Norden schlängelte. Die Angst ließ von ihm ab und machte einer vagen Hoffnung Platz.

Er war mit der Beobachtung dieser gerodeten Landschaft beschäftigt, als Foster plötzlich einen lauten Schrei ausstieß. Nigel fuhr wie von einer Wespe gestochen herum und starrte entgeistert in die aufgerissenen Augen seines Co-Piloten, der mit den Händen fuchtelte.

„Damned, Roy! Was ist los?", rief er,

„Dort! Dort drüben – schau doch, das ist doch ein Flugfeld."

„Ein Flugfeld? Wo?"

Curtis' Blick folgte der ausgestreckten Hand Fosters, und da war es: ein weites, gerodetes Feld dehnte sich neben einem größeren Dorf aus. Weiß gestrichene Steine markierten mit einem Kreis einen kleinen, an einem Masten aufgehängten, schlaff herabhängenden Windsack. Nördlich des Feldes begrenzte eine schmale Naturstraße die im Gras markierte Piste. Curtis konnte sein Glück nicht fassen. War das Wirklichkeit oder eine Fata Morgana? Noch vor Minuten hatte er heimlich zu Gott gebetet und jetzt überflog er im Tiefflug ein rettendes Flugfeld. Es war schlichtweg unglaublich.

Sein Blick fiel auf eine kleine Hütte mit Blechdach. Ob es das Flugplatzgebäude war? Er legte die Cessna in eine Steilkurve, um die kaum mehr als 600 Meter lange Graspiste nach Hindernissen abzusuchen. Alles schien in Ordnung zu sein. Keine Menschenseele war zu sehen. Nigel erklärte sich das mit der Entfernung zum Dorf.

„Wir werden nach Osten landen, die untergehende Sonne blendet mich zu sehr." Curtis begann, die Checkliste für die Landung durchzugehen und warf einen letzten Blick auf die Tankanzeige, die bedrohlich nahe am letzten Strich auf der Skala stand. Dann legte er den Fahrwerkhebel nach unten.

„Gear Down!"

„Three greens", quittierte Roy, als er zur Bestätigung des jetzt ausgefahrenen und verriegelten Fahrwerkes die dreifache Lichtanzeige aufleuchten sah. Dann beobachtete er durch die Windschutzscheibe gespannt, wie sein Freund Curtis in den Endanflug eindrehte. Irgendwie hatte Foster bei der Sache ein schummeriges Gefühl im Bauch. Aber die Entscheidung lag ja bei Nigel, der auf dem linken Sitz saß und sich für eine Landung auf diesem unbekannten Flugfeld entschlossen hatte.

Einige Bäume und Sträucher huschten vorbei; dann tauchten die Reifen des Hauptfahrwerkes in das knöchelhohe Gras ein und ein hartes Rumpeln begleitete den Auslauf der Cessna auf der kurzen Graspiste. Curtis stand sofort in den Bremsen, denn das Ende der Piste und die kleine Hütte mit dem Windsack kamen ihnen nur allzu schnell entgegen. Mit etwas Reserve drehte er die Cessna am Ende des Feldes wieder in Gegenrichtung, hielt an und setzte bedächtig die Parkbremse. Mit einem tiefen Atemzug schüttelte er die Anspannung der letzten Minuten von sich, lehnte sich im Sitz zurück und meinte mit einem tiefen Seufzer:

„Roy, wir haben es geschafft. Jetzt werden wir uns mal umsehen, ob hier vielleicht nicht zufällig ein Fass Flugbenzin herumsteht."

„Bist du eigentlich sicher, dass wir nicht im Kongo gelandet sind?", fragte Foster zaghaft.

„Mach dir keine Sorgen. Der Fluss, den wir vor einer Weile überflogen haben, war bestimmt der Ubangi. Hier sind wir in Sicherheit", meinte Nigel Curtis lächelnd.

Er wollte gerade den Gemischhebel für den hinteren Motor zurückziehen, als er aus dem Augenwinkel eine Bewegung unter dem linken Flügel wahrnahm. Eine untersetzte, zerlumpte Gestalt näherte sich mit gezückter Machete und in drohender Haltung. Sie blieb erst stehen, als sie vom Propellerwind des vorderen Motors erfasst wurde. Starr vor Schreck schaute Curtis auf den wild aussehenden, von tiefen Gesichtsnarben gezeichneten Mann, unfähig zu entscheiden, wie er sich verhalten sollte. Dann ging alles sehr schnell. Roy Foster stieß einen Warnruf aus und Curtis blickte in Richtung des Fremden.

„Scheiße, Nigel, das sind ehemalige Simba-Rebellen Lumumbas. Los, machen wir, dass wir hier herauskommen, bevor die uns niedermetzeln!"

Nigel Curtis schaute ungläubig auf die Afrikaner, die sich ihnen mit Macheten und scheinbar auch Speeren im Laufschritt von überall näherten. Wo zum Teufel kamen sie alle plötzlich her? Noch vor einer Minute war kein Mensch zu sehen gewesen, nun rannten Dutzende dieser Fanatiker in offenbar böser Absicht auf sie zu. Panik ergriff Curtis. Roy hatte recht! Wenn sie ihren Arsch retten wollten, musste es jetzt sofort geschehen. Nur gut, dass er die beiden Motoren noch nicht abgestellt hatte. Hastig ergriff er die beiden Leistungshebel, schob sie abrupt nach vorne und löste die Bremsen.

Mit aufbrüllenden Motoren begann die Maschine zu rollen, aber es schien schon zu spät. Die Gestalten rannten mit fuchtelnden Armen und Macheten vor das Flugzeug, sichtlich bereit, es zu stoppen. Curtis gab Vollgas und steuerte direkt auf die vor ihnen rennende, johlende und schreiende Menge zu. Wenn diese Menschen schon die Absicht hatten, mit ihnen kurzen Prozess zu machen, wollte er wenigstens noch ein paar von ihnen mitnehmen. Mochte der Teufel ihre Seelen braten.

Eben sah Curtis einen dunklen Schatten vor sich, als ein kurzer Schlag durch die Struktur des Flugzeuges ging. Das rechte Fahrwerk knallte gegen ein Hindernis, und im gleichen Augenblick verschmierten dunkle Spritzer den rechten Teil der Windschutzscheibe. Roy Foster sah noch mit rasendem Puls, wie ein paar Gestalten nach den Flügelstreben griffen und sich daran festklammern wollten. Dann war der grausame Spuk vorbei.

Verzweifelt steuerte Curtis die schnell beschleunigende Maschine auf die hellen Begrenzungssteine am Ende der Graspiste zu. Nur weg von hier! Weg von diesen Barbaren, die es gleichermaßen auf Schwarze wie Weiße, auf Nonnen wie Priester abgesehen hatten. Roy Foster hörte das leise Fluchen Nigels und sah seine rechte Hand, die sich in die Leistungshebel an der Konsole verkrampft hatte und sie am vorderen Anschlag hielt. Seine bebenden Lippen zeugten von seiner Angst. Die beiden Motoren heulten weiterhin auf Startleistung, während das Ende der Graspiste rasend schnell auf sie zu kam. Dann zeigte die Nase der Cessna plötzlich steil in den Himmel und das Rumpeln des Fahrwerks ebbte ab. Gerettet! Sie waren dem sicheren Tod durch die Rebellen in letzter Sekunde entronnen.

Die Entspannung war jedoch nur von kurzer Dauer. Was jetzt? Curtis und auch Foster wussten zu gut, dass sie nur mit geborgter Zeit lebten. Fieberhaft überlegten sie, was wohl am besten zu tun war. Aber was tun, wenn man nicht einmal wusste, wo man sich befand, wenn die Treibstoffreserven einmal erschöpft waren und die Nacht in spätestens einer halben Stunde das fremde Land einhüllen würde.

„Das war knapp", brach Foster nach einer Weile das Schweigen. Curtis nickte wortlos. Er war voll damit beschäftigt, die Maschine auf eine sichere Höhe zu ziehen.

„Ein verdammtes Glück, das diese Schurken keine Schusswaffen bei sich hatten. Das wäre uns nicht gut bekommen", versuchte es Foster ein zweites Mal.

„Yeah", meinte Curtis, ohne hinzuhören. Seine Gedanken fieberten um die Navigation; als Erstes legte er einen Kurs an, der direkt nach Norden führte. Mit dem letzten Tropfen Sprit mussten sie endlich das sichere Territorium der C.A.R erreichen.

Foster hatte inzwischen intensiv auf der Karte nach einem Flugfeld gesucht, das am Nordufer des Ubangi hätte vermerkt sein müssen. Schließlich gab er auf.

„Ich weiß nicht, Nigel … hier ist weit und breit kein Platz eingezeichnet. Wahrscheinlich sind wir, wie ich schon vermutete, irgendwo weit südlich von unserem Kurs auf einem unbekannten Feld im Kongo gelandet."

„Muss wohl so sein", sinnierte Curtis, immer noch nach einer Lösung suchend. In 3.000 Fuß Höhe trimmte er die Cessna für den Reiseflug aus. Wie lange mochte der Sprit noch reichen? Sollte er nicht doch eine Bruchlandung in einer Lichtung vornehmen, solange die Motoren noch liefen, dachte er beklommen. Und dann kam ihm eine Idee. Ohne lange zu überlegen, zog er den Gemischhebel für den vorderen Motor bis zum Anschlag zurück. Fast augenblicklich änderte sich das Motorengeräusch und Sekunden später kam der Propeller in Segelstellung zum Stehen. Roy Foster schaute erst entgeistert durch die verschmierte Windschutzscheibe auf den stehenden Propeller, dann auf Curtis, der jetzt auch den Leistungshebel für den anderen Motor zurücknahm.

„Wir wollen Treibstoff sparen. Das macht uns etwas langsamer, aber der Vorrat dürfte wenigstens noch für eine Weile reichen", erläuterte Nigel verbissen. Und so war es auch. Die Geschwindigkeitsanzeige fiel merklich zurück, aber sie konnten die Höhe halten. Curtis' Aufmerksamkeit galt jetzt nur noch der Landschaft unter ihnen und seine Hoffnung auf eine wundersame Rettung stieg merklich, als er zunehmend gerodete Flächen sah, die den immergrünen Teppich des Urwaldes durchsetzten. Aber er sah auch die rotgelbe, in den Horizont eintauchende Scheibe der untergehenden Sonne. In zehn Minuten war die Chance vertan; sie würden keine günstige Fläche für eine Bruchlandung mehr finden. Sie würde ihnen ganz einfach aufgezwungen werden, wenn der Treibstoff zu Ende war. Und dann bemerkte Curtis mit einigem Staunen, wie das Gelände vor ihnen anstieg, sich dicht bewaldete Hügelzüge quer zur Flugrichtung ausdehnten. Instinktiv wich er nach rechts aus, folgte einer zwischen Busch- und Waldgruppen schwach erkennbaren Straße, die in nordöstlicher Richtung durch einzelne kleine Orte mit Rundhütten führte. Curtis wusste nicht warum, aber irgendwie hatte er das Gefühl, dass dieser Weg da unten sein Wegweiser in die Sicherheit sein würde.

Die Zeit wurde jetzt knapp. Unerbittlich legte sich jetzt die Dämmerung wie ein dunkles Tuch über das Land. Eine Notlandung auf diesem sich durch Büsche und Waldflächen schlängelnden Feldweg wurde für Curtis zur einzigen Chance, zu einer unausweichlichen Tatsache. Er dachte an die Worte von Jerry Malven: „Passt bloß auf die Maschine auf. Sie ist nagelneu …" Wenn der wüsste, in welch einer beschissenen Lage sie sich jetzt befanden. Nur noch Minuten vor einem totalen Bruch, aus dem sie vielleicht nicht einmal mehr lebend herauskommen würden. Er schaute hinüber zu Roy Foster, der mit weißen Knöcheln die Navigationskarte studierte.

„Lass' es sein, Roy! Wir werden beim nächsten, einigermaßen geraden Stück dieses Weges die Maschine hinschmeißen. Wir haben keine Wahl. Es wird in ein paar Minuten dunkel sein."

Roy Foster blickte ihn aus fahlem Gesicht an und nickte. Er warf die Karte hinter sich in den rückwärtigen Teil der Kabine, zog seine Beine an sich und zurrte die Sitzgurte fest.

„Kann ich noch was tun?"

„Eigentlich nicht. Ich leite jetzt den Sinkflug ein. Du kannst die Augen offen halten. Vielleicht siehst du eine günstige Gelegenheit."

Foster tat wie geheißen. Mit trockenem Mund starrte er in die zunehmende Dunkelheit. Er wollte es einfach nicht wahrhaben: er war noch nicht einmal 25 Jahre alt, hatte die ersten Erfahrungen in der Fliegerei gesammelt und die Zukunft noch vor sich. Jetzt das Aus? Ein unrühmliches Ende an einem unbekannten Ort, einem Ort, den nicht einmal er selbst kannte?

Er war verzweifelt und nahe daran, in Tränen auszubrechen. Und dann sah er es. Es war nur ein kleiner heller Punkt und Curtis hatte ihn noch nicht bemerkt. Ein Lichtpunkt am Horizont, der sich plötzlich in eine ganze Menge teilte. Wie ein Ertrinkender nach einem Stück Holz greifend, fasste Roy Curtis am Arm und deutete mit offenem Mund nach vorne.

„Nigel! Ist das nicht eine größere Ortschaft, eine Stadt da vorne? Oh mein Gott, vielleicht gibt es dort einen Flugplatz."

Curtis riss die im Sinkflug stabilisierte Cessna hoch und starrte auf die glitzernden Lichter am Horizont. Im nächsten Augenblick entdeckte er etwas, was ihn zu einem Freudenschrei veranlasste. Keine halbe Meile entfernt sah er nämlich deutlich ein Gebäude mit einem Kontrollturm und daneben eine am Rande eines großen Flugfeldes abgestellte Douglas DC-3.

Er konnte sein Glück erst gar nicht fassen, aber er verschwendete keine Zeit, um nach einer Erklärung für solche Zufälle zu suchen. Blitzschnell orientierte er sich über die Richtung der breiten Graspiste und sah, dass diese nur wenige Meter neben der DC-3 entfernt begann. Curtis verzichtete auf eine Platzrunde, fuhr sofort das Fahrwerk aus und begann mit eingeschaltetem Landescheinwerfer einen direkten Anflug auf die unbeleuchtete Piste. Er war mit seinen Nerven am Ende und es kümmerte ihn nicht, ob eine Landeerlaubnis vorlag oder nicht.

Curtis hatte in seiner kurzen Laufbahn als Pilot schon bessere Landungen vollbracht und atmete erleichtert auf, als die Cessna holpernd auf der Grasnarbe ausrollte. Eines schien sicher: dies konnte kein Flugplatz sein, der den Rebellen in die Hände gefallen war, sonst hätte es hier keine fein säuberlich abgestellte DC-3 gegeben.

Curtis sollte Recht behalten. Als er nämlich kurz darauf die Cessna auf dem Abstellplatz eindrehte, sah er im Scheinwerferlicht nicht nur einen völlig verdattert dreinblickenden, uniformierten Schwarzen, der sich mit dem Auslaufen des hinteren Propellers zögernd näherte. Er sah auch ein großes Schild am Eingang zum kleinen, gemauerten Empfangsgebäude, auf dem mit großen Buchstaben das Wort „Bambari" stand. Obwohl er keine Ahnung hatte, was dies bedeuten sollte, fragte Curtis: „This Bambari?"

„Bambari", bestätigte der andere. Gleich darauf ergoss sich ein wahrer Wortschwall über die beiden Piloten, die keine Ahnung hatten, wovon der gute Mann redete.

„Roy, schau doch mal auf die Karte, ob du einen grenznahen Flugplatz in der C.A.R. findest, der ‚Bambari' heißt", ordnete Curtis an.

Die Antwort kam schnell. Die Navigationskarte auf dem Boden ausgebreitet, fand Roy Foster mit der Taschenlampe rasch den Ort.

„Hier ist es!", rief er erstaunt. „Und tatsächlich in der Zentralafrikanischen Republik."

Curtis nickte befriedigt und fragte gedehnt: „Und wo befinden wir uns in Bezug auf Bangui?"

Foster leuchtete mit der Lampe auf der Karte herum. Nach einer Weile hatte er den Ort gefunden und begann, mit gespreizten Fingern die ungefähre Distanz abzumessen. Schließlich schaute er auf und sagte erschrocken:

„Wir sind weit nach Norden abgekommen und etwa 180 Meilen vom Ziel entfernt."

„Weiß der Teufel, wie so etwas passieren konnte", rätselte Curtis. „Entweder haben wir uns verkalkuliert oder sind in einen ziemlichen Gegenwind hineingekommen. Egal, wir müssen uns jetzt eine Schlafgelegenheit und etwas zum Essen suchen."

Curtis drehte sich zu dem Afrikaner, der durch seine leicht zerschlissene Uniform etwas mit dem Flugplatz zu tun haben musste. Vielleicht ein Wachmann, dachte Curtis, der jetzt, wo die Nacht hereinbrach, das Gebäude bewachte.

„Hotel?", fragte Curtis, und auf die entfernte Ortschaft deutend. Der Schwarze schien zu verstehen, nickte freudig und zeigte ebenfalls in die Richtung.

„Oui, oui, mon commandant! Hôtel – dans la ville."

„Habe ich mir doch gedacht", brummte Curtis befriedigt und suchte nach einem passenden Wort, das auf Französisch etwa das Gleiche bedeutete.

„Taxi?"

„Taxi?", wiederholte der Schwarze und schüttelte entschieden den Kopf.

„Sag bloß, wir müssen mit dem Gepäck in die Stadt laufen", protestierte Roy Foster, der jetzt interessiert gelauscht hatte. „Eher schlafe ich in der Maschine. Platz hätten wir zur Not auf den hinteren Sitzen."

Curtis wollte etwas erwidern, aber dann sah er, wie sich der Wachmann verständlich zu machen versuchte.

„Attendez ici! Attendez!", rief er, sich abdrehend. Sekunden später war er in der Dunkelheit verschwunden.

„Verdammt, was hat denn das nun zu bedeuten? Ist er etwa abgehauen, um die Polizei zu holen?", überlegte Foster, doch schon im nächsten Augenblick löste sich das Rätsel. Ein schwacher Lichtschein flackerte in der Nähe des Kontrollturms und bald kam der Schwarze auf einem klapprigen Fahrrad angeradelt. Stolz blieb er neben Curtis stehen und deutete erst auf seine Brust, dann auf die entfernte Stadt.

„Taxi!", rief er laut und trat wieder in die Pedale. Kurz darauf war nur noch der entschwindende Lichtschein seiner Lampe zu sehen.

„Hey Nigel, der hat begriffen. Er holt uns wahrscheinlich ein Taxi von der Stadt", rief Roy.

„Scheint so", bestätigte Curtis. „Wir machen besser alles dicht, bevor der Wagen kommt."

Sie hatten das Gepäck fein säuberlich beim Eingang zum Flugplatzgebäude aufgestellt und die Cessna fachgerecht für die Nacht gesichert, als sie auch schon das Brummen eines Fahrzeuges hörten. Kurz darauf durchschnitten die grellen Leuchtfinger zweier Scheinwerfer die Nacht.

„Es hat geklappt!", rief Foster begeistert. „Er hat tatsächlich für uns ein Taxi organisiert."

Weder Foster noch Curtis hatten Zeit, sich zu wundern, denn plötzlich kam auch noch ein zweites Fahrzeug angebraust und fuhr geradewegs zur abgestellten Cessna. Das erste Auto blieb knapp 20 Schritte vor ihnen mit aufgeblendeten Scheinwerfern und laufendem Motor stehen.

Die Augen mit den Handflächen abgeschirmt, versuchte Curtis etwas zu sehen, doch es war zwecklos. Als er sich dem Wagen seitlich nähern wollte, blieb er wie angewurzelt stehen. Zwei Uniformierte mit gezogenen Pistolen tauchten aus der Dunkelheit auf. Die Gedanken in Curtis' Kopf rasten. Unwillkürlich warf er einen Blick hinüber zur Cessna, die im Scheinwerferlicht des zweiten Autos stand. Zwei weitere Uniformierte schienen sie zu untersuchen und standen gestikulierend an der Motorenverschalung des vorderen Motors. Dann hörte Curtis von dort laute Stimmen, die in einem scharfen Kommando endeten.

„Arrêtez ces deux pilotes!"

Curtis und Foster wussten nicht, wie ihnen geschah. Einer der Uniformierten blieb in zwei Meter Entfernung mit der Pistole in der Hand stehen und sprach sie an, während der andere vorsichtig um sie herumging. Sie verstanden beide nicht, was ihnen von dem Mann mit aufgeregter Stimme vorgetragen wurde, aber es musste verdammt ernst sein. Als der Uniformierte mit der Pistole in die Höhe deutete, hoben beide ihre Hände über den Kopf; gleich darauf schnappten Handschellen um ihre Gelenke.

*

Die feuchte Hitze unter dem Tragflügel der Cessna 310 trieb Derek Holden den Schweiß unaufhörlich aus jeder Pore seiner nass glänzenden Haut. Er kauerte, die Sohlen seiner kurzen Fliegerstiefel in den feuchten Boden gestemmt, mit nacktem Oberkörper auf der verbeulten Werkzeugkiste und nahm im Schatten des Tragflügels die letzten Handgriffe am ausgefahrenen, linken Hauptfahrwerk des Flugzeuges vor.

Es war bis jetzt eine verdammt harte Arbeit gewesen, die ihm sein Boss vor einer Woche in Lagos unerwartet aufgetragen hatte; aber jetzt ging die Reparatur am Flugzeug ihrem Ende entgegen. Bis zum Abend wollte Holden den an einem Flaschenzug hängenden linken Flügel der Maschine wieder herunterlassen und das neu fixierte Fahrwerk belasten. Wenn alles gut ging, konnte er morgen früh versuchen, die Maschine erst einmal zum rund 800 Kilometer entfernten Flugplatz von Bangui zu überführen. Derek Holden dachte grimmig zurück an den Moment, als ihn sein Boss Dave Lyman mit jovialer Geste ins Büro gewinkt hatte.

„Derek", hatte er gesagt. „Wir alle wissen, dass du ein verdammt guter Mechaniker und ausgezeichneter Pilot bist. Die Erfahrung hat auch gezeigt, dass du unser Mann bist, wenn es um die Lösung von schwierigen Aufgaben in den gottverlassensten Gebieten von Afrika geht."

Es war Honig, den Lyman Holden um den Bart geschmiert hatte, und zwar mit einem großen Löffel, und Derek wusste es. Er wusste auch, dass solche Äußerungen interessante Abwechslungen ins Alltagsleben der Fliegerei brachten; so war es auch dieses Mal gewesen. Lyman hatte sich lautstark seine Nase geputzt und ausgeholt: „Wir haben ein Problem mit der Cessna 310, die vor ein paar Tagen nach Nairobi hätte überführt werden sollen. Bei einer Zwischenlandung in Obo wollte der Ferrypilot aus mitgeführten Kanistern auftanken. Bei der Landung ist das linke Fahrwerk der Maschine beim Ausrollen im aufgeweichten Boden eingeknickt".

„In Obo!"

Es war kein alltäglicher Name, den Lyman da von einem Blatt Papier abgelesen hatte.

„In Zentralafrika – und zwar an der hintersten Ecke", hatte er mit hochgezogenen Augenbrauen ergänzt. Derek Holdens Erinnerungsvermögen hatte schnell reagiert. Natürlich kannte er diesen vergessenen Ort an der Grenze zum Sudan und dem Kongo. In einer Ebene gelegen, gab es dort eine heimtückische Graspiste, die in der Regenzeit oft aufgeweicht war und einem landenden Flugzeug das Genick brechen konnte.

„Derek, du bist der Einzige in diesem Laden hier, der Französisch spricht", hatte Lyman fortgefahren. „Du bist auch der Einzige, der sich im dortigen Land auskennt. Der Pilot der Cessna hatte noch Glück; eine DC-3 des Militärs hat ihn nämlich einen Tag später bis nach Bangui mitgenommen. Leider wissen wir erst seit gestern Abend durch die amerikanische Botschaft von der Sache."

„Und warum müssen gerade wir die Suppe auslöffeln?", hatte Holden gefragt.

„Weil es eine Maschine unserer Tochterfirma in Nairobi ist, und zweitens, weil wir weit und breit das einzige Unternehmen sind, das sich mit solchen Notreparaturen auskennt", hatte Lyman nachgesetzt. „Du hast bis morgen Mittag Zeit, dich mit unserem technischen Leiter um die benötigten Teile zu kümmern und das Werkzeug zusammenzustellen. Dein Flug mit Air Afrique geht um zwei Uhr nachmittags. Die Reservierung steht, das Ticket und das nötige Kleingeld kannst du jetzt schon bei der Buchhaltung abholen."

Es war ein abgekartetes Spiel gewesen, ohne Wenn und Aber. Ein Spiel, das Holden aus ähnlichen Fällen kannte und schon irgendwie erwartet hatte. Dort im Dschungel von Zentralafrika würde es bestimmt kein leichtes Unterfangen sein, weitab von jeder technischen Unterstützung eine Reparatur ohne Hangar, ohne Werkbank und sonstige normale Hilfsmittel durchzuführen.

Mit einer Werkzeugkiste, einem Flaschenzug und ein paar ausgesuchten Ersatzteilen hatte Holden das Linienflugzeug nach Bangui bestiegen und war von dort am nächsten Tag mit einer Militärmaschine bis nach Zemio weitergereist, einem kleinen Ort an der Grenze zum ehemaligen Belgisch Kongo. Eine weitere Tagesreise mit einem verlotterten, zum Kleinbus umgebauten Peugeot Pick-up hatte ihn schlussendlich auf grässlich zerfurchten Straßen bis nach Obo gebracht, wo er in der Mission für die nächsten Tage Quartier beziehen durfte.

Nun war Holden schon fünf Tage damit beschäftigt, die lädierte, zweimotorige Cessna wieder flugtüchtig zu machen. Es war ein Unterfangen, das Dereks speziellen Talenten entsprach. Seine anfängliche Befürchtung, dass der linke Flügel verbogen sein könnte, hatte sich zu seiner Erleichterung als falsch erwiesen; nur der stromlinienförmige Flügelendtank war nach dem Einknicken des Hauptfahrwerkes an seiner Unterseite vom Schlittern durch das weiche Grasfeld etwas eingedrückt worden. Das ebenfalls etwas in Mitleidenschaft gezogene Höhenleitwerk war nur minimal beschädigt.

Holden hatte aus sorgfältig ausgewählten Stangenhölzern erst einmal ein Dreibein geschaffen, an dessen etwa vier Meter hohem Knotenpunkt er den mitgebrachten Flaschenzug befestigen konnte. Ein paar lokale Helfer, mit dem nötigen Taschengeld versehen, hatten dieses Gerüst über dem linken Tragflügel aufgestellt. Es war eine schweißtreibende Arbeit gewesen, aber sie hatte sich gelohnt.

Am nächsten Tag hatten geschickte einheimische Hände nach einem langen Palaver über den zu bezahlenden Preis ein aus Sisalschnüren und Lianen gewundenes Netz geschaffen. Es diente ihm nach der Entfernung des linken Querruders als Traggurt für die Flügelspitze und den dort montierten Flügelendtank. Nachdem Holden das Netz am Haken des Flaschenzuges eingehängt hatte, war es einfach gewesen, den linken Flügel ohne weitere Beschädigung der Flügelstruktur anzuheben. Danach hatte Holden das eingeknickte Fahrwerk wieder in die ausgefahrene Stellung schwenken können.

Derek Holden war fürs Erste mit dem Resultat zufrieden gewesen. Bei der Bruchlandung waren keine größeren Schäden in der Struktur aufgetreten. In den folgenden Tagen hatte er die gebrochene Stützstrebe am Fahrwerk ausgewechselt, die verbogenen Blechverkleidungen entfernt und auch das Höhenleitwerk mit Nietwerkzeugen wieder zurechtgeflickt. Nachdem er auch noch die Geometrie des gesamten Fahrwerkes mühsam vermessen hatte, war Holden überzeugt, die Maschine vorerst wieder bis nach Lagos zurückfliegen zu können.

Und jetzt war es so weit. Ein letztes Mal kontrollierte Holden die Verriegelung des Fahrwerkes, schichtete Palmwedel gegen das Einsinken unter die Reifen und schritt zur entscheidenden Tat. Nach dem Öffnen des um das Dreibein gelegten Knotens ließ er das Seil des Flaschenzuges langsam durch seine Finger gleiten. Zentimeter um Zentimeter senkte sich der Flügel und knarrten die Stützen des Dreibeins unter der Last, bis das Seil endlich locker über dem Geflecht aus Lianen und Sisalschnüren zu liegen kam.

Die Cessna stand jetzt wieder auf ihren eigenen Füssen, verdreckt und mit leicht umgebogenen Blattspitzen am linken Propeller, aber für Derek Holden ein durchaus gutaussehendes Projekt für den ersten Ferryflug bis nach Bangui. Er zog seine Armbanduhr aus der Hosentasche. Noch war genug Zeit, den Motor und die Kurbelwelle einer genaueren Kontrolle zu unterziehen. Holden hatte zwar aufgrund der ebenmäßigen Verbiegung der drei Propellerspitzen an den äußersten fünf Zentimetern keine Bedenken wegen einer möglichen Beschädigung der Kurbelwelle, aber sicher konnte man nie sein. Er entfernte die Verkleidung des Motors, schraubte alle oberen Zündkerzen aus den Zylinderköpfen und kontrollierte mit der Messuhr den Rundlauf des Propellerschaftes.

Seine Vermutung erwies sich als richtig: Die Kurbelwelle hatte offensichtlich keinen Schlag erlitten, der zu einer Verbiegung geführt hätte. Derek fuhr sich zufrieden mit der schmutzigen Hand über die tropfende Stirn. Jetzt noch einen kleinen Standlauf, um die Leistung und die Vibrationen des linken Motors zu überprüfen, dann wollte er für heute Feierabend machen. In einer Stunde würde der Fahrer von der Mission mit dem Pick-up vorbeikommen, um ihn abzuholen. Bis dahin wollte er die Arbeiten abgeschlossen haben.

Auch der Standlauf brachte keine bösen Überraschungen. Der Motor lief einwandfrei und selbst die Vibrationen, die Derek aufgrund der leicht verbogenen Propellerspitzen vermutete, blieben hinter den Erwartungen zurück. Glücklich über die guten Ergebnisse begann Derek, die Verkleidung des linken Motors zu montieren. Er war damit noch nicht fertig, als vom Rande der Lichtung das grelle Hupen des aus dem Dorf heranfahrenden Pick-ups ertönte. Zehn Minuten später verschloss er seine Werkzeugkiste, verstaute sie mit den restlichen Teilen im Gepäckraum der Cessna 310 und nahm neben dem Fahrer des Wagens Platz. Befriedigt und stolz über den Erfolg der Pannenbehebung schaute Holden ein letztes Mal zurück zum Flugzeug, das im letzten Licht der untergehenden Sonne rötlich zu glühen schien. Morgen würde er als Erstes das Dreibein demontieren, die Maschine aus den Kanistern nachtanken und dann den Start für den Flug nach Bangui wagen.

*

Die Sonne stand nur noch eine Handbreit über dem westlichen Horizont, als Derek Holden den Schlüssel an der Kabinentür zur Cessna 310 drehte, noch einmal kurz das Schloss prüfte und dann über die kurze Einstiegstreppe auf den noch flimmernden Teerbelag des großen Vorplatzes auf dem Flugplatz Bangui hinabstieg. Die Anstrengungen der vergangenen zehn Stunden und des strapazierenden Ferryfluges von Obo hierher waren ihm anzusehen, als er mit langsamen Schritten über den leicht ansteigenden Abstellplatz ging. Die Tasche mit den hauptsächlich aus schmutziger Wäsche bestehenden Habseligkeiten zog schwer an seiner Schulter. Holden sehnte sich nach einer erfrischenden Dusche, einem kühlen Bier und einem feinen Abendessen. Er wusste, dass er all dies für gutes Geld im Rock Hotel bekommen würde.

Kein Zollbeamter war zu sehen, als Holden die Empfangshalle betrat. Erst als er hinter der Gepäckausgabe die angelehnte Tür zum dazugehörigen Büro ohne anzuklopfen aufstieß, fand er zwei dösende Gestalten vor. Der Pilot wusste, dass Freundlichkeit die beste Methode war, wenn man in Afrika bei Offiziellen etwas erreichen wollte. Die Beiden hatten allerdings keine Zeit für seine Anliegen, und es war ihm recht. Mit einem leisen: „A demain, Messieurs!" verabschiedete er sich und verließ das Gebäude durch den Haupteingang. Er hatte Glück. Auf der Hauptstraße hinter dem Flughafengebäude konnte er kurz darauf ein Taxi anhalten, das ihn zum Rock Hotel brachte.

An der Rezeption begrüßte man ihn wie einen alten Bekannten. Holden hatte gerade seine Anmeldung ausgefüllt und den Schlüssel für sein Zimmer in Empfang genommen, als François, der Manager des Hotels mit einem breiten Grinsen von der bereits gut besetzten Bar heranschlenderte und sich plötzlich an den Kopf griff.

„Un moment, s'il te plaît", sagte er, während er seinem Gast die Hand drückte. „J'ai un message pour toi."

François verschwand in seinem Büro. Als er wiederkam, hielt er einen Umschlag in der Hand.

„Ein Mann von der amerikanischen Botschaft hat diesen Brief vor zwei Tagen für dich hier abgegeben. Er meinte, es sei dringend und du würdest in nächster Zeit hier eintreffen", radebrechte der Manager auf Englisch.

Holden wunderte sich. Was hatte er hier in Bangui mit der amerikanischen Botschaft zu tun? Und warum wussten die, dass er in diesem Hotel absteigen würde? Ungeduldig riss er den Umschlag auf und fand einen kleinen Zettel mit der kurzen Mitteilung, dass er dringend die darauf angegebene Nummer anrufen sollte. Holden konnte sich beim besten Willen nicht vorstellen, was die US-Botschaft von ihm wollte, steckte den Zettel erst einmal ein und ging hinüber zur eleganten Bar, um seinen Durst mit einem wohlverdienten französischen Bier zu löschen.

Sein Blick fiel durch die offene Schiebetür auf die große Terrasse. Angestellte waren damit beschäftigt, die vielen Tische für das Abendessen zu decken. Was für ein wunderbarer Ort, welch herrliche Ruhe, dachte er. Hier konnte man auf einem Barhocker sitzen und von Luxus umgeben auf den breiten, ruhig fließenden Ubangi blicken, die Fischer auf ihren Einbäumen beim Einholen der Netze beobachten oder das voll beladene Ferryboot bestaunen, das zum anderen Ufer fuhr, um Passagiere und Fracht in den Kongo zu bringen. Hier im Hotel schlug der hastige Puls der Zivilisation; nur 20 Meter weiter lag das ursprüngliche, unverfälschte Afrika mit seiner noch intakten Natur.

Derek Holden kippte sich entschlossen das restliche Bier in die Kehle, unterschrieb die Rechnung und begab sich in aller Ruhe auf sein Zimmer im ersten Stock. Er setzte sich auf die Bettkante und verlangte über die Rezeption eine Verbindung mit der Botschaftsnummer auf dem Zettel. Es klappte auf Anhieb. Auf seine Frage, um was es ginge, kam die Gegenfrage, ob man sich sofort zu einem kurzen Gespräch im Hotel treffen könnte. Holden willigte ein und vereinbarte ein Treffen in der Halle, 20 Minuten später. Auf ihn wartete jetzt eine ausgedehnte Dusche, die er ausgiebig genießen wollte, bevor er sich mit dem ominösen Herrn von der Botschaft traf.

In der Halle war ein Herr mit tadellos geknüpfter Krawatte erschienen. Bei einer Außentemperatur von fast 30 Grad im Schatten und über 90 Prozent Luftfeuchtigkeit sprach das für seine Zugehörigkeit zu einer offiziellen Regierungsstelle; es musste jemand von der amerikanischen Botschaft sein. Holden erhob sich aus seinem Polstersessel, um sich zu erkennen zu geben.

„Holden", sagte er knapp und wartete erst einmal ab, ob sein Gegenüber ihm die Hand schütteln wollte. Er tat es mit einem freundlichen Lächeln.

„Petersen, United States Embassy. Glad to meet you, Sir."

„My pleasure", gab Holden zur Antwort und bot dem Fremden höflich den Sessel neben ihm an.

„Sie fragen sich sicher, was das Ganze soll", begann Petersen, während er es sich bequem machte und sich zu Holden vorbeugte, um eventuelles Mithören zu verhindern.

„Schießen Sie los, Mister Petersen. Ich wundere mich wirklich, wie Sie auf mich kommen."

Der Amerikaner schaute noch einmal kurz um sich und begann erst zögernd, dann immer flüssiger mit seiner Geschichte:

„Wir haben von unserer Vertretung in Lagos die Anweisung erhalten, Sie in diesem Hotel zu kontaktieren. Es ist etwas passiert, das die Interessen Ihres Arbeitgebers in Lagos, aber auch jene der Partnergesellschaft in Nairobi tangiert."

Derek Holden lauschte gespannt und hoffte, der gute Mann würde endlich zur Sache kommen; er versuchte, gelassen zu wirken.

„Vor ein paar Tagen ist eine Doppelbesatzung in Nairobi mit einem zweimotorigen Flugzeug gestartet, einer Cessna 337", fuhr der Amerikaner fort. „Ihr Ziel war Bangui. Hier wollten sie übernachten, um am nächsten Tag nach Lagos weiter zu fliegen. Statt in Bangui sind die beiden Piloten mit dem Flugzeug aber in Kouango, einem kleinen Flugfeld an der Grenze zum Kongo gelandet."

„Ich kenne den Platz von früher. Er ist aber verflucht weit von Bangui entfernt", warf Holden überrascht ein.

„Ich weiß nicht, Mister Holden, aber es scheint bewiesen, dass sie dort ohne die Motoren abzustellen und ohne einen triftigen Grund panikartig wieder gestartet sind. Wir wissen nicht wie, aber sie haben dabei einen Mann getötet."

„Verdammt", entfuhr es Holden.

„Die beiden Piloten wurden danach in Bambari von der Polizei verhaftet und ins Hauptgefängnis von Bangui eingeliefert. Die Anklage lautet auf vorsätzlichen Mord."

„Bambari, wie kommen die nach Bambari? Das liegt ja in einer ganz anderen Richtung!", rief Holden konsterniert.

„Wir wissen es nicht. Die Piloten sind englischer Nationalität. Ihre Pässe wurden eingezogen und das Flugzeug in Bambari wurde konfisziert."

„Und was spiele ich für eine Rolle in der Angelegenheit?", fragte Holden. Eigentlich ahnte er aber bereits, wie der Hase laufen würde. Petersen suchte offensichtlich nach den richtigen Worten und nahm sich Zeit. Schließlich zog er eine kleine Karte aus der Jacke und hielt sie Holden hin.

„Hier sind die Namen der beiden Piloten. Wir möchten Sie darauf hinweisen, dass die Angelegenheit extrem heikel ist. Ihr Arbeitgeber in Lagos traut Ihnen jedoch offenbar ein gewisses Verhandlungsgeschick zu. Wie immer Sie es auch anstellen, das Ziel wäre, zuerst die Piloten freizukriegen, bevor es zu einer Verurteilung kommt, und danach das Flugzeug auszulösen."

„Etwas happig, meinen Sie nicht auch, Mister Petersen?", erwiderte Holden. „Immerhin gerate ich völlig unvorbereitet in diese Sache."

Petersen schmunzelte. „Nach Ansicht eines hiesigen namhaften Anwaltes bekommen die beiden Piloten bei einer Verurteilung für Mord 16 Jahre Gefängnis. Sie wissen ja, Mister Holden, dass das ein Weißer nicht überlebt."

Holden versuchte, das Gesagte zu verarbeiten. Wollte er sich der Sache annehmen, so brauchte er erst einmal ein brauchbares Konzept. Er brauchte einen Plan, um nicht aufzufallen und unnötige Wellen zu schlagen. Dafür benötigte er aber mehr Informationen.

„Wenn ich mir die Frage erlauben darf, Mister Petersen: Wie komme ich an die Gefangenen heran und warum schaltet sich nicht die Britische Botschaft ein?"

„Ich habe mir gedacht, dass Sie das fragen würden. Nun, in Bezug auf eine irreguläre Lösung des Problems ist die Botschaft nicht gewillt, sich die Hände, sagen wir mal, schmutzig zu machen. Bestechung ist tabu. Was den Zugang zu den Gefangenen anbetrifft, könnte ich vielleicht den Vorschlag machen, dass Sie sich auf privater Basis mit dem Kommandanten des Gefängnisses unterhalten. Ich könnte Ihnen den Mann vielleicht heute Abend noch vorstellen."

Derek Holden horchte auf. Dieser Petersen schien nicht so spröde, wie er sich anhörte. Anscheinend hatte er sich bereits seine eigenen Gedanken gemacht.

„Und wie stellen Sie sich das vor?", fragte Holden vorsichtig.

„Ich mache Ihnen einen Vorschlag: Ich lade Sie zum Abendessen in einem kleinen, aber feinen Restaurant in der Stadt ein. Die besagte Person kommt dort fast regelmäßig vorbei, um an der Bar ihren übermäßigen Durst zu stillen. Da ich mit dem Gentleman etwas bekannt bin, wäre ein erster Kontakt sehr gut möglich und unauffällig."

Holden nickte anerkennend; der Vorschlag gefiel ihm. Noch ein paar Drinks, und er konnte möglicherweise das Thema eines kurzen Besuches im Gefängnis zur Sprache bringen.

„Wie ich sehe, scheinen Sie in solchen Angelegenheiten etwas Erfahrung zu haben. Dürfte ich wissen, warum Sie sich solche Mühe machen?", fragte Holden geradeheraus. Petersen zeigte ein undurchschaubares Pokergesicht und entgegnete: „Vor Ihnen liegt eine schwierige Aufgabe mit einem heiklen politischen Hintergrund und es interessiert mich, wie Sie das Problem lösen wollen."

„Kann es sein, dass man mit einer Verurteilung möglicherweise ein Exempel für Ausländer respektive Weiße statuieren will?", hakte Holden nach.

„Das liegt durchaus im Bereich des Möglichen. Die momentane Regierung hat bekannterweise eigene Ansichten darüber, was Recht und Unrecht ist."

Derek Holden erhob sich aus dem Sessel und meinte mit auffordernder Geste: „Nun, Mister Petersen, ich nehme Ihre Einladung gerne an, denn mein Magen knurrt schon bedenklich."

„Perfekt", meinte der Botschaftsangestellte, sich ebenfalls erhebend. „Sie können mit mir fahren. Ich bringe Sie nach dem Essen wieder zurück ins Hotel."

Petersens Wagen stand inmitten großer Wassertümpel auf dem Parkplatz gegenüber dem Hotel und sie hatten große Mühe, trockenen Fußes ins Auto zu steigen. Nach kurzer Fahrt durch die bereits im Dunkel liegende Stadt hielt Petersen vor einem hell erleuchteten Lokal an.

„Wir sind hier! Dies ist ‚Pierre's Restaurant'. Es hört sich zwar französisch an, aber es wird von einem Libanesen geführt. Die Küche ist exzellent."

Holden kannte das Lokal nicht. Seiner Ansicht nach konnte es erst seit einigen Monaten in Betrieb sein; er machte eine entsprechende Bemerkung zu seinem Begleiter.

„Es wurde vor etwa drei Monaten eröffnet und läuft hervorragend", antwortete Petersen, während er die schwere Eingangstür aufzog.

Es war, wie es sich Holden vorgestellt hatte. Rötlich gestrichene Wände, viel Teakholz, schummeriges Licht und schwere Möbel verliehen dem durch Trennwände aufgeteilten Raum einen leicht viktorianischen Touch. Holden bemerkte sogleich die kleine Bar, die sich von der nächsten Ecke an eine Seitenwand schmiegte. Zwei Weiße unterhielten sich dort auf hölzernen Hockern angeregt miteinander. Holden gefiel das kleine Restaurant, er fühlte sich wohl.

Die Dame des Hauses führte die Männer an einen der freien Tische. Nachdem sie die Menükarte studiert und ihre Wahl getroffen hatten, sagte Petersen: „Falls der Chef des Gefängnisses hier aufkreuzt, werde ich Sie darauf aufmerksam machen. Ich lasse ihm dann etwas Zeit, um sich zu entspannen, bevor ich mich in Szene setze."

„Kein Problem, ich halte mich an Ihre Anweisungen", versicherte Holden.

Petersen hatte nicht zu viel versprochen. Das Essen schmeckte ausgezeichnet und sie hatten sich gerade entschieden, das Ganze mit einem starken Espresso abzurunden, als Petersen sich etwas künstlich räusperte.

Holden hütete sich, Neugier zu zeigen und sich umzudrehen. Er konzentrierte sich auf Petersen, der plötzlich ein höfliches Lächeln aufsetzte und eine kaum merkliche Verneigung in Richtung Bar machte.

„Er hat mich entdeckt", flüsterte Petersen, ohne die Lippen zu bewegen. „Unser Auftritt ist gesichert."

Derek Holden rührte lange in seinem Kaffee; Petersen konnte erkennen, dass er sich über das bevorstehende Treffen mit dem Gefängniskommandanten Gedanken machte.

„Wie heißt der Kerl eigentlich?", fragte Holden nach einer Weile.

Mit Unschuldsmiene und gesenktem Haupt antwortete Petersen: „Yalengo, Capitaine Yalengo. Unterschätzen Sie den Mann nicht! Seinen Spitznamen Boucher hat er nicht von ungefähr. Er ist anscheinend ein äußerst brutaler Kerl; die Gefangenen, die in seinem Gefängnis eingelocht sind, haben jeden Grund, um ihr Leben zu fürchten."

„Feine Aussichten", meinte Holden. „Ist er bestechlich?"

„Wer ist das nicht in diesem Land?", entgegnete Petersen. „Die ganze Regierung ist korrupt. Das ist Ihre Chance, etwas auf ungewöhnliche Art zu bewegen."

„Ich habe es bereits in Betracht gezogen, Mister Petersen", antwortete Holden mit einem Blick auf die Uhr. „Wann wollen wir mit der Vorstellung beginnen?"

Ihm war aufgefallen, dass Petersen wieder Augenkontakt mit diesem Yalengo hatte, denn ein maskenhaftes Grinsen glitt über dessen Gesicht, begleitet von einem jovialen, kurzen Winken.

„Ich werde jetzt erst einmal die Zeche bezahlen", verkündete Petersen. „Dann gehen wir für einen Drink an die Bar."

Derek Holden nickte, und Petersen winkte der Dame an der Kasse, die kurz darauf einen Zettel an ihren Tisch brachte. Noch während Petersen die Rechnung studierte und ein paar Geldscheine danebenlegte, fischte Holden unauffällig einen 100-Dollar-Schein aus seinem Notenclip und steckte ihn in seine Brusttasche. Auf den fragenden Blick Petersens meinte Holden: „So etwas kann manchmal Wunder wirken."

Ein unmerkliches Nicken war das Startzeichen. Petersen schob seinen Stuhl zurück, dann ging er mit Holden im Schlepptau zwischen den Tischen direkt auf die Bar zu. Derek Holden ahnte sofort, welcher der Männer an der Theke dieser „Boucher" war. Das Gesicht einer Bulldogge nicht unähnlich, die massiven Schultern unter einem bunten, ärmellosen Hemd versteckt und die krausen Haare kurz geschoren, saß er breitbeinig auf einem für sein Gesäß viel zu kleinen Barhocker.

„Capitaine Yalengo, comment allez-vous? Un plaisir de vous voir. Puis-je vous présenter un ami de moi – commandant Holden?"

Die Bulldogge zeigte ihr vollständiges Gebiss in einem breiten Grinsen. Yalengo drückte kraftlos die Hand Petersens und wandte sich dann dem Manne zu, der ihm vorgestellt wurde.

„Commandant Holden? Un pilote alors?"

Holden nickte freundlich und fasste die dargereichte Hand.

„Mon plaisir, Capitaine Yalengo."

Holden klärte Yalengo ausführlich über den Grund seines Aufenthaltes in diesem Land auf und ließ sich überschwänglich über die Hilfsbereitschaft der lokalen Behörden in Obo und am Flugplatz Bangui aus. Er konnte unschwer erkennen, dass die freundlichen Worte bei Yalengo auf fruchtbaren Boden fielen.

Petersen hatte sich inzwischen auf einen Hocker neben dem Capitaine geschoben und zwei Bourbons für sich und Holden sowie einen weiteren Scotch Whisky für Yalengo bestellt. Hin und wieder richtete er ein paar belanglose Höflichkeiten an Yalengo, um ihn bei guter Laune zu halten.

Die Rechnung schien aufzugehen. Der Nachschub an Whisky auf Holdens Kosten kam in regelmäßigen Abständen, was Yalengo anerkennend zur Kenntnis nahm. Holden wusste, dass er selbst diesen massiven Konsum von Alkohol nicht lange durchhalten würde. Er entschloss sich, auf den Punkt zu kommen.

„Captaine Yalengo, ich habe am Flugplatz erfahren, dass vor ein paar Tagen zwei Engländer verhaftet wurden. Anscheinend Piloten, wie ich."

Das Bulldoggengesicht des Schwarzen blieb jovial. Grinsend und gönnerhaft klopfte er Holden auf die Schulter und meinte lallend: „Oui, mon cher. Die beiden sind in – äh – meinem Gefängnis. Denen … denen wird – äh – in Kürze der Prozess gemacht."

Holden bestellte eine weitere Runde, obwohl Yalengo sein Glas erst zur Hälfte geleert hatte.

„Santé!", rief Holden und Petersen half eifrig nach. Die Gläser klirrten und Yalengo griff sich das nächste.

„Wie wäre es denn, Monsieur le Capitaine – könnte man die zwei nicht einmal im Gefängnis besuchen? Ich habe nämlich noch nie eines von innen gesehen."

Yalengo grölte so laut, dass sich die Gäste im Restaurant umdrehten.

„Das ist gut! Noch nie von innen gesehen", sagt er. „Nie-niemand will mein Ge-Gefängnis von innen sehen und jetzt will – äh – mein Freund hier mich dort besuchen. Santé – zum Wohl!"

Holden griff in seine Brusttasche und zog langsam und effektvoll die gefaltete Dollarnote etwas heraus, gerade so, dass Yalengo die Zahl lesen konnte.

„Ich würde es ja auch etwas kosten lassen", meinte er augenzwinkernd. Yalengos Augen wurden groß und gierig. Er schien plötzlich nüchtern zu werden, blickte um sich und lehnte sich dann flüsternd gegen Holden.

„Demain à dix heures – Morgen um zehn Uhr! Melden sie sich bei der Wache am Tor."

Holden nickte, zog die Banknote vollends aus der Brusttasche und schob sie auf dem Tresen unauffällig unter Yalengos wartende Hand.

„A votre santé!", rief Petersen mit einem vielsagenden Blick auf die pastellfarbene Gipsdecke. Für ihn war die Sache gelaufen; er hatte seinen Teil der Abmachung eingehalten. Holdens Weg war geebnet. Jetzt galt es nur noch, so unauffällig wie möglich von hier zu verschwinden. Morgen würde er dann eine kleine Notiz nach Lagos übermitteln. Also bestellte er noch einmal eine volle Runde in der stillen Hoffnung, dass sich die Bulldogge an sein Versprechen erinnern möge. Es war fast elf Uhr, als Derek Holden endlich die ansehnliche Rechnung mit einem Bündel CFA beglich. Yalengo blieb wie verankert auf seinem Hocker sitzen, während man sich mit vielen netten Worten und Komplimenten verabschiedete.

Draußen teilte bereits die schmale Sichel des abnehmenden Mondes einzelne Stratuswolken und verdrängte mit ihrem Licht die schwach glühenden Lichtpunkte der Sterne. Peterson sagte auf dem Weg zum Auto kein Wort. Es war Holden, der plötzlich anhielt und ihn an der Schulter fasste.

„Verdammt, ich habe vergessen Yalengo zu fragen, wo das Gefängnis ist."

„Ich weiß den Weg", versicherte Petersen. „Ich kann Sie morgen zeitig abholen und hinbringen. Es ist gar nicht so weit vom Hotel entfernt."

„Und wie komme ich wieder zurück?"

„Kein Problem. Auf der Straße am Fluss fahren immer Taxis."

Derek Holden gab sich zufrieden, aber innerlich war er immer noch unruhig. Die Abmachung mit diesem Capitaine Yalengo war aalglatt gelaufen, fast zu geschmiert für seinen Geschmack. Aber was konnte schon schiefgehen? Wenn er morgen beim Gefängnis abgewiesen wurde, hatte er 100 Dollar in den Sand gesetzt. Wenn er Zugang zu den Gefangenen bekam, konnte er endlich die näheren Umstände des Zwischenfalls erfahren und möglicherweise etwas für die armen Schweine hinter Gittern unternehmen.

Die Fahrt zurück zum Hotel verlief schweigsam und als Petersen eine Einladung zu einem letzten Drink höflich aber bestimmt ablehnte, verabschiedete sich Derek Holden mit dem Versprechen, um neun Uhr dreißig in der Hotelhalle zu warten.

Es wurde für ihn eine fast schlaflose Nacht. Unruhig warf er sich immer wieder auf dem Bett herum, während seine Gedanken rastlos um ein einziges Thema kreisten: das Gefängnis!

Lange bevor die Hotelküche am nächsten Morgen für den Zimmerservice Bestellungen entgegennahm, hatte er sich geduscht. Mit dem Badetuch um die Hüfte saß er danach auf dem kleinen Zimmerbalkon, von wo er das riesige Ubangi-Flussbecken unterhalb der tosenden Wasserfälle und Stromschnellen überschauen konnte. Er war fasziniert von den langsam treibenden Fischerbooten, deren Insassen beim ersten Morgengrauen schon auf dem schäumenden Wasser ritten, um ihre Netze auszuwerfen; es war eine die Nerven beruhigende Aussicht. Sie vermittelte ihm den Eindruck der Unendlichkeit, des ewigen Ablaufs einer unfassbar langen Zeit. Er liebte solche Momente der Einkehr und heute halfen sie ihm, seine Nervosität zu überwinden. Für eine Weile lauschte er noch den markanten Vogelstimmen in den Bäumen, bestaunte den erwachenden Tag, der golden durch die aufgerissene Wolkendecke leuchtete. Dann ging er ins Zimmer zurück, um sich anzuziehen.

Als er wenig später durch die Hotelhalle ging, begrüßte ihn schlaftrunken der Nachtportier. Drüben im Restaurant sah er durch die offene Schiebetür das Personal eifrig damit beschäftigt, die Tische für das Frühstück zu decken. Noch war er etwas zu früh, und so schlenderte er hinaus auf die Gartenterrasse, wo der schwere Tau von den Blättern der Bäume tropfte und die lackierten Tischplatten im Morgenlicht nass glänzten. Von der Straße vor dem Hotel ertönte hin und wieder das Rumpeln eines Fahrzeuges, das sich durch die tiefen, mit Wasser gefüllten Schlaglöcher einen Weg suchte. Derek Holden ging bis zur Brüstung der Terrasse, wo die Wasser des Ubangi unter seinen Füssen in kleinen Wirbeln vorbeigurgelten. Gedankenverloren starrte er eine ganze Weile, wie hypnotisiert, in die trüben, von vielen Regenfällen angeschwollenen Fluten.

Ein Blick auf die Uhr erinnerte ihn an seine Absicht. Er ging zurück ins Restaurant und nahm an einem der kleinen, bereits mit einer frischen Orchidee geschmückten Tische Platz. Holden hatte vergessen, wie scheußlich der starke Kaffee schmeckte, den sie hier im Hotel brauten. Mit einem Glas Wasser war es halb so schlimm; die frischen Croissants mit importierter Butter und Konfitüre schmeckten nach den asketischen Tagen in Obo wie im Paradies. Holden genoss es in vollen Zügen und beobachtete interessiert die anderen Gäste, die nach und nach in unterschiedlicher Verfassung ihren Platz an den Tischen einnahmen. Und dann erinnerte er sich plötzlich an eine Aufgabe, die er noch unbedingt erledigen wollte, bevor Petersen ihn abholte. Ein Taxi brauchte er nicht zu suchen; es stand bereits vor dem Hoteleingang und der Fahrer schien überglücklich, so früh schon einen sicherlich gut zahlenden Gast befördern zu dürfen.

Fünf Minuten später hielt das Taxi vor einem Geschäft, in dem Holden eine Flasche Red Label Whisky erstand. Am Zeitungsstand suchte er nach ein paar Magazinen in englischer Sprache, musste sich aber mit französischen Ausgaben zufriedengeben. Immerhin, er hatte jetzt etwas für die Bulldogge und auch Lesestoff für die Gefangenen. Ob die Wache am Gefängnistor ihn damit durchlassen würde, stand allerdings in den Sternen geschrieben. Was soll's, dachte er, einen Versuch war es immerhin wert.

Zurück im Hotel ließ Holden sich zur Vorsicht für eine weitere Nacht eintragen und zog sich in die Halle zurück. Jetzt galt es nur noch, auf Petersen zu warten. Holden blätterte zerstreut in den mitgebrachten Magazinen. Schließlich hielt er es nicht mehr aus und ging nach draußen, wo er vor dem Hoteleingang nervös auf und ab spazierte. Petersen fuhr pünktlich wie versprochen vor.

„Good morning, gut geschlafen?"

„Miserable", gab Holden missmutig zur Antwort. „Aber ich habe wenigstens keine Nachwehen vom Bourbon."

„Nun, Sie werden sich ja in Kürze vom Zustand Yalengos überzeugen können", sagte Petersen lachend und brachte den Peugeot auf der geteerten Straße in Fahrt. Holden nahm sich die Zeit, die mit herrlichen Gärten geschmückten Häuser am Ufer des Ubangi zu bestaunen.

„Sind hier neuerdings ein paar wichtige Leute angesiedelt?"

„Hauptsächlich Diamantenhändler, die sich mit den Edelsteinen aus den Minen von Carnot eine goldene Nase verdienen", antwortete Petersen. Kurz danach kurvte er in eine Seitenstraße ein.

„Wir sind gleich da!"

Auch Holden sah jetzt die hohe, mit Stacheldraht gekrönte Mauer und das große Tor, an dessen rechter Seite sich ein kleiner Durchgang befand. 20 Meter davor hielt Petersen den Wagen an.

„Bis hierher und nicht weiter! Rufen Sie mich vom Hotel an, wenn Sie zurück sind."

„Wird schon schiefgehen", gab Holden zur Antwort. Die Whiskyflasche in der einen und die große, mit den Magazinen vollgestopfte Papiertüte in der anderen Hand stieg er aus und drückte die Wagentür mit seiner Hüfte zu.

„Also bis nachher!", rief er durch das offene Seitenfenster. „ … und danke für die Fahrt."

Holden ging mit langen Schritten auf den Durchgang zu, wo er sofort von zwei Wachen in Empfang genommen wurde. Er stellte die Whiskyflasche auf das kleine Pult und die Tasche daneben.

„Pour mon ami, Capitaine Yalengo!"

Die Wachmänner staunten. Holden merkte, dass sie sich nicht sicher waren, wie sie weiter vorgehen sollten. Er kam ihnen einer Entscheidung zuvor, indem er vorschlug, das Telefon zu benutzen. Nach einer Kontrolle seines Passes, einer kurzen Leibesvisitation und Durchsicht der Magazine führte ihn einer der Wachmänner ein paar Minuten später, mit einer Maschinenpistole bewaffnet, ins Hauptgebäude. Capitaine Yalengo erwartete sie bereits. Er saß in frisch gebügelter Uniform und drei glänzenden Sternen auf seinen Schulterstücken breit grinsend hinter einem alten, abgegriffenen Schreibtisch. Nachdem die Wache den Besucher militärisch gemeldet und den Whisky sowie die Papiertüte auf den Schreibtisch gestellt hatte, meldete sie sich wieder ab. Holden war jetzt mit Yalengo allein.

„Bonjour, Capitaine Yalengo!"

„Bonjour, Monsieur Holden! Sie sind sehr pünktlich", sagte die Bulldogge mit einem Blick auf die große Wanduhr.

„Ich habe Ihnen eine Kleinigkeit zur Entspannung mitgebracht", fuhr Holden fort. Dabei zeigte er lächelnd auf die viereckige Flasche.

„Oh, très gentil. Und was haben Sie hier?"

„Nun Capitaine, ich habe mir gedacht, die zwei englischen Piloten könnten etwas für den Zeitvertreib brauchen."

„Ah, die zwei Engländer! Sie wollten sie doch sehen, oder nicht?"

„Wenn Sie es erlauben."

Die Miene des Gefängniskommandanten wurde förmlicher, als er sich zurücklehnte und sagte: „Normalerweise nicht. Die zwei Engländer sind wegen Mordes hier und bis zur Verhandlung darf sie nur unsere Justiz mit einem Dolmetscher besuchen."

„Aber man könnte doch eine Ausnahme machen. Ich bin schließlich ein Berufskollege der beiden."

Yalengo kratzte sich umständlich hinter dem linken Ohr, rieb sich die Nase und meinte dann mit einem tiefen Schnaufer:

„Alors, pour dix minutes seulement! Ich werde Anweisung geben, einen der Gefangenen unten vorzuführen."

„Verbindlichen Dank, Capitaine."

Yalengo nickte, dann griff er zum Telefon und gab in einer einheimischen Sprache ein paar Anweisungen.

„In ein paar Minuten wird der Gefangene bereit sein. Wir können schon mal hinuntergehen", brummte Yalengo und kam überraschend behände für sein Gewicht aus dem Sessel hoch. Die Flasche ließ er in einer der Schubladen seines Schreibtisches verschwinden.

„Gehen wir!"

Die schlechte Beleuchtung im Untergeschoss konnte die abgenützten Stufen nicht verbergen. Holden dachte an die armen Teufel, die wohl in den vielen Jahren seit dem Bestehen dieses Gefängnisses als Gefangene über die Treppen gestolpert waren. Eine massive Holztür wurde aufgestoßen; dann stand Holden in einem dumpfen, modrig riechenden Raum. Eine einzelne nackte Glühbirne verbreitete schummeriges Licht. Holden erblickte an einer Wand einen Holztisch und gegenüber eine Reihe Gitterstäbe, die den Raum trennten.

Erst jetzt bemerkte er auch den uniformierten Schwarzen, der einen in sich zusammengefallenen, weißen Gefangenen an Handschellen neben dem Tisch festhielt. Yalengo gab ein paar Anweisungen, dann sagte er zu Holden: „Ich gebe Ihnen zehn Minuten. Nachher bringt Sie dieser Wärter hier wieder in mein Büro."

Damit stellte er die Papiertüte auf den Tisch und zog die schwere Tür hinter sich mit einem Knall ins Schloss. Holden war mit dem Gefangenen und seinem Wächter allein. Er sah, wie der Wärter nickte, nahm dies als Aufforderung und setzte sich dem Gefangenen gegenüber an den Tisch.

„My name is Holden, Derek Holden", stellte er sich vor. „Ich bin hier, weil mich meine Firma in Lagos darum gebeten hat. Vielleicht kann ich etwas für euch beide tun, aber dazu muss ich als Erstes einiges von euch erfahren."

„Ich heiße Nigel Curtis", begann der Gefangene schwach. Holden konnte unschwer erkennen, dass dieser Mann am Ende seiner physischen und psychischen Kräfte war. „Mein Co-Pilot heißt Roy Foster. Er musste in der Zelle bleiben."

„Okay Nigel, ich habe zehn Minuten, um das Wesentliche zu erfahren. Also, was ist passiert?"

Curtis erzählte von ihrem Flug über das Gebiet des Kongo, von ihrer hoffnungslosen Lage wegen Treibstoffmangels, einbrechender Nacht und unbekannter Position. Er sprach so schnell er konnte, berichtete von ihrer ersten Landung auf einem kleinen Flugfeld und ihrer unerklärlichen Verhaftung in Bambari.

„Die Anklage lautet auf Mord", sagte Holden ruhig. „Was ist in Kouango passiert?"

„Kouango?"

„Das ist das Flugfeld an der Grenze zum Kongo, auf dem ihr das erste Mal gelandet seid."

„Wir dachten erst, wir wären in der Zentralafrikanischen Republik gelandet. Doch dann griffen uns plötzlich kongolesische Rebellen an. Wir versuchten, mit einem schnellen Start unsere Haut zu retten. Dabei haben wir anscheinend einen Mann mit dem Propeller getötet. Die Polizei wirft uns vorsätzlichen Mord vor. So viel haben wir vom Dolmetscher erfahren."

„Verdammt Nigel, dort in Kouango waren keine Rebellen. Das waren nichts anderes als eifrige Eingeborene dieses Landes, die wohl noch nie oder schon seit Langem nicht mehr ein Flugzeug gesehen haben. Die wollten sie nur begrüßen."

„So etwas Ähnliches hat man uns schon gesagt", erregte sich Curtis. „Aber ich schwöre, sie gingen mit Macheten und Speeren auf uns los. Sie wollten uns erledigen!"

„Hier im Busch hat praktisch ein jeder eine Machete oder einen Stecken, um damit zu arbeiten oder vielleicht eine Ratte oder Schlange zu töten. Ihr habt die Lage eindeutig falsch eingeschätzt und in Panik reagiert. Andererseits kann man euch dabei nicht den Vorwurf der Vorsätzlichkeit machen."

Holden konnte sehen, wie gebrochen der junge Mann war, wie Tränen über seine schmutzigen Wangen kullerten.

„Ich kann das alles nicht verstehen. Wir versuchten doch lediglich, aus dem Kongo zu fliehen."

„Ich sage es noch einmal, Nigel – ihr seid in Kouango, einem Dorf in der Zentralafrikanischen Republik, gelandet und nicht im Rebellengebiet Belgisch Kongos", wiederholte Holden, verärgert über die Sturheit des Engländers. Dann hakte er nach: „Und zum Teufel, warum seid ihr nach dem Zwischenfall in Kouango überhaupt nach Bambari geflogen? Das liegt ja beinahe in der Gegenrichtung zu Bangui."

„Ich weiß es nicht. Ich bin einfach in Richtung Norden, oder vielleicht auch Nordosten geflogen, um so weit wie möglich aus dem – wie wir glaubten – Kongo hinauszukommen, bevor uns die Nacht oder der Spritmangel zu einer Notlandung zwangen. Als wir nämlich zufällig den Flugplatz von Bambari entdeckten, waren wir gerade dabei, eine Bruchlandung auf einem Feldweg einzuleiten."

Holden nickte. „Vielleicht sollte ich es nicht sagen, aber andererseits habt ihr Anspruch auf Information. Also, ich habe vernommen, dass die Anklage versuchen wird, euch für 16 Jahre hinter Gitter zu bringen. Nun, so schlimm wird es wohl nicht werden. Meistens werden solche Strafen für Fremde nach zwei bis drei Jahren auf null reduziert."

Curtis stöhnte auf: „Mein Gott, das werden wir nicht überleben. Wir haben jetzt schon schweren Durchfall. Auch die feuchte Hitze in der engen Zelle macht uns schwer zu schaffen. Schwitzen ist ein Dauerzustand."

„Wie steht es mit dem Essen?"

„Eine kleine Schüssel Reis pro Tag, meistens mit etwas stinkendem Fisch und halb faules Wasser."

Holden blickte auf die Uhr. Die zehn Minuten waren vorbei; auch der Wachmann hatte es bemerkt und wurde unruhig. Es hatte keinen Zweck, den guten Willen Yalengos aufs Spiel zu setzen. Holden stand auf. „Ich werde als Erstes versuchen, euch gutes Essen und frisches Wasser zu organisieren. Wenn es mir gelingt, die hiesige Justiz zu beeinflussen, so kommt es möglicherweise nicht zu einer Verhandlung. Bleiben Sie daher ruhig und vertrauen Sie auf die Leute draußen, die alles versuchen werden, Ihnen das Leben in diesem Loch zu erleichtern."

„Ich danke Ihnen, Mister Holden. Leben Sie wohl! Danke auch für den Lesestoff."

Es sollte das letzte Mal sein, dass Holden einen der beiden jungen Piloten zu sehen bekam. Nigel Curtis wurde vom Wachmann unsanft aus dem Sessel gerissen und ohne Umschweife durch eine schmale Tür in den Gitterstäben abgeführt. Holden wartete geduldig, bis der Wärter wieder zurückkkam, dann ging er mit ihm zu Yalengos Büro.

„Alors, Monsieur Holden, haben Sie mit dem Mann gesprochen?", fragte Yalengo aus schmalen Augen.

„Merci, Capitaine! Es war übrigens interessant, seine Version über den Vorfall zu hören", antwortete Holden ernst. „Der Fall geht mich zwar nichts an, aber ich verspüre so etwas wie Wut, aber auch Verantwortung, wenn ich sehe, wie schlecht es den beiden geht."

„Was meinen Sie?", fragte Yalengo misstrauisch.

„Nun, ich meine, dass die beiden Gefangenen unbedingt Medikamente gegen Durchfall brauchen, frisches Wasser und auch ein besseres Essen."

Es dauerte eine ganze Weile, bis der Kommandant sich zu einer Antwort durchringen konnte. Für Holden war unschwer zu erkennen, dass sein Gegenüber im Zweifel die Dienstvorschrift in den Vordergrund stellte. Um seine Entscheidung zu vereinfachen, holte Holden ohne mit der Wimper zu zucken zwei 100-Dollar-Banknoten aus der Tasche und legte sie vor den staunenden Yalengo auf den Schreibtisch.

„Ich möchte, dass die beiden Gefangenen bis zur Verhandlung einmal am Tag das Essen bekommen, das ich vom Rock Hotel herbringen lasse. Dazu gehört jeweils eine Flasche sauberes Wasser, Salztabletten und Medikamente gegen Durchfall. Die Kosten dafür übernehme ich."

„Pourquoi?"

„Die beiden werden sonst noch bevor die Verhandlung stattfindet an Cholera, Typhus oder Amöbenruhr sterben", versicherte Holden. „Das würde einen internationalen Skandal auslösen, der sich gewaschen hat. Die Regierung hätte dann den oder die Verantwortlichen zu finden und zur Rechenschaft zu ziehen."

Yalengo schien äußerst verlegen. „Gefangene sterben fast jeden Tag in diesem Gefängnis. Deswegen gibt es noch lange kein Aufsehen."

„Das mag vielleicht sein, Capitaine Yalengo. Doch hier haben wir es mit Ausländern, mit zwei Weißen zu tun, die zu Unrecht eines Mordes bezichtigt werden. Die diplomatischen Folgen für eure Regierung wären sehr schwerwiegend."

Die Entscheidung schien gefallen, denn Yalengo änderte plötzlich seinen Gesichtsausdruck, griff grinsend nach den beiden Geldscheinen und stand auf.

„Monsieur Holden, abgemacht", sagte er entschlossen. „Ich werde die Wachen am Tor informieren. Essen, Wasser und Medikamente für die beiden Gefangenen werden ab Morgen bis zur Gerichtsverhandlung zugelassen. Sie dürfen sogar wieder etwas zum Lesen mitbringen."

Die Anspannung, die Holden wie eine zweite, enge Haut umfasst hatte, fiel von ihm ab; er fühlte sich befreit und unglaublich erleichtert. Verdammt, er hatte es tatsächlich geschafft. Die Bulldogge hatte sich überreden und auch bestechen lassen. Petersen würde Augen machen. Ehrlich erfreut über den Ausgang der Mission reichte er Yalengo die Hand und bedankte sich für dessen Entscheid.

„Monsieur Holden, auch ich danke Ihnen. Einmal für den feinen Whisky und dann für den Beitrag zu unserer – äh – Weihnachtskasse", antwortete Yalengo sein ganzes Gebiss zeigend. „Sie können sich auf mich verlassen. Ich begleite Sie jetzt bis zum Eingangstor."

Holden war froh, dieses triste Gebäude verlassen zu können. Erleichtert atmete er die frische, wenn auch feuchtheiße Luft ein, als sie durch das innere Tor ins Freie traten. 20 Minuten später lud ihn ein Taxi vor dem Hotel ab. Der Manager François war erstaunt zu erfahren, dass sein Haus anderen Tages zum Lieferanten für das Gefängnis werden sollte. Holden verhandelte hart, bis er bei einem Vorzugspreis für zwei volle Mahlzeiten pro Tag plus zwei Flaschen Mineralwasser angelangt war.

„Ich werde dir noch Salztabletten und Medikamente bringen, die mit dem ersten Essen bei den Gefangenen abgegeben werden müssen. Die Erlaubnis des Kommandanten liegt vor", sagte Holden mit Nachdruck.

„Und wer zahlt für das Ganze?"

„Du stellst die Rechnung an meine Firma in Lagos aus. Entweder bringe ich das Geld persönlich bei meinem nächsten Transportflug mit der Douglas DC-6 vorbei, oder aber in zwei Wochen anlässlich der Gerichtsverhandlung gegen die beiden Engländer."

„In Ordnung", meinte François. „Du wirst doch nichts dagegen haben, wenn ich die Rechnung in Dollar ausstelle, oder? Ich kann nämlich harte Währung dringend gebrauchen."

„Kein Problem", antwortete Holden verständnisvoll.

„Gut, dann lade ich dich jetzt an der Bar zu einem Aperitif ein", sagte François zum Abschluss. Holden hatte nichts dagegen einzuwenden. Ein Glas Pernod vor dem Mittagessen konnte seinem Appetit nur förderlich sein.

Die Bar war schwach besetzt und François nutzte die Gelegenheit, um von Holden etwas mehr über die Lage im Gefängnis zu erfahren. Aber Holden wollte seine Abmachungen mit Yalengo nicht unnötig gefährden. Je mehr Leute von der Sache wussten, umso schneller würde die Geschichte die Runde machen. Also fütterte er die Neugier des Franzosen nur mit allgemeinen Informationen. Auf einen Einfall hin ließ er sich von der Bedienung das Telefon reichen. Die Verbindung mit Petersen klappte auf Anhieb und als er ihm den Erfolg seiner Bemühungen vermeldete, erntet er dessen unverhohlene Anerkennung. Auf die Frage, was er als Nächstes zu tun gedenke, blieb Holden die Antwort schuldig. Er wusste es selbst noch nicht, versprach aber, vor dem Abflug nach Lagos noch einmal anzurufen.

„Soll ich dir auf der Terrasse einen Tisch für das Mittagessen reservieren?", fragte François, als er sah, wie Holden vom Barhocker glitt.

„Eine gute Idee. Ich gehe nur mal hoch ins Zimmer, um zu duschen. In 20 Minuten werde ich auf der Gartenterrasse sein."

Es war, wie François versprochen hatte. Der zuständige Oberkellner führte Holden zu einem kleinen, im Schatten stehenden Tisch direkt neben dem Außengeländer, von wo er einen herrlichen Ausblick auf den Fluss hatte. Holden war zu sehr mit seinen Gedanken beschäftigt. Lustlos kaute er am vorzüglichen Essen herum. Bald darauf zog er sich wieder in sein Zimmer zurück, um in Ruhe die nächsten Schritte zu überlegen.

Aus Petersens Äußerungen wusste er ja schon, dass die englische und die amerikanische Botschaft bereits bei der C.A.R.-Regierung ohne Erfolg zugunsten der Gefangenen interveniert hatten. Wenn er also etwas in der gleichen Richtung unternehmen wollte, musste er einen anderen Weg finden. Einen, der nicht auf das Protokoll einer Botschaft angewiesen war. Holden kam die Idee, auf gut Glück beim Justizministerium vorzusprechen. Da er jetzt wusste, was sich in Kouango wirklich zugetragen hatte, konnte er sicherlich entsprechend überzeugende Argumente vorbringen.

Kurz entschlossen tauschte er sein buntes Freizeithemd gegen ein weißes mit halbsteifem Kragen und holte seine beste Hose aus dem Schrank. Dann ging er vor das Hotel und hielt ein Taxi an, mit dem er bis zur Einfahrt des von Militär bewachten Regierungsgeländes fuhr. Das bewaffnete Wachpersonal legte ihm das Besucherbuch vor, in dem er seinen Namen und die zu besuchende Regierungsstelle eintragen musste. Ein Posten begleitete ihn sodann ein paar Schritte bis zur nächsten Hausecke, um ihm das etwa 100 Meter entfernte Justizministerium zu zeigen.

Gemächlichen Schrittes ging Holden auf das Gebäude zu. Obwohl sein Besuch nicht angemeldet war, hoffte er, dem zuständigen Minister trotzdem vorgeführt zu werden. Aber schon bei der Rezeption im Erdgeschoss stieß er auf Widerstand. Die Empfangsdame schien von seinem Wunsch, den Minister in einer wichtigen Angelegenheit zu sprechen, nicht sehr angetan. Der Minister sei gerade in einer Konferenz, eröffnete sie, und überhaupt, ohne Voranmeldung sei rein gar nichts zu machen. Der Minister sei zu sehr beschäftigt, wurde ihm mit viel Gestik erklärt. Aber die Dame hatte die Rechnung ohne Holdens Hartnäckigkeit gemacht. Er ließ nicht locker und drohte sogar in der Halle zu warten, bis der Minister nach Hause ginge. Holden war fest entschlossen, die Sache heute noch an kompetenter Stelle vorzubringen und lehnte auch den Vorschlag ab, erst einmal den Sekretär des Ministers zu Rate zu ziehen. Es sei eine Sache, die nur den Minister etwas angehe, meinte er entschieden.

Nach erneuter Überprüfung der Besucherliste gab die Empfangsdame schließlich zu verstehen, dass seine Exzellenz der Minister um halb vier Uhr beim Präsidenten der Republik vorgeladen sei; man könne aber versuchen, das Anliegen noch rasch vorher vorzutragen. Sie würde nach Beendigung der Konferenz gleich abklären, ob das schnell arrangiert werden könne.

Es war möglich. Nachdem Holden eine gute halbe Stunde in der Halle gewartet hatte, rief ihn die Empfangsdame wichtigtuerisch zu sich.

„Au premier étage, Monsieur. Chambre sept! Der Minister wartet bereits auf Sie."

Holden vermittelte grinsend ein Dankeschön und nahm im Eiltempo die Stufen ins Obergeschoss. Bei der angegebenen Tür atmete er ein paar Mal tief durch, dann klopfte er kräftig an das dunkle Türblatt und trat ein. Die Begrüßung war etwas förmlich, aber freundlich. Nachdem Holden es sich auf eine Geste des Ministers in einem der Sessel bequem gemacht hatte, bot sein Gastgeber ihm sogar eine Zigarre an. Holden verneinte höflich und entschuldigte sich für die Dringlichkeit des Anliegens.

„Nun, Monsieur Holden, Sie würden sich bestimmt nicht hierher bemühen, wenn nicht ein dringender Fall Sie dazu zwingen würde. Also, was kann ich für Sie tun?"

Derek Holden begann mit der Geschichte vom Überflug der beiden Engländer von Nairobi zum geplanten Zielflugplatz Bangui. Mit ruhiger Stimme erzählte er den wahren Ablauf der Dinge, wie er sie jetzt nach dem Besuch bei den Gefangenen kannte. Er endete mit der Schilderung der Verhaftung der beiden Piloten in Bambari.

Der Minister hatte ihm ohne Unterbrechung zugehört, ein paar Mal die Augenbrauen erstaunt hochgezogen und dann wieder abwägend mit dem Kopf genickt. Jetzt schlichen die Sekunden dahin, ohne dass er sich in irgendeiner Weise äußerte. Holden hatte schon Bedenken, ob er die Angelegenheit vielleicht falsch angegangen sei, als der Minister nachdenklich mit den Fingern auf dem Schreibtisch zu trommeln begann.

„Monsieur Holden, meine Informationen, die ich aus den Polizei- und Vernehmungsberichten entnehmen kann, decken sich nicht unbedingt mit Ihren. Ich akzeptiere Ihre Einwände, frage mich aber, woher Sie über den Fall so gut Bescheid wissen."

Es war ein Thema, das Holden nicht unbedingt diskutieren wollte; sein Arrangement mit Yalengo musste unbedingt geheim bleiben. So berief er sich darauf, dass er als Angestellter der Fluggesellschaft den Auftrag erhalten habe, sich bei den Behörden zu informieren und die nötigen Schritte zu unternehmen, eine akzeptable Lösung für die Freilassung der Piloten und des Flugzeuges zu erreichen. Er beendete seinen Vortrag mit den Worten: „Exzellenz, es besteht doch ganz eindeutig die Möglichkeit, dass die beiden Piloten in Kouango einem Irrtum unterlegen sind und die heranstürmenden Dorfbewohner als gefährliche Rebellen eingeschätzt haben. Die jungen Engländer wollten ihre Haut retten und das konnten sie nur, indem sie sofort mit dem Flugzeug starteten. Die Verteidigung müsste in diesem Falle auf Totschlag plädieren, vorsätzlicher Mord ist doch ganz einfach ausgeschlossen."

Die Stille im Raum knisterte. Holden dachte schon, dass er etwas zu weit gegangen war, schließlich musste er auf den Minister wie ein Störenfried wirken. Der Schuss konnte nach hinten gehen. Doch der Minister paffte nur ein paar Züge aus seiner Zigarre und meinte dann mit nachdenklichem Blick unter seiner Brille hindurch: „Sehen Sie, Monsieur Holden – der an seinen Verletzungen verstorbene Mann in Kouango hinterlässt eine Frau und vier kleine Kinder. Der Gerechtigkeit muss in jedem Fall Genüge getan werden."

„Gewiss, Exzellenz! Ich frage mich allerdings, was denn diese Kinder und ihre Mutter davon hätten, wenn die zwei Piloten zu einer längeren Gefängnisstrafe verurteilt würden. Eine solche Verurteilung wirkt sich auch auf das internationale Ansehen Ihrer Regierung nicht unbedingt positiv aus", argumentierte Holden. Als er keine Reaktion im Gesicht des Ministers sah, fuhr er fort: „Andererseits habe ich die Zusage meiner Firma, dass sie auf jeden Fall eine größere finanzielle Unterstützung für die Hinterbliebenen bereitstellen würde. Dies insbesondere, wenn gleichzeitig auch eine Reduktion des Strafmaßes für die Piloten gewährt würde."

Der Minister schien sichtlich beeindruckt. Er drehte an seiner Zigarre und schien das Gesagte zu überdenken; sein Blick wechselte von der weißen Zimmerdecke zum Zifferblatt seiner goldenen Armbanduhr. Plötzlich stand er auf, räusperte sich und begann, seine dickrandige Brille zu putzen.

„Wissen Sie, Monsieur Holden, ich habe in ein paar Minuten an einer Regierungssitzung teilzunehmen. Ich werde anschließend die Gelegenheit haben, Ihre interessanten Überlegungen meinen Kollegen vorzutragen."

„Heißt das, dass die beiden Piloten in diesem Falle mit einer neuen Beurteilung ihres – äh – Verbrechens rechnen können?"

Die Lippen des Ministers verzogen sich zu einem kaum sichtbaren Schmunzeln, als er eine gebundene Ledermappe vom Schreibtisch hochnahm.

„Wir werden darüber weitere Untersuchungen und Befragungen vornehmen müssen. Dabei werden wir auch die Einwände, die Sie vorgebracht haben, auf ihre Richtigkeit hin überprüfen. Wäre ein solches Vorgehen in Ihrem Sinne, Monsieur Holden?"

„Monsieur le Ministre, Ihre Intervention in dieser Angelegenheit wird mit Sicherheit sehr positiv aufgenommen werden. Wann darf ich frühestens eine Antwort erwarten?"

„Eine Entscheidung wird in jedem Falle vor der Eröffnung des offiziellen Verfahrens fallen", antwortete der Minister, während er seine Brille wieder aufsetzte. Dann kam er hinter dem Schreibtisch hervor. „Sie müssen mich jetzt entschuldigen, ich bin wirklich spät dran. Nehmen Sie mit mir in zehn Tagen Verbindung auf. Bis dahin hoffe ich, Resultate vorlegen zu können."

Derek Holden beeilte sich, die Tür nach draußen zu öffnen.

„Eure Exzellenz, ich danke Ihnen für Ihre Zeit. Au revoir."

„C'était un plaisir, Monsieur Holden. Vergessen Sie nicht, sich von der Empfangsdame im Foyer die Telefonnummer geben zu lassen. A bientôt!"

Holden fühlte sich wie im Märchen. Er hatte entgegen seiner dunklen Vorahnungen ohne nennenswerten Widerstand genau das erreicht, was er sich vorgenommen hatte. Die Saat des Zweifels war gestreut. Die Justiz in diesem Lande musste sich jetzt etwas einfallen lassen, wenn sie sich nicht blamieren wollte. Auch für die beiden Gefangenen in dem eigentlich nur als Loch zu bezeichnenden Gefängnis war gesorgt. Die Nervosität, die Dringlichkeit, die Spannung, dies alles war nun von ihm gefallen, hatte einer gehobenen Stimmung Platz gemacht. Gemächlich ging er die Treppe hinunter in die Empfangshalle, grüßte freundlich einen ihm schnaufend entgegenkommenden Herren im dunklen Anzug und ließ sich dann wie empfohlen am Empfang die Telefonnummer des Ministers geben. Draußen schlug ihm die feuchte Hitze entgegen. Mit langen Schritten strebte er dem Ausgangstor entgegen, wo er sich im Buch des Wachpersonals wieder austrug.

Jetzt nur noch ins Hotel, eine erfrischende Dusche und danach ein kühles Bier an der Bar, dachte er. Ein Taxi, das gerade mit ein paar Leuten bis zur Einfahrt kam, brachte ihn ohne Umwege zum Rock Hotel zurück. Im Zimmer ließ er sich umgehend mit Petersen von der amerikanischen Botschaft verbinden. Dessen Überraschung war groß, als er vom Erfolg Holdens beim Justizminister erfuhr. Sogleich machte er den Vorschlag, das positive Ergebnis um sechs Uhr an der Bar des Hotels gebührend zu feiern.

Holden hatte nichts dagegen einzuwenden, ahnte er doch, dass darauf ein gemeinsames Abendessen auf Kosten der Botschaft folgen konnte. Morgen würde er dann mit der havarierten Cessna nach Lagos zurückfliegen. Vorerst war seine Aufgabe hier in Bangui beendet. Jetzt kam es nur noch darauf an, was die Regierung der C.A.R. in Bezug auf die geplante Gerichtsverhandlung im Schilde führte.

Zwei Wochen später

Die Empfangsdame im Foyer des Justizministeriums schien den blonden Weißen in dunklem Anzug und Krawatte wiederzuerkennen, als dieser höflich lächelnd an den Schalter trat. Ihr Blick fiel wie zur Bestätigung auf die Liste auf ihrem Schreibtisch.

„Monsieur Holden?"

„Oui, c'est moi. Um zehn Uhr bin ich mit dem Justizminister verabredet."

„Sie kennen ja den Weg. Zimmer Nummer sieben!"

Holden nickte und stieg mit gemischten Gefühlen die Treppe hoch. Den Aktenkoffer hielt er fest in seiner Hand, bis er vor der besagten Tür stand. Auf sein Klopfen hin ertönte eine kaum hörbare Stimme: „Entrez!"

Als Holden den Raum betrat, kam ihm der Minister strahlend entgegen und drückte ihm jovial die Hand.

„Erfreut, Sie wieder begrüßen zu dürfen, Monsieur Holden. Ich hoffe, Sie hatten eine gute Reise."

„Danke Monsieur Minister, es geht. Schwere Gewitter im Bereich Douala und Yaoundé haben gestern Abend zu Verspätungen geführt."

„Ah oui, das ist die Regenzeit. Ein Problem für die Fliegerei. Bitte nehmen Sie doch Platz!", sagte der Minister mit einer einladenden Handbewegung. Dann setzte er sich Holden gegenüber in seinen lederbezogenen Sessel. Mit einem vielsagenden Augenaufschlag und immer noch lächelnd eröffnete der Minister daraufhin das Gespräch, auf das Holden so sehnsüchtig gewartet hatte.

„Nun, Monsieur Holden, in Ihrer Abwesenheit hat sich einiges getan. Um es kurz zu machen, ich bin befugt, Ihnen mitzuteilen, dass die Regierung bereit ist, die Anklage gegen die Piloten Curtis und Foster wegen vorsätzlichen Mordes an einem Bürger unseres Landes fallen zu lassen", begann der Minister mit wichtiger Miene. Dabei holte er sich eine der dicken, schwarzen Zigarren aus der auf dem Schreibtisch liegenden Holzschachtel und stellte sich etwas umständlich an, diese anzuzünden.

„Es ist ebenfalls beschlossen worden, eine Schadensforderung von 13.000 amerikanischen Dollars für die Hinterbliebenen in Kouango einzufordern. Bei sofortiger Bezahlung dieser Summe werden die beiden Piloten noch heute aus dem Gefängnis entlassen und mit dem nächsten Flugzeug als Personae non gratae nach Douala ausgeflogen."

Wieder machte der Minister eine Pause, wohl um die Reaktion seines staunenden Besuchers und auch den Fortschritt der anbrennenden Glut an seiner Zigarre zu überprüfen.

„Monsieur Holden, ich muss Sie des Weiteren über einen Regierungsbeschluss informieren, der bestimmt, dass das nach dem Zwischenfall in Bambari gelandete Flugzeug zu konfiszieren ist."

Die anfängliche Freude Holdens über den glücklichen Ausgang des Verfahrens bekam einen Dämpfer. Hatte er einfach zu viel erhofft und geglaubt, das Problem mit Geld allein lösen zu können? Ob man möglicherweise versuchte, die Firma zu erpressen? Er hoffte es nicht. Vielleicht hielt der Minister auch noch mit weiteren Überraschungen zurück. Andererseits wollte er den Grund für die Konfiszierung der Cessna wissen. Also wagte er einen ersten Einwand.

„Monsieur le Ministre, gibt es einen bestimmten Grund für diese eher unübliche Maßnahme?"

Die Rauchwolke seiner Zigarre vernebelte den schmunzelnden Ausdruck in seinem Gesicht, als er sagte: „Sehen Sie, Monsieur Holden, vielleicht will die Regierung damit sicherstellen, dass das geforderte Geld tatsächlich bezahlt wird. Ich sehe die Beschlagnahmung als eine Sicherheit, die sich die Regierung vorbehält."

Statt einer Antwort hob Holden seinen Aktenkoffer auf den Schreibtisch und ließ die Schlösser laut zurückschnappen. Den ledergebundenen Deckel öffnete er so, dass dem Minister der Inhalt sofort offenbart wurde. Seine Augen wurden zusehends größer, als er die Bündel Dollarnoten sah, die, fein säuberlich aneinandergereiht, einen Teil des Aktenkoffers füllten.

„Wie Sie sehen können, Monsieur le Ministre, bin ich bereit, meinen Teil des Versprechens einzulösen."

„Nun, es freut mich zu sehen, dass die Befürchtungen der Regierung offenbar völlig unnötig waren. Man hat weit größere Probleme erwartet und sich bei den zuständigen Stellen leider in ein Szenario versetzt, das in diesem Falle überflüssig war."

„Können wir demnach die Forderungen der Regierung jetzt gleich bereinigen?"

„Warum nicht", antwortete der Minister lächelnd. „Ich werde nur noch den Kassier hereinbitten, der Ihnen auch gleich die Quittung über den Betrag ausstellen kann. In der Zwischenzeit wird meine Sekretärin ein Schriftstück aufsetzen, das die Forderungen der Regierung negiert und die Freilassung der Häftlinge möglich macht."

„Sehr gut." Holden holte Bündel um Bündel von Dollarnoten aus dem Aktenkoffer, zählte laut die Scheine und schob dann alles hinüber zum Minister.

„Da wäre nur noch eines, Monsieur le Ministre. Ich bestehe darauf, bei der Übergabe des Geldes an die Familie persönlich dabei zu sein. Die Mutter der Kinder soll wissen, dass das Geld von uns und nicht von der Regierung bezahlt wird."

Holden konnte deutlich die leichte Verfärbung im Gesicht des Schwarzen erkennen, aber es war ihm jetzt, wo die Bedingungen standen und eingelöst wurden, völlig egal. Es dauerte eine ganze Weile, bis sich sein Gegenüber hinter den Rauchschwaden wieder bemerkbar machte.

„Monsieur Holden, darf ich Ihre Forderung so verstehen, dass Sie mit dem Verhalten offizieller Regierungsstellen in Afrika nicht immer die besten Erfahrungen gemacht haben?"

Holden zeigte keine Regung, als er mit ruhiger Stimme den Deckel seines Aktenkoffers wieder zuklappte. „So ungefähr, Monsieur le Ministre."

„Monsieur Holden, ich glaube nicht, dass unsere Regierung gegen Ihren besonderen Wunsch Einwände haben wird. Sie müssen jedoch wissen, dass wir jetzt erst einmal Ihr Geld in die lokale Währung umwechseln müssen. Danach muss die Regionalstelle in Bambari die offizielle Übergabe vorbereiten. Es werden lokale Chiefs, die Polizei und die Armee anwesend sein. Für Ihre persönliche Sicherheit muss ebenfalls gesorgt sein."

„Es wird also etwa eine Woche dauern, bis alle Vorbereitungen getroffen sind, oder?", fragte Holden, während er sich im Sessel entspannt zurücklehnte.

„Ich fürchte, dass Sie sich ein paar Tage gedulden müssen", gab der Minister zur Antwort. „In der Zwischenzeit werden die beiden Piloten jedoch bereits dieses Land verlassen haben."

„Das geht in Ordnung, Exzellenz. Ich bin im Rock Hotel einquartiert. Wenn die Vorbereitungen für die Übergabe soweit gediehen sind, können Sie mich dort benachrichtigen."

„Geben Sie uns drei Tage Zeit", antwortete der Schwarze. Dann hob er den Hörer seines Telefons ab und wählte nacheinander zwei Stationen, denen er knappe Instruktionen übermittelte. Ein paar Minuten später klopfte es an der Tür. Eine junge Sekretärin mit Schreibblock und ein älterer, gedrungen gewachsener Mann mit Halbbrille auf der breiten Nase betraten den Raum.

Holden lauschte den Anweisungen an den offensichtlich als Kassier tätigen Mann und beobachtete die genaue Nachzählung und Übergabe des Geldes. Kurz danach verließ auch die Sekretärin mit der Aufzeichnung eines längeren Diktats den Raum.

Es vergingen etwa 20 Minuten, in denen Holden mit dem Minister ein paar belanglose Dinge besprach, um die Zeit totzuschlagen. Dann hatte er die Quittung über das abgegebene Geld sowie ein offizielles Dokument über die Erfüllungen der Regierungsbedingungen für die Freilassung der Gefangenen in den Händen. Er stand auf, um sich zu verabschieden und sagte abschließend:

„Monsieur le Ministre, ich möchte Ihnen persönlich und im Namen unserer Gesellschaft zur raschen Abwicklung dieser heiklen Angelegenheit gratulieren. Darf ich weiterhin der Hoffnung Ausdruck verleihen, dass die Konfiszierung des Flugzeuges in Kürze nun ebenfalls bereinigt werden kann?"

Der Minister antwortete mit einer langen Ansprache, dankte überschwänglich für das Einhalten des Versprechens, an das er immer geglaubt habe, und versprach seinen persönlichen Einsatz, auch die Freigabe des Flugzeuges in Bambari zu beschleunigen. Noch vor Mittag war Holden wieder zurück im Rock Hotel. Ein Anruf bei der amerikanischen Botschaft brachte ihn in Verbindung mit Petersen, den er sogleich zum Mittagessen einlud. Die beiden diskutierten ausgiebig das Ergebnis des Treffens mit dem Justizminister und waren sich einig, dass sich die Regierung glimpflich aus einer miesen diplomatischen Lage herausmanövriert hatte.

Dass dieselbe Regierung ihr Versprechen halten konnte, wurde Holden klar, als er gleichentags nach einem ausgiebigen Abendessen in der Stadt ins Hotel zurückkam und man ihm an der Rezeption ein Schreiben übergab. Der Umschlag war neutral, doch der Inhalt höchst erfreulich. Es war eine kurze Bestätigung über die polizeiliche Abschiebung der beiden Piloten an Bord der Air Afrique nach Douala.

Epilog

Fast auf die Stunde genau drei Tage später klingelte das Telefon in Holdens Hotelzimmer. Er war sichtlich überrascht, festzustellen, dass er mit dem Justizministerium verbunden war, und noch mehr erstaunt war er von der Mitteilung, dass er morgen um neun Uhr auf dem Flugplatz sein sollte, um als Passagier mit einer Militärmaschine nach Bambari zu fliegen. Der Anlass sei die Übergabe des Geldes an die Hinterbliebenen des Unfalles von Kouango.

Derek Holden erschien zeitig auf dem Flugplatz und wurde von der Polizei zu einer DC-3 eskortiert, in der bereits eine Gruppe von Passagieren wartete. Hochrangige Militärs, Polizei und Regierungsbeamte wurden ihm nacheinander vorgestellt; wenig später erfolgte der Start nach

Bambari. Auch dort war alles organisiert, wie es der Justizminister vorausgesagt hatte. Eine Wagenkolonne holte die Passagiere am Flugplatz ab und brachte sie ins Zentrum der Stadt, wo sie durch eine johlende Menschenmenge geleitet wurden. Das massiv gebaute Rathaus, die Mairie, war vollgepackt mit Leuten, die anscheinend alle von der Übergabe des Geldes an die Witwe von Kouanga wussten und dabei sein wollten.

Derek Holden wurde auch hier herumgereicht, musste Dutzende von Händen schütteln und sich wiederholt als Repräsentant der Gesellschaft vorstellen, der das Unglücksflugzeug gehörte. Es war nicht immer eitel Freude, was ihm aus den Gesichtern der Anwesenden entgegenleuchtete. Doch dann wurde er zu einem großen Tisch geleitet, wo man ihm schließlich die völlig überforderte und in Tränen aufgelöste Witwe vorstellte. Ein Regierungsbeamter bot sich als Dolmetscher an und verwies ihn auf vorliegende Dokumente, die von der Witwe in seinem Beisein unterzeichnet werden sollten.

Die Witwe quittierte mit dem von einem Stempelkissen gefärbten Zeigefinger; Holden musste am Ende weiterer Unterschriften gegenzeichnen. Dann erfolgte eine kurze Ansprache des Regierungsvertreters auf Französisch und gleich darauf die etwas längere Rede des Stammesältesten aus Kouango in traditioneller Kleidung. Schließlich wurde ein mit Banknoten vollgestopfter alter Schuhkarton auf den Tisch gestellt. Alle Anwesenden klatschten, als die zerknitterten und abgegriffenen Scheine vom Regierungsbeamten ausgezählt und dann an die Witwe übergeben wurden.

Holden war beeindruckt. Die ganze Zeremonie war nach einer guten halben Stunde vorbei und er hatte den Eindruck, dass alle Parteien mit der Lösung zufrieden waren. Kurz vor dem Rückflug nach Bangui wurde ihm auf dem Flugplatz noch schnell die Gelegenheit gegeben, die konfiszierte Cessna 337 zu inspizieren. Dann ging er mit dem Rest der Passagiere an Bord der Douglas DC-3. Eine gute Stunde später war er wieder in Bangui.

Es sollte noch einmal sechs Monate dauern, bis Holden auch die Rückgabe der Cessna gelang. Weitere 5.000 Dollar in bar brachten den erhofften Durchbruch und es kostete Holden eine ganze Woche Arbeit, die Maschine in Bambari wieder flugtüchtig zu machen. Der Ferryflug nach Lagos zwei Tage später schloss das letzte Kapitel dieses unglücklichen Zwischenfalls.

Cessna 337, Bild: Cessna

DIE ANGST IM NACKEN

15. Mai 1961, über dem Staatsgebiet der DDR

Der zu einer schlanken Spitze hochgezogene Kirchturm nahm in Sekunden enorme Dimensionen an und wuchs gleichzeitig aus dem Sichtbereich der Windschutzscheibe heraus. Plötzlich zeigten sich Details der abgebröckelten Fassade und der teilweise fehlenden, waagerechten Jalousiebretter vor den steinernen Bögen des Glockenträgers. Dieter Möller sah aus zusammengekniffenen Augen auch deutlich die beisammenstehenden Leute auf dem mit Kopfsteinpflaster ausgelegten Vorplatz, sah ihre hellen Gesichter, die sich der herandonnernden Maschine entgegenreckten, ahnte ihr Entsetzen, als sie wie dunkle Käfer auseinanderstoben.

„Nur nicht höher gehen", dachte Möller; er legte das zweimotorige Flugzeug in einen Messerflug, der die rechte Flügelspitze gefährlich nahe an die Alleebäume brachte, die den Weg zur Kirche säumten. Noch hatte Möller das heranrasende, massive Werk der Steinmetzarbeit, die Quadersteine an den Ecken der Kirche, das knapp heraustehende Dach vor sich. Er hörte den grellen Angstschrei seines Navigators, der bäuchlings in der verglasten Bugspitze der Maschine lag und sich bereits zerschmettert am Kirchenturm kleben sah. Dann war der Spuk vorbei.

Möller hatte Turm und Dach der Kirche nur um ein paar Meter verfehlt und steuerte nun mit äußerster Konzentration dem nächsten Straßenzug entlang, der von der Kirche wegführte. Die Motoren hämmerten unter maximaler Dauerleistung, ihr Lärm drang in die teilweise offenen Fenster der Häuser. Gleich hinter den letzten Gebäuden des Dorfes tauchte Möller in ein flaches Tal ab, kurvte im Tiefflug dem schmalen Wasserlauf entlang, der sich nach Westen schlängelte. Nervös drückte er das Kehlkopfmikrofon gegen seinen Hals und presste dabei die Sprechtaste an der Steuersäule:

„Horst! Hast du eine Ahnung, wo wir sind? Wir müssten doch längst an der Grenze sein."

Horst Pöll, der schweißgebadet in der engen Flugzeugnase lag und voller Panik die Landschaft dicht unter ihm wie einen grünen Schleier vorbeihuschen sah, schreckte hoch. Die Frage des Piloten war momentan nicht zu beantworten. Wie hätte er auch in den letzten zehn Minuten des fliegerischen Wahnsinns, des heulenden Sturzfluges aus 4.000 Metern Höhe und der irrsinnigen Kurverei im Tiefstflug noch wissen können, wo sie sich jetzt befanden! Er hatte jede Orientierung verloren. Einzig die Richtung stimmte; das sah er an der wackeligen Anzeige des Magnetkompasses, die den wilden Ausweichmanövern Möllers kaum folgen konnte.

Ratlos konsultierte Pöll den Kartenausschnitt, den er vor sich liegen hatte. Er wollte gerade versuchen, das Gelände mit irgendetwas Ähnlichem auf der Karte zu vergleichen, als er rechts vor sich eine drohende Holzkonstruktion auftauchen sah. Auch Möller hatte den Wachturm gesehen, der etwas seitlich ihrer Flugrichtung stand und jetzt sehr schnell näher kam.

„Pass auf Dieter, da vorne rechts auf der Anhöhe steht einer der Grenztürme."

„Schon gesehen!", antwortete Möller ruhig, als er die Avro in eine flache Kurve legte und direkt auf den verstrebten Holzturm zusteuerte.

„Bist du wahnsinnig?" Pölls Stimme überschlug sich im Kopfhörer Möllers. „Die Grenzposten haben wahrscheinlich Maschinengewehre auf ihren Türmen installiert. Die werden ein Schützenfest für unsere Avro veranstalten; wir haben keine Chance!"

Pölls Stimme klang ehrlich besorgt, ja flehend, aber die Maschine änderte ihre Richtung nicht.

„Voll drauf! Voll drauf, das wird die Mistkerle auf dem Wachturm nervös machen", rief Möller. Dann drehte er sich für eine Sekunde in seinem Sessel um und blickte nach hinten in die gähnende Leere der Kabine. Dort, wo die schwere Reihenbildkamera mit dem Steuergerät auf dem nackten Boden installiert war, saß bleich der Kameramann in seinem Sessel, die Hände in die gepolsterten Armlehnen verkrampft.

„Hey, Tom, halt dich gut fest. In wenigen Augenblicken werden wir einem Grenzturm ausweichen müssen. Zieh die Gurte fest!"

Thomas Gutfels hörte wohl die Worte Möllers in den Ohrmuscheln seiner gefütterten Fliegerhaube, aber er war unfähig, die Anweisungen zu befolgen. Noch nie in seinem Leben hatte er solche Angst verspürt. Angst, die ihm in alle Knochen fuhr, seinen Magen zu einem Knoten band und seine Sinne völlig durcheinanderbrachte. Aus weit geöffneten Augen verfolgte er, wie Möller jetzt paarweise die Hebel auf der Mittelkonsole des Cockpits bis an den Anschlag nach vorne schob. Für einen kurzen Augenblick sah er auch den schnell größer werdenden Wachturm und die vielen Verstrebungen an den Eckpfeilern; dann wurde er von einer unsichtbaren Kraft in den Sitz gedrückt. Möller hielt die Maschine bis zum letzten Moment knapp über dem Gelände. Deutlich konnte er jetzt auf dem gedeckten Ausguck zwei Gestalten mit Stahlhelmen erkennen, die nervös mit den Armen fuchtelten und auf seine heranrasende Maschine zeigten.

Er wartete bis zum letzten Augenblick, hielt das Flugzeug krampfhaft unterhalb der Höhe des mit Scheinwerfern bestückten Ausgucks, schätzte die letzten Möglichkeiten ein und zog das Flugzeug dann abrupt hoch. Die Kanzel des Wachturms schien in seinem Blickfeld zu explodieren. Deutlich konnte er die entsetzten Gesichter der beiden Wachtposten erkennen, dann raste die Kanzel unter ihm hindurch und blauer Himmel füllte für einen Moment die Windschutzscheibe. Ohne zu zögern, drückte Möller das Höhensteuer nach und zwang die Maschine in eine Flugbahn, die hinter dem Grenzturm direkt auf einen lockeren Waldbestand zulief. Für einen Augenblick sah er unter sich den doppelt geführten Drahtzaun, den breiten, sandigen Zwischenraum. Dann befand er sich über den Baumwipfeln.

„Mensch Meier, hast du das gesehen?", rief Navigator Pöll durch die Sprechanlage. Seine Stimme überschlug sich fast vor Erregung.

„Um ein Haar hättest du die verdammte Hütte mitgenommen. Ich – ich dachte schon, du gehst mit der Mühle mitten durch!"

Möller lachte, denn ihm fiel ein Stein vom Herzen. Sie hatten die Grenze der DDR hinter sich gelassen und waren theoretisch vor Verfolgung sicher. Aber er überließ nichts dem Zufall. Wer würde ihm in dieser Situation versichern, dass er nicht von Düsenjägern gejagt und vielleicht beschossen wurde? Nein, dieses Risiko konnte er nicht eingehen. Immer schön brav im Zickzack und Tiefflug bleiben, jede Deckung ausnutzen, soweit wie möglich nach Westen weiterfliegen und nach gut 50 Kilometern hinter der Grenze auf eine akzeptable Reisehöhe hochsteigen, das war seine Devise.

Ob die Verfolger die Maschine überhaupt auf dem Fluchtweg nach Westen entdeckt hatten? Er glaubte es nicht. Zu tief war er in der Deckung von Hügeln und Bäumen geflogen, um von den Radarstationen der Nationalen Volksarmee entdeckt zu werden. In diesem Falle konnten ihre Bodenstationen den Piloten in den MIG-Jagdflugzeugen als Leitstellen auch keine Angaben über den Eindringling weitergeben. Bis jetzt hatte es immer mit dieser Taktik geklappt, und das amerikanische Gegenstück einer Radarstation unweit der Zonengrenze hatte die Warnung über die aufsteigenden Abfangjäger frühzeitig per Funk durchgegeben. Es waren kostbare Minuten der Vorwarnung, die ihnen jeweils die Möglichkeit gaben, im Sturzflug und anschließendem Tiefflug der Radarverfolgung der Nationalen Volksarmee zu entkommen.

Aber Möller dachte auch an das alte Sprichwort vom Krug, der so lange zum Brunnen geht, bis er bricht. Und brechen konnte in ihrem Fall heißen: Abschuss ihrer Maschine durch die MIG-Abfangjäger, Tod oder Gefangennahme. Bei der letzteren Möglichkeit war eine Behandlung als Spione der Westmächte garantiert. Der Staatssicherheitsdienst in Ostdeutschland würde für einen internationalen politischen Skandal sorgen und ihr dauerhaftes Verschwinden in irgendeinem sibirischen Gulag oder einem fensterlosen Verlies des DDR-Staatssicherheitsdienstes garantieren.

Möller schüttelte die Gedanken von sich; es hatte keinen Zweck, über solch triste Aussichten nachzudenken. Noch waren sie nicht in Sicherheit, noch konnte etwas Unvorhergesehenes passieren.

„Hey – Horst, kannst du mir bald einmal etwas Genaueres über unsere Position mitteilen? Wir sind jetzt gewiss schon über 50 Kilometer innerhalb der Bundesrepublik und wenn ich nicht bald mit ‚Telegram' Verbindung aufnehme, haben wir die amerikanischen F-86 Sabre am Hals", sagte Möller und drückte sich dabei das Mikrofon wieder fest an seine Kehle.

„Mensch Dieter, auf Baumhöhe habe ich beim besten Willen keine Übersicht, aber ich glaube, wir sind etwas nördlich der Wasserkuppe", antwortete Pöll zögernd.

„Hoffentlich!", rief Möller und zog gleichzeitig die Maschine hoch. Die Baumspitzen blieben zurück; nun weitete sich das Bild zu einem Mosaik einzelner Waldstücke, Wiesen und Gehöfte.

„Position bestimmt", gab Pöll erleichtert auf der internen Sprechanlage durch. „Rechts drüben liegt Bad Hersfeld. Wir haben gerade die Fulda überflogen."

Möller widmete sich der Gegend unter ihm, dann blickte er zurück auf den sich nach oben drehenden Höhenmesser: 3.000 Fuß und rasch steigend! Er schaltete das Mikrofon auf das Funkgerät und versuchte so deutlich wie möglich seine Meldung durchzugeben.

„Telegram – Telegram, this is Joker calling!"

Die Antwort kam ohne Verzögerung und die Stimme aus dem Äther schien belustigt.

„Good morning, Joker. Seems like you made it all right. Bandits still looking for you."

Die MIGs waren also immer noch auf der Suche nach ihnen. Jetzt konnte auch Möller ein Grinsen nicht unterdrücken. Die Männer vom Überwachungsradar der ADIZ (Flugverbotszone) westlich der Grenze schienen durch nichts aus der Ruhe zu geraten. Tolle Kerle, dachte er mit Bewunderung und drückte erneut die Sprechtaste.

„Estimate Frankfurt in twenty minutes, let's say, ah, at 08:12 and thank you for a job well done."

„Appreciated!", kam die Antwort zurück und dann die Meldung: „Incidentally, you will shortly be visited and provided with free escort to Frankfurt!"

„Scheiße", sagte Möller, ohne dabei den Knopf für das Mikrofon zu drücken. Mit einem raschen Blick suchte er links von sich den Himmel ab, aber noch konnte er nichts entdecken.

„Meine Herren, wir kriegen Besuch von der USAF als Begleitschutz bis Frankfurt", gab er auf der internen Sprechanlage durch.

„Sind schon hier", kam die Stimme von Thomas Gutfels zurück. Möller drehte sich um. Er sah, wie sein Kameramann aufgeregt durch eines der Kabinenfenster zeigte und vier Finger in die Höhe hielt.

„Sabres! Weiß der Teufel, wo die plötzlich herkommen", sagte er, als er sah, dass Möller zu ihm nach hinten blickte.

Möller nickte. Er hielt seinen korrigierten Kurs und die inzwischen anliegende Höhe von 4.000 Fuß und wartete. Durch das rechte Seitenfenster konnte er erkennen, wie die Nase eines Düsenjägers sich langsam in seinen Blickwinkel schob. Keine 20 Meter entfernt, dachte Möller und beobachtete weiter gespannt das langsam vorziehende Jagdflugzeug, dann die zweite, leicht versetzt fliegende Maschine. Er sah das ausgefahrene Fahrwerk, die ausgefahrenen Landeklappen und dachte an die sechs schweren Maschinenwaffen, die sich seitlich des Lufteintrittes am Bug befanden.

Ein Glück, dass es nicht die Russen oder die Ostdeutschen mit ihren MIGs sind, fuhr es ihm durch den Kopf. Erleichtert reagierte er auf das freundliche Winken des Piloten, der einen farbig bemalten Fliegerhelm trug, und bestätigte mit leichtem Flügelschaukeln die Aufforderung, ihm zu folgen. Es war jetzt schon das zweite Mal innerhalb einer Woche, dass er mit Eskorte nach Hause begleitet wurde. Am letzten Montag war es in Helmstedt gewesen, wo ihn die Briten mit Hawker Hunters nach Hannover brachten, und jetzt die Amis. Ob sie sich wirklich um ihn sorgen machten? Möller war es im Prinzip egal. Wichtig für ihn war lediglich, dass ihn die Russen nicht schnappten, während er sich über ostdeutschem Gebiet befand.

Möller dachte zurück an die ersten Gespräche im Chefbüro seines Arbeitgebers. Wie einfach hatte das Ganze doch geklungen! Landkarten erstellen und die üblichen dafür erforderlichen kartografischen Aufnahmen machen, hatte der Chef gesagt und dabei ein wenig geschmunzelt. Dass man dafür tief ins ostdeutsche Gebiet vordringen musste, schien für ihn nichts Besonderes und wurde als zusätzliche Spannung für die Flugbesatzung angesehen – kein Wort von Gefahrenprämien und Risiko. Er hatte in die Runde geblickt und auf Reaktionen gewartet; keiner der Piloten hatte sich freiwillig für dieses Himmelfahrtskommando gemeldet.

Mit verstörten Gesichtern, tief eingefurchten Fragezeichen auf der Stirn und ablehnend heruntergezogenen Unterlippen hatten sie dagesessen. Die zwei infrage kommenden Kameramänner hatten zweifelnd den Kopf geschüttelt und vermutlich an ihre eigene Sicherheit gedacht, die dabei auf dem Spiel stand. Auch die beiden Navigatoren hatten Luft durch ihre Lippen geblasen wie auftauchende Wale. Ihnen war die Gefahr bewusst geworden, die die russische und ostdeutsche Flugabwehr darstellten.

Als auch dem Chef klargeworden war, dass der „großartige Auftrag", wie er das Selbstmordkommando bezeichnete, keine Zustimmung unter den Besatzungen fand, hatte er schließlich zögernd nachgegeben. Die finanziellen Konzessionen, die er zu machen bereit war und als happige Flugzulagen deklarierte, hatten ihre Wirkung in den Gesichtern der Anwesenden gezeigt, aber erfreut schien niemand gewesen zu sein. Auf Möllers Vorschlag hin hatte man sich schließlich mit dem Chef geeinigt, nach einer Bedenkzeit von 24 Stunden am nächsten Tag um die gleiche Zeit wieder im Konferenzraum zusammenzukommen. Auch Möller hatte damals die Sache als gefährlich eingestuft und noch am gleichen Abend mit Pöll und dem Kameramann Gutfels einen Einsatz im Detail durchgesprochen. Sie waren auf keine zufriedenstellende Lösung gekommen.

Fliegen mit präzisen Reihenbildkameras über dem Gebiet der Ostzone war Spionage und wurde mit Bestimmtheit von der NVA als solche angesehen. Sollten sie den Schergen auf deren Gebiet in die Hände fallen, so gab es entweder einen großangelegten Propagandafall oder aber man ließ sie spurlos in den ehemaligen Kerkern der Nazis verschwinden. Plötzlich hatte Gutfels aufgeregt auf den Tisch geschlagen, dass die Biergläser tanzten.

„Ich habe die Lösung", hatte er gezischt und damit die neugierigen Blicke von den Nachbartischen auf sich gezogen. „Wir fliegen ausnahmsweise am frühen Morgen, wenn die Quadratschädel an ihren Radargeräten noch schläfrig sind. Damit haben wir bestimmt einen Vorsprung von vielleicht zehn bis fünfzehn Minuten – genug, um aus dem Gefahrenbereich abzuhauen."

Die Idee war zwar gut gemeint, hatte aber einen großen Haken, den Pöll sogleich erkannte.

„Und die Belichtung? Du weißt, wir werden für die Aufnahmen am frühen Morgen viel zu lange Schattenwürfe von den Objekten haben."

„Die Kollegen in der Bildauswertung werden damit leben müssen", hatte der Chef erwidert. „Wir sehen zu, dass wir etwa um halb neun über dem Zielgebiet sind. Das ist eine Alternative, glaubt mir, und es ist die einzige, die ich akzeptieren kann."

Das hatte einleuchtend geklungen. Am nächsten Nachmittag bei der Besprechung, als bei den anderen Flugbesatzungen immer noch Ratlosigkeit herrschte, hatte Gutfels' Plan wie eine Bombe eingeschlagen. Der Chef war begeistert gewesen, hatte dem unüblichen Fototermin über der Ostzone sofort zugestimmt und Gutfels einen Stapel mit Flugaufträgen hingeschoben.

„Eines müsst ihr noch wissen: Sollte euch etwas bei einem der Flüge über der Ostzone zustoßen oder eine Notlandung im dortigen Hoheitsgebiet nötig werden – wir kennen euch nicht. Auch unser Innenministerium hat nie etwas von euch gehört. Ist das klar? Und auf keinen Fall irgendwelche Ausweise bei euch tragen, wenn ihr dort drüben unterwegs seid. Euch gibt es nicht, ihr seid nicht einmal geboren worden."

Auch das hatte gesessen und ernüchternd gewirkt. Doch die Crews waren jung, hatten das Leben noch vor sich und wollten etwas erleben. Dass es ein Abenteuer werden könnte, wurde als zusätzlicher Anreiz gewertet.

Und heute war es wieder so weit gewesen. Die Sache hätte wieder einmal ganz schön in die Hose gehen können, dachte Möller grimmig. In letzter Zeit wurden die Reaktionszeiten der aufsteigenden Jagdflugzeuge im Osten immer besser. Es musste etwas geschehen, sonst würden sie über kurz oder lang das dreckige Ende des Steckens in der Hand halten. Möller wählte auf dem Funkgerät die Frequenz des Kontrollzentrums Frankfurt, drückte die Sprechtaste und gab sein Kennzeichen durch. Es verstrich eine geraume Zeit, bis er nach Herstellung der Verbindung seine Position und die Lage, in der er sich befand, übermitteln konnte.

Ein undeutliches, gedehntes „Standby" kam durch den Äther; kurz darauf ertönte die Anweisung, sich auf einen direkten, visuellen Anflug vorzubereiten. Möller gab dem Piloten der neben ihm fliegenden F-86 Sabre durch ein Handzeichen zu verstehen, dass er jetzt den Sinkflug einleiten wollte. Der amerikanische Pilot antwortete mit hochgehaltenem Daumen. Bedächtig nahm Möller etwas Motorleistung zurück und trimmte die Maschine für einen langgestreckten Sinkflug aus. Zehn Minuten später konnte er durch den leichten Dunst die parallelen Landepisten des Flughafens Frankfurt erkennen. Nachdem er die entsprechende Frequenz eingerastet hatte, meldete er dem Kontrollturm Sichtkontakt. Noch immer klebten die pfeilgeflügelten Begleiter wie gefährliche Insekten an seiner Seite und folgten ihm durch den direkten Anflug bis kurz vor den Aufsetzpunkt, wo sie sich mit donnernden Triebwerken und einfahrenden Fahrwerken von ihm verabschiedeten und steil in den Himmel zogen.

Möllers perfekte Landung überraschte seine Besatzung nicht mehr. Dafür fielen sie aus allen Wolken, als sie sahen, dass praktisch die gesamte Belegschaft der Firma beim Abstellplatz vor dem großen Hangar auf sie wartete. Möller richtete die Avro aus und stellte die beiden Motoren ab. Er ging als Letzter durch den engen Einstieg, nicht wissend, was all die Leute von ihnen wollten und wie sie überhaupt von seiner Ankunft erfahren hatten. Seine Neugier wurde noch gesteigert, als er seinen Chef Bollmann aus der Gruppe der Anwesenden hervortreten und auf ihn zukommen sah.

„Na, mein guter Möller, sie werden langsam berühmt. Der Kontrollturm hat uns über eure Ankunft und Begleitung informiert. Nun, jetzt haben wir wenigstens die Schlussphase erleben können."

„Danke für den Empfang", sagte Möller sarkastisch mit einer übertriebenen Verbeugung. „Dieses Mal war es vielleicht noch knapper als das letzte Mal."

„Ihre Eskapaden über der Ostzone und innerhalb der ADIZ werden von den Amerikanern anscheinend als willkommene Trainingsmöglichkeit für ihre Abfangjäger genutzt", meinte Bollmann immer noch lächelnd. Möller war verlegen, aber tief drinnen begann es zu gären. Das Ganze mochte vielleicht für den Chef der Firma und den im Betrieb beschäftigten Leuten eine tolle Abwechslung sein, aber für ihn und seine Besatzung war es mit Bestimmtheit kein Spaß gewesen, dachte Möller verärgert und versuchte, Bollmann das so elegant wie möglich beizubringen.

„Auch die von drüben scheinen sich auf diese Trainingsmöglichkeit zu versteifen", sagte er, als ob er vom lokalen Turnverein sprechen würde. „Der Unterschied liegt hingegen in der eindeutigen Absicht der Russen, die Wirkung ihrer großkalibrigen Bordkanonen an uns auszuprobieren."

Die Antwort schien die Wirkung auf Bollmann nicht verfehlt zu haben. Wie ein begossener Pudel stand er mit seinen langen gewellten Haaren da, umringt von seiner Belegschaft und offensichtlich sprachlos. Möller nutzte den Moment. Er drückte sich mit Pöll und Gutfels an den gaffenden Mitarbeitern vorbei in den tiefen Schatten des offenstehenden Hangars.

„Der hat ja vielleicht Nerven", murrte Pöll verärgert. „Glaubt Bollmann denn, das wären Picknickflüge? Man sollte ihn einmal auf so einen spaßigen Trip mitnehmen."

„Keine Chance", sagte Gutfels, und sein höhnisches Lachen echote von den kahlen Innenwänden des großen Hangars. „Andernfalls müssten wir uns mit dem Duft seiner vollen Hose befassen."

„Lasst das!", zischte Möller gebieterisch. „Bollmann kann nichts dafür, dass er von der Fliegerei nur das Nötigste versteht. Bei ihm schlägt die Romantik noch ein wenig durch."

„Hat wohl zu viel von Saint-Exupéry gelesen", meinte Pöll, während er den langen Reißverschluss an der Vorderseite seiner schweren Fliegerkombi herunterzog.

Möller drehte sich um. Seine blauen Augen leuchteten, als er sagte: „Machen wir, dass wir aus den Klamotten kommen. Wir treffen uns gleich in der Kantine zu einem Kaffee. Dabei möchte ich ein paar Dinge mit euch besprechen."

Er wartete nicht auf eine Antwort, sondern zog die Tür zu seinem Büro an der Rückwand des Hangars auf und trat ein. Der Gestank kalten Zigarettenrauchs schlug ihm unangenehm entgegen, also ließ er die Türe offenstehen, schälte sich umständlich aus der ledernen Kombi und hängte ihn in den Garderobenschrank. Dann erledigte er die administrativen Arbeiten. Minuten später hallten seine schweren Schritte durch den langen, mit Großaufnahmen des Flughafens ausgeschmückten Gang. Die Tür zur Kantine am Ende des Korridors stand offen. Möller zog sie hinter sich ins Schloss, bevor er sich umsah; aber außer Pöll und Gutfels war niemand anwesend.

Aus der noch halbvollen Glaskanne goss er sich eine Tasse dampfenden Kaffees ein und stellte den Topf auf die elektrische Wärmeplatte zurück. Er setzte sich zu seiner Besatzung an den Tisch und überlegte seine Worte, während er umständlich mit dem Löffel in der Tasse herumrührte und seinen Blick stur auf den Wirbel in der Tasse richtete. Pöll hielt das Schweigen nicht mehr aus. Er wollte wissen, was das seltsame Gehabe Möllers zu bedeuten hatte.

„Nun, was gibt es Neues? Diese Versammlung ist doch kein Zufall, oder?"

Möller schaute hoch. „Genauso wenig wie der Flug, den wir gerade hinter uns gebracht haben. Ich für meinen Teil habe meine Lehren daraus gezogen."

„Und die wären?", antwortete Pöll mit hochgezogenen Augenbrauen.

„Ganz einfach: Mit mir könnt ihr nicht mehr rechnen. Ich habe die Nase gestrichen voll. Ich kann die Verantwortung nicht mehr auf mich nehmen. Überlegt einmal selbst, wie viele Male wir jetzt schon durch waghalsige Manöver den russischen MIGs entkommen sind. Irgendwann kommen auch die da drüben auf die Idee, uns eine Falle zu stellen."

„Aber wir ändern doch dauernd unsere Taktik und den Einsatzort. Die wissen nie, wo wir letztlich die Grenze überfliegen", warf Gutfels ein.

„Der Zufall könnte uns denen einmal in die Hände spielen. Ich glaube nicht an Glück, dafür ist diese Aufgabe zu kompliziert", gab Möller nachdenklich zur Antwort.

„Verdammt, es ist bis jetzt gut gegangen und wir haben uns nebenbei noch eine happige Prämie verdient. Das Geld kann ich gebrauchen. Du weißt, im Herbst möchte meine Braut einen einigermaßen wohlhabenden Mann heiraten."

Thomas Gutfels deutete verschämt auf seinen glänzenden Verlobungsring. Pöll stellte seinen soeben ergriffenen Kaffee auf die Untertasse zurück. Theatralisch hob er die Hände mit ausgestreckten Fingern in die Höhe und sagte: „Ohne dich, Dieter, läuft gar nichts! Entweder mit dir oder mit niemandem. Nicht jeder Skipper kann da mithalten."

„Danke für die Blumen, aber mein Bedarf ist seit heute gedeckt. Thomas hat natürlich recht, wir alle können die zusätzliche Flugprämie gut gebrauchen, aber was nützt sie uns, wenn wir hinter dem Eisernen Vorhang jahrelang als Spione in den Kerkern unser Dasein fristen", sagte Möller, sich über die Tischkante vorbeugend.

„Mensch Meier, es sind vielleicht noch zwei oder drei Einsätze zu fliegen, dann haben wir den Auftrag erfüllt", protestierte Gutfels, während seine Finger nervös auf die Kunststoffplatte des Tisches trommelten.

„Oder wir sitzen in einem tiefen Loch, oder arbeiten in einer Kohlenmine am Polarkreis", warf Pöll ein. „Mir wäre das Geld auch recht, aber ich teile eher Dieters Standpunkt. Es ist einfach zu gefährlich geworden. Ich weiß ja nicht, ob in den Abfangjägern der Ostzone Russen oder NVA-Leute stecken, aber eines weiß ich mit Bestimmtheit, sie werden bei Alarm immer schneller. Von anfänglich fast einer Stunde Reaktionszeit sind es jetzt manchmal nur noch 20 Minuten."

„Also müssen wir eine Lösung finden, die uns wieder mehr Spielraum verschafft", ereiferte sich Gutfels. Er konnte den Pessimismus seiner Kameraden nicht verstehen. Jetzt so kurz vor dem Ende das Ganze aufgeben? Unmöglich, er brauchte das Geld, hatte damit gerechnet und bereits seine Zukunft vorgeplant. Es musste doch eine Lösung geben, aber welche? Und dann schoss plötzlich ein absurder Gedanke durch seinen Kopf.

„Ich hab's – ich glaube, ich habe eine Lösung!", rief er plötzlich laut, stand auf und begann in der Kantine auf- und abzugehen.

„Was denn?", wollte Pöll wissen. Er kreuzte einen fragenden Blick mit Möller.

„Wir fliegen einfach an einem Sonntag. Niemand wird uns an einem Sonntagmorgen erwarten."

Möller und Pöll sahen sich erneut an und versuchten, Gutfels' Gedanken zu interpretieren.

„Sonntag, eh? Sonntagmorgen meinst du?", sinnierte Möller. Der Plan ist nicht schlecht, da ist was dran, dachte er überrascht.

Pöll spann den Faden weiter. „Am Sonntag steckt den Russen das Saufen vom Vorabend noch in den Knochen. Wodka für die Russen, Bier für die NVA-Leute. Ich wette meine letzte müde Mark, dass der Plan funktioniert", ereiferte sich Pöll.

„Da könnte was dran sein", meinte Möller.

Gutfels war inzwischen wieder an den Tisch herangetreten und stand trotzig vor Möller und Pöll. „Also, ist die Idee gut?"

„Sie ist es Wert, überdacht zu werden", nickte Möller. Er rieb sich dabei sein glattrasiertes Kinn und zerrte am rechten Ohrläppchen.

„Horst hat den Nagel auf den Kopf getroffen", pflichtete Pöll bei. „Die Leute an der Radarüberwachung sind vielleicht auf dem Damm, aber die Piloten und Mechaniker werden es wohl kaum sein. Du kennst doch die Saufgewohnheiten der Genossen von drüben, Dieter."

Statt einer Antwort ging Möller mit seiner leeren Kaffeetasse zum Tresen, um aus dem Topf nachzugießen. Durch die Fensterfront beobachtete er nachdenklich die zweimotorige Avro auf dem Vorfeld. Mechaniker bemühten sich am linken Motor um eine anscheinend festsitzende Verkleidung; zwei Leute von der Fotoauswertung trugen gerade die schweren Kassetten der fest im Flugzeug installierten Reihenbildkamera weg.

Was für eine verrückte Maschine, dachte Möller. Die Auslegung der Bedienungshebel im Cockpit, Bremsen nach typisch englischer Bauart, die mit Pressluft funktionierten und sehr viel Gefühl in der Anwendung brauchten. Drüben, auf dem Gelände der US Air Force, schob sich eine Globemaster vom vollbesetzten Abstellplatz und rollte langsam auf den parallelen Rollweg zur Südpiste. Die Luft über den weiten Betonflächen begann bereits zu flimmern. Es würde ein heißer Herbsttag werden, dachte Möller. Seine Gedanken wurden durch Gutfels unterbrochen, der ebenfalls zum Tresen kam.

„Nun, was meinst du? Kannst du vielleicht das Risiko nicht verantworten? Ich meine …."

„Genau, das ist es – es sind einfach zu viele Risikofaktoren", unterbrach Möller und drehte sich dabei zu Pöll um, der noch immer am Tisch saß, ihnen aber aufmerksam zuhörte.

„Ihr zwei seid euch scheinbar einig, dass es nur eine Frage des richtigen Wochentages ist und von der Trinkfestigkeit der Russen oder ihrer sozialistischen Genossen abhängt. Ihr wisst doch, dass das an den Haaren herbeigezogen ist."

Gutfels suchte nach einer passenden Antwort, während Pöll nervös seinen Stuhl rückte. Die Spannung im Raum war spürbar. War damit das Thema eines Einsatzes, so wie ihn der Kameramann vorsah, vom Tisch? Möller brachte vorsichtig die volle Kaffeetasse an seinen Platz zurück und stellte sie, den schwappenden Inhalt balancierend, auf die fleckige Tischplatte. Pöll räusperte sich auffällig, wie um zu signalisieren, dass er noch nicht aufgeben wollte.

„Und wenn wir statt der schwerfälligen Avro die Beech AT-11 mit dem verglasten Bug für diese letzten Flüge nehmen würden? Die höhere Geschwindigkeit und Manövrierbarkeit wären dabei ein weiterer Sicherheitsaspekt."

Möller winkte ab. „Vergiss es einfach. Mit der hochpolierten Aluminiumhaut der Twin Beech würden wir auf den Radarschirmen der Ostzone wie Kometen am Nachthimmel leuchten. Da ist die Avro doch um einiges diskreter, was die Reflexion der Impulse angeht."

„Können wir den Plan also begraben?"

„Genau." Möller war sich seiner Sache sicher. Die Twin Beech mochte vielleicht etwas wendiger und schneller sein, aber mit Bestimmtheit besser auf dem Radarschirm der Russen erkennbar.

„Ist dein Entschluss endgültig?", fragte Gutfels, und man konnte ihm die Enttäuschung deutlich vom Gesicht ablesen. Für eine Minute blieb Möller die Antwort schuldig. Der Vorschlag Pölls, die Beechcraft zu benutzen, hatte bei ihm eine andere Idee keimen lassen. Das Radar der Russen, ihre Reaktion – all das musste überlistet werden.

„Mir fällt gerade ein, dass es eine Möglichkeit gibt, die Entdeckung unseres Einfluges in die Ostzone mit einiger Sicherheit etwas zu verzögern", sagte er gedehnt, die nächsten Worte genau überlegend.

„Und die wäre?" Gutfels war hellhörig geworden.

„Wir fliegen doch normalerweise bereits in Operationshöhe über die Grenze und haben schon lange vorher diese Höhe erreicht. So sind wir für die Beobachter an den Radarschirmen der Ostzone ein Objekt, das sich auf die Grenze zubewegt und das sie lange beobachten können. Sie sind vorgewarnt."

„Wenn wir uns nicht auf 4.000 Metern Höhe, sondern in Bodennähe der Grenze nähern, sie in Baumwipfelhöhe überfliegen und erst weit innerhalb der Zone auf Höhe gehen ….?"

„Sie hätten keine Ahnung", nickte Pöll grinsend.

„Eine verdammt gute Idee", pflichtete Gutfels bei. „Die Hunde wären völlig überrascht, wir hätten einen riesigen Vorsprung. Das einzige Problem sind wahrscheinlich die Grenzposten. Wenn die uns entdecken, könnten sie telefonisch Alarm geben."

„Daran habe ich auch schon gedacht", gab Möller zu und er fuhr sich kratzend durch die Haare. „Vielleicht haben wir aber Glück. Ich wäre bereit, das Risiko einzugehen."

Gutfels atmete hörbar ein und Pöll nickte anerkennend.

„Darauf sollten wir einen Cognac trinken!"

„Erst heute Abend", gab Möller zur Antwort. „Jetzt wollen wir mal im Kartenraum die beste Route für einen solchen Anflug planen. Danach werde ich Bollmann mit der neuen Taktik konfrontieren. Wer weiß, vielleicht rückt er noch etwas mehr Risikogeld heraus. Ich werde es versuchen."

„Das ist unser Mann!" Gutfels hob seine Kaffeetasse, als ob er einen Trinkspruch ausbringen wollte. „Wir sind die verdammte Prämie allemal wert, das kannst du dem Alten mit gutem Gewissen ausrichten."

„Ich weiß, ich weiß", wehrte Möller ab. „Hoffen wir, dass uns für die restlichen Flüge das Glück weiterhin hold sein möge."

Er stellte die halbleere Tasse klappernd auf den Teller zurück, stand entschlossen auf und ging zur Tür, die auf den Korridor führte.

„Ich sehe euch beide im Kartenraum – aber bald", sagte er, bevor die Tür hinter ihm ins Schloss fiel.

*

Möller schnupperte die klare Morgenluft und sog sie tief in seine Lungen, während er langsam den Zaun entlang ging. Der kurze Spaziergang von der Bushaltestelle vor dem Eingang des Flughafens zum etwas abseits stehenden Hangar der Aerofilm AG war für ihn bei solch prickelnder Morgenluft stets ein besonderes Erlebnis. Es war die Zeit, in der der Flughafen erwachte und die Technik langsam anlief, aber doch schon hektischer Einsatz herrschte. Viele Menschen verdienten auf diesem großen Flughafen ihr Brot.

Sein Blick schweifte über die weite Fläche der beiden Parallelpisten und die im Morgendunst liegenden Gebäude der amerikanischen Luftwaffe am Südende des Platzes. Er fiel auf die vor dem Hauptgebäude abgestellten zweimotorigen Convair-Passagierflugzeuge. Ihre vom Tau nasse Metallhaut glänzte leicht im anbrechenden Tageslicht. Irgendwo kam hustend ein schwerer Kolbenmotor zum Laufen. Eine Constellation der Lufthansa, dachte Möller und versuchte, die elegante Maschine auf dem weiten Abstellplatz auszumachen. Nur eine flüchtige, bläuliche Rauchfahne inmitten der vielen Flugzeuge verriet ihm die ungefähre Position. Neben ihm quietschten die Bremsen eines Fahrrades.

„Na, Sehnsucht nach der Ferne?", sagte eine vertraute Stimme. Möller drehte sich überrascht um. Es war Pöll, der ihn mit breitem Lachen begrüßte.

„Nicht unbedingt", gab Möller zur Antwort. „Aber heute ist einer dieser seltenen Herbstmorgen, an denen alles stimmt, an denen man ins Schwärmen kommt. Kühl, aber nicht kalt. Klarer

Himmel, aber am Boden leicht dunstig, und Tau über den offenen Flächen, wie feinste Perlen an den Gräsern aufgehängt."

„Mein Gott, du bist geradezu poetisch", sagte Pöll erstaunt. „Von der Seite kenne ich dich gar nicht. Und wenn man bedenkt, dass heute Sonntag ist und wir in etwas über einer Stunde starten müssen, klingt das wie eine Predigt in der Kirche."

Möller lehnte sich an den Gitterzaun, der den Gehweg vom Vorfeld trennte. Sein Gesicht wurde ernst, als er in den blassgrauen Himmel blickte.

„Start in einer Stunde! Ich weiß, und ich habe ein ungutes Gefühl im Magen. Vielleicht ein schlechtes Omen, eine Vorahnung, dass uns die Russen diesmal erwischen."

„Blödsinn." Pöll schwang sich elegant vom Sattel und stand jetzt vor Möller.

„Mach mich nicht schwach mit deinen Vorahnungen. Wir haben die Risiken erörtert, über den besten Flugweg entschieden und alle Möglichkeiten bis ins Detail durchgesprochen. Die Amerikaner auf der Radarstation ‚Telegram' sind auch über unsere neue Taktik informiert. Sie werden uns über startende Jagdflugzeuge in der Ostzone auf dem Laufenden halten. Niemand hat eine Ahnung, was wir vorhaben. Also – was soll das?"

Pöll hatte schnell und aufgeregt seine Argumente vorgebracht. Die verdammten Zweifel Möllers wollte er gar nicht hören. Er kannte sie schon zur Genüge, sie nagten an ihm schon seit Tagen und fraßen an seinen sonst so robusten Nerven. Und heute war der Tag, an dem sich ihre neue Taktik bewähren sollte. Heute war Sonntag und zudem ein Tag, wie man ihn sich nicht besser wünschen konnte, aber auch ein Tag, den er hoffte, zu einem guten Abschluss zu bringen. Er wollte seinen Anteil dazu leisten.

„Ach, weiß der Teufel", sagte Möller. „Wenn dies ein militärischer Auftrag wäre und wir als Aufklärereinheit Aufnahmen machen müssten, wäre mir wesentlich wohler bei der Sache. Aber hier riskieren wir unseren Arsch für ein paar lausige Deutschmark."

„Ein verdammt mieser Job, zugegeben, aber die paar Flüge werden wir mit deiner Taktik ganz bestimmt erfolgreich zum Abschluss bringen."

„Optimistische Einschätzung, würde ich sagen." Möller stieß sich von der Umzäunung ab und fasste Pöll bei der Schulter.

„Komm, lass uns im Kartenraum noch mal den Einsatzplan durchsprechen. Ich will absolut sicher sein, dass wir nichts außer Acht gelassen haben. Die Navigation im Tiefflug hat ihre Tücken."

Pöll nickte. Er schob sein Fahrrad neben sich her und ging die restlichen 200 Meter mit Möller zusammen zum Eingang des rotbraunen Backsteingebäudes am Ostende des Hangars. Möller wartete, bis Pöll sein Fahrrad abgestellt hatte. Dann gingen sie zusammen durch die breite Glastür ins Innere.

Die nüchterne Architektur der Treppenhalle schien die Kühle des Morgens noch zu unterstreichen. Die Echos ihrer Schritte hallten von den kahlen Wänden, als die Männer über die steinerne Treppe in den ersten Stock hochstiegen, um über das Flugbetriebsbüro in den Kartenraum zu gelangen. Möller riss einige Flügel der Fensterfront auf, um die abgestandene Luft aufzufrischen. Dann holte er eine passende Karte aus dem Gestell und rollte sie auf dem großen Kartentisch aus. Pöll griff zu einer Navigationskarte, auf der bereits die zu fliegenden Routen und Aufnahmeflächen eingezeichnet waren. Die nächste Viertelstunde über verglichen sie gemeinsam den Flugweg und die Hindernisse und zeichneten die ihnen bekannten Stellen ein, wo Kontrolltürme standen.

„Fangen wir im Norden an oder im Süden?", wollte Pöll wissen.

„Ich denke, im Süden ist es besser", antwortete Möller. „Wir fliegen hinter Kassel über die Zonengrenze in Richtung Sondershausen, tauchen in das Tal der Wipper ab und steigen kurz danach sofort auf Einsatzhöhe. Bis die roten Genossen an den Radargeräten merken, dass wir von der anderen Seite sind, haben wir wertvolle Minuten gewonnen. Auf dem Radarschirm sehen sie keine Hoheitszeichen."

Pöll nickte bedächtig. Er machte ein paar Notizen, heftete sie an seine Karte und richtete sich auf.

„Wie wär's mit Kaffee? Ich hole mir eine Tasse von der Kantine."

„Mach zwei!", gab Möller zur Antwort, ohne den Blick von der Karte zu nehmen. Seine Gedanken kreisten um das Problem eines sofortigen Rückzugs, falls die sonntägliche Überraschung nicht klappen sollte. Bis jetzt hatte er auf eine Warnung von Telegram immer sofort einen Sturzflug in Richtung Westen eingeleitet und war im Tiefflug bis an die Grenze und weiter geflogen. Vielleicht sollte er diesmal eine andere Taktik wählen und nicht vorhersehbar handeln. Pöll kam mit dampfenden Tassen durch die offenstehende Tür. Unter seinem linken Arm hielt er eine Papierserviette, darin zwei Kipferln.

„Das zweite Frühstück!"

Möller nahm ihm das Gebäck ab. „Horst, ich habe nachgedacht. Falls die Genossen heute wieder hinter uns her sind, wählen wir eine andere Abgangsroute. Wir verdrücken uns in Richtung Nord-Nordwest. Das werden sie nicht erwarten und für uns kann es in diesem Falle noch ein paar Kilometer näher bis in den Westen sein. Die Grenze verläuft nördlich von unserem Einsatzgebiet weiter Richtung Osten."

Pöll blickte auf die ausgebreitete Karte und fuhr mit dem Zeigefinger die Grenzlinie entlang. Das hügelige Gebiet links und rechts der Unstrut schien tatsächlich ideal für einen versteckten Rückzug im Tiefstflug zu sein.

„Du denkst, die Strategen von drüben könnten auf die Idee kommen, uns an der Grenze abzufangen?"

„So ungefähr. Die sind doch auch keine Idioten und könnten absprechen, wie man gegen uns einen Erfolg verbuchen könnte."

Pöll biss das Ende eines knusprigen Kipferls ab, kaute nachdenklich und spülte mit Kaffee nach.

„Bis jetzt haben sie allerdings noch nicht viel Fantasie bewiesen", meinte er nachdenklich.

„Stimmt, aber das kann sich ändern. Es macht mir Kopfzerbrechen," entgegnete Möller.

„Ich schließe mich an", entschied Pöll. „Im Falle eines Falles suchen wir unser Heil im Tiefflug Richtung Norden. Ich werde mir die wichtigsten Merkmale ein wenig einprägen. Aus Erfahrung komme ich jeweils ja nicht dazu, normal zu navigieren. Der Angstschweiß tropft mir bei den paar Metern über dem Gelände das Kartenmaterial nass."

Möller lachte. Horst schien sich anscheinend wegen der Russen keine großen Sorgen zu machen, aber die Tiefflüge gingen ihm unter die Haut. Kein Wunder, dachte er. Da vorne, ganz allein in der verglasten Bugspitze liegend, mit ein paar 100 Kilometern Geschwindigkeit pro Stunde, knapp über dem Boden rasend, war nicht jedermanns Sache. Das war nichts für schwache Nerven.

„Ich werde es mir merken", fuhr Möller fort. „Wer weiß, vielleicht ist es ab heute nicht mehr nötig, solche Kunststücke durchzuführen. Mir wäre es auf jeden Fall lieber, auf solche Tricks verzichten zu können, das kannst …"

Möller wurde durch lauter werdende Schritte vom Gang unterbrochen. Auch Pöll drehte sich um und wollte wissen, wer an einem Sonntagmorgen durch die Räumlichkeiten der Aerofilm AG stolperte.

„Guten Morgen!", rief Gutfels in anscheinend bester Laune, als er über die Türschwelle trat. „Na, habt ihr den Flugplan bereits ausgeknobelt?"

„Morgen, Thomas", antwortete Möller sichtlich überrascht und Pöll schüttelte ungläubig seinen Kopf. „Wo kommst du denn her?"

„Mein Gott, ich bin schon seit einer halben Stunde im Hangar beschäftigt", berichtete Gutfels.

„Hast wohl vor Aufregung nicht schlafen können", hänselte Pöll grinsend.

„Vielleicht. Ich wollte in erster Linie sicher sein, dass bei der Kamerainstallation nichts schiefläuft. Ich habe alles durchgesehen und überprüft. Die Linsen sind blitzblank, die Filmkassetten geladen und eine davon aufgesetzt."

Möller nickte anerkennend und deutete auf seine halbleere Kaffeetasse. „Hast du schon gefrühstückt?"

„Wann denn? Erst kommt die Arbeit, dann das Vergnügen."

„Dann geh in die Kantine. Die Mechaniker haben heute früh bereits Kaffee gemacht und frische Hörnchen liegen auch bereit. Wir treffen uns dann – sagen wir in 20 Minuten – bei der Maschine."

Gutfels bedankte sich höflich; Sekunden später waren nur noch seine Schritte zu hören.

„Ein guter Mann", brummte Möller über den Rand seiner Tasse.

„Der Beste. Vielleicht noch einer jener Sorte, die stolz auf die geleistete Arbeit ist", quittierte Pöll mit einem Seitenblick.

„Wie meinst du?"

„Du kannst es mir glauben, der Kerl steht zum Beispiel stundenlang in der Bildauswertung, um die Schärfe und Qualität seiner Bilder zu sehen und mit den Stereoguckern die Höhenlinien zu studieren. Der Thomas ist ein richtiger Fanatiker geworden."

„Neu für mich." Möller staunte über die Informationen, die Pöll zusammengetragen hatte. Irgendwie machte es Eindruck auf ihn.

„Ich habe mich nie damit befasst, dachte immer, er wäre nur hinter seiner Freundin her."

„Da siehst du wieder einmal, wie man sich täuschen kann. Der Thomas ist ein heimlicher Berufsfanatiker, vielleicht sogar ein waschechter Streber. Seine momentane große Liebe wird ihn mit der Zeit davon abbringen, das ist doch so üblich", sagte Pöll, während er sich den Rest des Hörnchens in den Mund steckte. Eigentlich wunderte er sich, dass Möller Toms Ambitionen noch nie aufgefallen waren. Hat wohl nur die Fliegerei im Kopf, dachte er, und schaute wieder auf die Karte auf dem Tisch.

„Fällt dir noch was auf?", fragte Möller kritisch.

Pöll schüttelte zögernd seinen Kopf, zeigte dann auf den Packen mit Karten, den er neben sich hatte. „Du weißt, wir brauchen etwa eine Stunde, um das vorgesehene Gebiet mit der Kamera abzudecken."

„Alles klar! Ich bin informiert. Bollmann hat mir gestern Nachmittag noch einmal in den Ohren gelegen und auf Erfüllung des Auftrags gedrängt. Er glaubt wohl nach wie vor, dass wir die Sache mit links erledigen werden."

„Wir werden ja sehen." Möller rollte die Karte auf dem Tisch wieder zusammen und kippte den restlichen Kaffee in seiner Tasse hinunter.

„Komm, wir wollen mal sehen, ob an der Avro alles in Ordnung ist. Es waren noch ein paar Kleinigkeiten zu beheben."

Pöll folgte ihm in den unteren Stock, von wo sie direkt in den Hangar gelangten. Hohl klang das Echo ihrer Schritte von den hohen Wänden der weiten Flugzeughalle. Ein Segment der Hangartore stand offen und leuchtete als helles Quadrat ins Innere, wo die Flugzeuge der Firma abgestellt waren.

Die Avro, die von den Mechanikern auf das Vorfeld geschoben worden war, stand allein und verloren auf dem weiten Platz. Zwei Männer machten sich am linken, von seiner Verkleidung befreiten Motor zu schaffen. Leuchtend rote Werkzeugkisten standen daneben, ihre Fächer waren offen. Möller schaute auf seine Uhr.

„In 20 Minuten müssen wir in der Luft sein. Hoffentlich sind sie bis dahin mit der Arbeit fertig."

Pöll murmelte undeutlich etwas und beschleunigte seine Schritte. Er wollte sein Kartenmaterial erst einmal zweckmäßig in der engen Bugkanzel platzieren, bevor er sich mit seinem schweren Fliegeroverall hineinzwängte. Während Pöll sich auf den Einstieg der Maschine zubewegte, drückte sich Möller unter dem linken Flügel hindurch. Ein Ölfaden lief von einem auf den Betonplatten stehenden, offenen Behälter hinauf in die Eingeweide des Sternmotors. Daneben sah er die Beine eines Mechanikers und hörte dumpf sein verbissenes Fluchen.

„Guten Morgen, die Herren! Gibt's ernste Probleme, die meinen Flugplan gefährden könnten?"

Das Fluchen hörte auf, und als Möller sich neben der angestellten Serviceplattform aufrichtete und den Motor ansah, kam dahinter ein ölverschmiertes Gesicht hervor.

„Morgen", brummte der Mechaniker und deutete nach oben auf den Flügel, auf dem sein Kollege bäuchlings lag und mit seinem Oberkörper tief in den Geräteraum hinter dem Motor hineinhing.

„Paul weiß Bescheid. Wir haben Schwierigkeiten mit der verdammten Hydraulikpumpe."

Der andere Mechaniker kam pustend hoch; beim Anblick Möllers begann sein verzerrtes Gesicht zu grinsen.

„Morgen, Dieter! Sorry, die Pumpe passt nicht. Haben sie gestern wie vorgesehen gewechselt, und heute Morgen beim Rausschieben der Maschine lag eine Öllache unter dem Motor. Seit einer Stunde sind wir daran, den Kahn klarzukriegen."

„Und – wie lange noch?"

„Gib uns noch eine Viertelstunde", gab der Mechaniker Paul zur Antwort, nachdem er auf das verschmierte Glas seiner Armbanduhr geschaut hatte.

„Gut, ich lege mir mal in der Zwischenzeit die Klamotten an. Bis ich die Vorflugkontrolle hinter mir habe, solltet ihr mit der Arbeit fertig sein. Übrigens, habt ihr die Maschine schon aufgetankt?"

„Genau nach Anweisung – voll bis an die Verschlussdeckel", sagte Paul und zwängte sich erneut in das Gewirr von Leitungen und Schläuchen.

Möller schien zufrieden. Mit langen Schritten ging er zurück in den Hangar und von dort in sein Büro, wo er seine dick gefütterte Fliegerkombi aus dem Garderobenschrank zog. Er hasste das schwere Kleidungsstück, das ihn in seinen Bewegungen einschränkte. Aber bei den großen Flughöhen war das zusammen mit den dicken Pelzstiefeln der ideale Kälteschutz; was die Bomberbesatzungen während des Krieges für gut befunden hatten, diente auch ihnen. Er zog die massiven Reißverschlüsse zu, griff nach seiner mit Kopfhörern ausgestatteten Lederhaube und setzte sich dann auf die Kante seines Schreibtisches.

Die Nummer des Wetterdienstes wusste er auswendig und er kannte auch die meisten der dort Beschäftigten persönlich. Nach kurzem Läuten meldete sich eine Stimme, die Möller sofort erkannte. Nach kurzer Begrüßung brachte er sein Anliegen vor. „CAVOK", meldete der Meteorologe. Das bedeutete, dass das Zielgebiet wolkenfrei und die Sicht sehr gut sein würden. Möller bedankte sich mit dem Versprechen, baldigst für einen gemeinsamen kleinen Umtrunk zu sorgen, und legte auf. Noch einmal ging er in Gedanken die wichtigsten Punkte durch, prüfte ein letztes Mal den Flugplan, den er schon gestern an die Flugsicherung durchgegeben hatte, und legte dann die Papiere zurück in den Aktenordner. Im Hangar draußen stieß er auf Gutfels, der bereits in voller Montur unterwegs zur Maschine war.

„Alles klar?", fragte er, ohne auf etwas Bestimmtes einzugehen. Thomas Gutfels nickte und ein Leuchten lag in seinen grauen Augen, als er nach draußen deutete und sagte:

„Heute wird sich zeigen, ob wir richtig geplant haben. Gestern war ein perfekt milder Abend, gerade richtig für einen Männerdurst. Der Alarmdienst der Russen wird vom Wodka gebremst sein."

„Vielleicht ein Wunschtraum deinerseits", sagte Möller, den Optimismus von Gutfels dämpfend. Er glaubte noch immer nicht an die einfache Lösung, die Gutfels und Pöll bei dieser Aktion erhofften. Nachdenklich gingen sie miteinander zum Flugzeug, wo sie von den beiden Mechanikern bereits erwartet wurden. Der linke Motor war wieder voll eingeschalt, die Ölwanne unter dem Flügel entfernt.

„Das Leck ist abgedichtet", rief Paul schon von weitem und hielt dabei seinen Daumen steil in die Höhe. „Maschine ist flugklar!"

„Danke", sagte Möller knapp und klopfte anerkennend auf seine Schulter.

„Hoffen wir, dass es auch für eine Weile hält."

Der Mechaniker nickte kräftig. Er wusste, dass er ganze Arbeit geleistet hatte, und war stolz darauf. Gerade bei diesen Maschinen, die im Krieg und für den Krieg gebaut worden waren, gab es eine ganze Anzahl von Tricks, die man als Mechaniker einfach kennen musste, wollte man sie regelmäßig in die Luft kriegen.

„Startet schon mal das Stromaggregat. Ich mache noch schnell meinen Rundgang." Möller umrundete die Avro und inspizierte kritische Punkte am Fahrwerk, an den Steuerrudern und an der Außenhaut der Maschine. Nach einigen Minuten kam er zum Einstieg und ging über die Treppe in die Kabine. Pöll wartete bereits drinnen, und auch Gutfels gurtete sich an seinen Einzelsitz beim hintersten Fenster fest.

„Ich übernehme die Tür", sagte Pöll und wartete, bis Möller an ihm vorbei war. Dann zog er die Außentür fest ins Schloss und prüfte die Hebelsicherung. Möller hatte inzwischen im linken Cockpitsitz Platz genommen und ging die Checkliste durch. Er unterbrach für einen Augenblick, bis Pöll sich neben ihm festgeschnallt hatte.

Draußen neben dem linken Motor hatte der zweite Mechaniker in sicherer Entfernung vom Propeller Stellung bezogen. Er wartete, bis Möller ihm durch das offene Seitenfenster das Startzeichen gab. Der rote Feuerlöscher stand griffbereit neben ihm. Danach ging alles sehr schnell. Die Motoren kamen spuckend und qualmend zum Laufen, das Stromaggregat wurde draußen abgehängt und dann gab der Mechaniker das Zeichen, dass die Radkeile weggezogen wurden.

Der anfänglich schwache Rollverkehr auf dem weitläufigen Flughafen hatte in den letzten 20 Minuten massiv zugenommen. Überall auf dem Abstellplatz vor dem Abfertigungsgebäude wehten Rauchschwaden von startenden Kolbenmotoren. Dumpfes Grollen echote durch die klare Morgenluft. Möller bekam sofort über Funk die Rollbewilligung für Piste 27. Noch einmal winkten die beiden Mechaniker zum Abschied, dann schob Möller die beiden Gashebel leicht vor. Kaum begann die Avro sich zu bewegen, prüfte er das trickreiche Bremssystem und vergewisserte sich, dass alle Systeme korrekt arbeiteten.

Alles schien in Ordnung, und so rollte Möller die Maschine an den Pistenanfang, wo er die Motoren einer eingehenden Leistungskontrolle unterzog. Der Start war Routine und Möller stieg in einer weiten Umkehrschleife nach rechts weg. Im hügeligen Gebiet nördlich von Frankfurt hielt er sich stets unterhalb der Kuppen, stieg nur langsam und hielt sich dabei knapp über der Mindesthöhe. Sein erster Versuch, mit der amerikanischen Radarstation Telegram in Verbindung zu treten, war gleich von Erfolg gekrönt. Präzise gab er seinen Einflug in die ADIZ bekannt und berief sich dabei auf die Meldung, die er gestern an die Militärs in Frankfurt abgegeben hatte. Er ahnte, dass die Russen sämtlichen Funkverkehr abhörten, und deshalb wollte er seine operationellen Absichten nicht im Klartext durchgeben.

„Copied okay", kam die Stimme von Telegram und kurz darauf die Bestätigung, dass der entsprechende Flugplan vorliege.

„Okay, meine Herren, die Show kann beginnen", sagte Möller durch die interne Sprechanlage. Er deutete Pöll an seiner Seite an, den Platz zu wechseln. „Kriech schon mal nach vorne in den Bug und mach es dir bequem. Wir wollen noch den dortigen Mikrofonanschluss überprüfen!"

Pöll schnallte sich wortlos ab, zog den Stecker für die Sprechanlage neben sich aus der Buchse und kroch langsam durch den engen Tunnel nach vorne in die Bugkanzel. Der Test der Sprechanlage verlief zufriedenstellend. Möller nutzte die Gelegenheit zu einer Durchsage, die auch Thomas Gutfels betraf. Mit knappen Worten gab er seine Absicht bekannt, 50 Kilometer vor der Zonengrenze mit dem geplanten Tiefflug zu beginnen.

„Horst, dass du mir gut auf Starkstromleitungen aufpasst. Hast du verstanden?"

„Geht in Ordnung", kam krächzend Pölls Antwort aus dem Kopfhörer.

„Bei der Edertalsperre tauchen wir ab und machen die Kursänderung über die Zonengrenze direkt in Richtung Dingelstädt. Von dort an muss Thomas mit dem Einfädeln für den ersten Durchgang helfen!"

Gutfels bestätigte mit der Bitte um möglichst genaue Grobnavigation durch Pöll, bevor er auf dem Planquadrat die exakten Korrekturen mittels seines Kamerasuchers durchgeben konnte.

„Ich werde mich bemühen, deinem Wunsch nachzukommen", frotzelte Pöll.

Möller erkannte durch die Cockpitscheiben links vor sich die Umrisse des Stausees, den er als Referenz für den Beginn des Sinkfluges vorgesehen hatte. Er presste die zwei Kehlkopfmikrofone gegen seinen Hals, drückte die Sprechtaste und sagte: „Okay meine Herren, wir gehen jetzt runter. In ein paar Minuten sind wir auf Baumhöhe!"

Er trimmte die Avro in einen steilen Sinkflug. Das Rauschen des Fahrtwindes schwoll zu einem anschwellenden Pfeifen an, die zittrige Geschwindigkeitsanzeige näherte sich auf dem Instrument der roten Warnlinie. Die bunten Quadrate der Felder wuchsen schnell, genau wie die feinen Linien dazwischen, die sich zu Wegen und Straßen ausweiteten. Dann raste die Maschine auch schon über die Baumkronen einzelner Obstbäume, über Waldparzellen und Gehöfte.

Verwunderte Bauern und Spaziergänger blieben stehen und hielten bei ihrer Arbeit inne, schauten hoch und dem sogleich verschwindenden Flugzeug hinterher. Möller flog konzentriert, machte Kurskorrekturen, wenn sie wegen Hindernissen nötig wurden oder wenn Pöll welche über die Gegensprechanlage verlangte. Und dann war sie da. Möller sah die Zonengrenze noch, bevor Pöll eine Warnung durchgeben konnte. Der gerodete Streifen hinter doppelten Drahtzäunen zog sich vor ihm von der flachen Anhöhe ins Tal. Für einen Augenblick bemerkte er den einzelnen Wachturm, dann legte er die Maschine kurz entschlossen in eine schiebende Rechtskurve und tauchte noch tiefer, um dem Wasserlauf zu folgen, der sich durch die Landschaft schlängelte.

„Scheiße, das war aber verdammt knapp!", kam die Stimme Pölls über die Kopfhörer. „Ich dachte schon, du würdest in die Baumgruppe da hinten hineinschlittern."

„Ich versuche nur, die Silhouette so gering wie möglich zu halten. Du hast doch den Turm auf der Anhöhe gesehen, oder? Eine normale Rechtskurve hätte ihnen die ganze helle Unterseite der Avro gezeigt. Es wäre wie ein Signal gewesen."

„Glaubst du, sie haben uns gesehen?", wollte Gutfels wissen.

„Wer weiß, wenn sie uns gehört haben, heißt das noch lange nicht, dass sie uns so tief im Tal gesucht haben", gab Möller zu bedenken.

„Mein Gott, ein bisschen Glück sollten wir doch einmal haben", sagte Pöll; es klang wie ein Stoßgebet. Möller musste schmunzeln. Angst schienen die beiden überhaupt nicht zu haben, dachte er. Irgendwie war auch er selbst erleichtert. Jetzt, wo sie in Feindesland eingedrungen waren und die Gefahr allgegenwärtig war, schien es ihm nichts mehr auszumachen. Im Gegenteil, er fühlte sich jetzt vom Druck der Spannung und seinen Angstgefühlen befreit. Das Fliegen unter höchster Konzentration wirkte auf ihn wie eine Droge. Er riss sich von den Gedanken los, als plötzlich links vor ihm Häuser aus dem Grün auftauchten.

„Dingelstädt!", rief Pöll aufgeregt. „Wir sind genau auf Kurs. Du kannst jetzt hochziehen."

„Nicht jetzt! Zuerst umfliegen wir den Ort so tief wie möglich, dann gehen wir auf Einsatzhöhe."

Pöll antwortete nicht. Wie durch eine große Fischaugenlinse sah er vor sich die heranrasenden Hindernisse, fühlte die Korrekturen, die Möller der Maschine aufzwang, zog manchmal instinktiv seine Beine an, wenn die Baumwipfel scheinbar nur Handbreiten unter seiner Glaskanzel vorbeifegten. Plötzlich fühlte er sich zusammengepresst. Die Bäume, die Gehöfte, die Felder und Straßen wichen zurück, wurden kleiner. Einzelheiten verwischten sich zu einem Ganzen, zogen immer langsamer unter ihm durch. Möller hatte die Maschine hochgezogen und ließ sie nun mit erhöhter Leistung schnell höher klettern.

„Jetzt müssten sie uns auf dem Radar haben", warnte Gutfels.

„Und sie werden sich wundern. Vielleicht denken sie, wir sind ein Helikopter der Nationalen Volksarmee, der hochsteigt", gab Pöll zu bedenken.

„Schön wär's", sagte Möller gedehnt. „Wir werden ja sehen. In etwa 13 Minuten sind wir auf Einsatzhöhe und südlich von Sondershausen. Horst, du weist mich nach der Umkehrkurve sofort auf die Linie ein und – Thomas, du gibst mir dann gleich die Korrekturen. Der Wind ist aus zwei-vier-null mit etwa 15 Knoten."

Niemand antwortete, denn jeder schien seinen eigenen Gedanken nachzuhängen. Von Zeit zu Zeit schob Möller die Leistungshebel nach, um den Ladedruck der Motoren auszugleichen. Und immer lauschte er auf der Frequenz von Telegram, wartete auf das eine Wort „Bandits", das ihn vor aufsteigenden Düsenjägern warnen sollte. Er kam sich vor, wie an einem Faden aufgehängt und langsam hochgezogen, als Zielscheibe für die Abwehr. Es waren Ewigkeiten, bis er die Maschine nachdrückte und langsam eine Linkskurve einleitete.

„Horst! Links vor uns die Wipper und Sondershausen. Ich gehe jetzt auf zwei sieben null und halte Höhe. Thomas, bist du bereit?"

„Schon erkannt", sagte Pöll. „Du bist wahrscheinlich etwas zu weit nördlich von der Ideallinie. Halte erst einmal zwei-fünf-null, bis ich dich auf der Linie habe!"

„Verstanden!"

Möller flog den vorgegebenen Kurs bis Pöll das Kommando zum Eindrehen auf die Ideallinie gab. Thomas Gutfels gab jetzt nur noch Feinkorrekturen und schaltete die Kamera ein.

„Kamera läuft – zwei Grad links!"

Möller reagierte prompt. Er trat sachte ins Seitenruder und hielt gleichzeitig mit dem Querruder dagegen, um zu verhindern, dass das Flugzeug aus der Horizontalen kam; das hätte die Aufnahmen der Kamera um mehrere 100 Meter versetzt. Die Luft war so früh am Morgen völlig ruhig. Keine Turbulenz traf die Maschine, warf sie aus der stabilen Lage oder verlangte Korrekturen. Nach ein paar Minuten hatte Möller den Kurs so genau eingenommen, dass nur noch selten ein Änderungswunsch von Gutfels durchkam.

Die Spannung stieg. Sie alle wussten, dass die Radarstationen im Osten wie im Westen sie jetzt auf ihren Geräten sahen. Die einen waren wütend, dass sie nicht schon längst diesen Himmelspion heruntergeholt hatten. Die andern fragten sich, wie lange es noch dauern würde, bis die Abfangjäger aufstiegen.

„In drei Minuten sind wir über der Grenze", kam plötzlich die Stimme Pölls durch die Gegensprechanlage.

„Und wie lange bis zur Umkehrkurve?", fragte Möller gepresst.

„Wir fliegen bis kurz vor Kassel, dann drehst du nach rechts auf Gegenkurs."

„Und noch immer keine Warnung?", fragte Gutfels aufgeregt.

„Nichts", bestätigte Möller. „Der Trick mit dem Einsatz an einem Sonntagmorgen scheint zu wirken. Ich bin aber noch skeptisch, weil wir gerade erst angefangen haben."

„Vorsicht ist die Mutter … du weißt schon", entgegnete Pöll. „Vielleicht solltest du einmal bei Telegram nachfragen, ob die etwas auf ihren Leuchtschirmen sehen."

„Auf keinen Fall. Wir halten absolute Funkstille. Wenn sich drüben etwas tut, werden wir sowieso informiert."

„Verstanden", sagte Pöll krächzend. „Du kannst jetzt auf Gegenkurs gehen. Kurs null-neundrei, inklusive Windkorrektur."

Möller drehte nach rechts ein und nachdem Pöll und Gutfels die Feinkorrekturen durchgegeben hatten, hielt Möller die Maschine genau auf dem neuen Kurs. Die Sonne blendete und wärmte zugleich durch die dicken Frontscheiben sein Gesicht. Er kippte den Blendschutz etwas herunter und konzentrierte sich auf die Instrumente. Gutfels gab die feinen Kursänderungen, die von Zeit zu Zeit nötig waren, mit ruhiger Stimme durch. Wieder zog die Zonengrenze unter ihnen durch und zeigte ihnen, dass sie wieder in der Höhle des Löwen unterwegs waren. Die Minuten schienen sich endlos hinzuziehen und zerrten erbarmungslos an den Nerven.

„Abeam Nordhausen! Auf Gegenkurs in etwa vier Minuten", kam die Meldung von Pöll. Möller bestätigte die Position mit einem Blick durch das Seitenfenster. Die Handflächen seiner Hände, die das Steuerhorn umfassten, fühlten sich feucht an und verrieten ihm seine eigene Nervosität; hastig zog er die feinen Lederhandschuhe über seine Finger. Kurz darauf ertönte Gutfels Stimme im Kopfhörer:

„Film gestoppt – auf diesem Durchgang alles bestens – du kannst wieder umkehren!"

Möller schaute auf die Zeiger der Borduhr. Fast 40 Minuten waren vergangen, seit er die Maschine aus dem Tiefflug hochgezogen hatte. Und noch immer keine Warnung von Telegram. Es war unglaublich, der Trick schien tatsächlich zu wirken. Langsam drehte er nach links auf Gegenkurs und Pöll führte ihn haargenau auf die neue Aufnahmelinie. Die Routine begann von Neuem und die Zeit schien dabei stillzustehen.

Gutfels schien allerdings noch immer die Ruhe selbst. Nichts in seiner Stimme verriet etwas von der Spannung, die sie alle erfasst hatte. Gelassen und präzise kamen seine Anweisungen. Durch das feine Fadenkreuz in seinem Sucher konnte er die Ideallinie genau verfolgen und die Winddrift ablesen. Aber er hatte einen Knoten im Bauch und sein Mund war trocken. Hin und wieder warf er einen Blick durch die Kabinenfenster, um nach russischen Abfangjägern zu sehen. Aber es geschah nichts. Möller führte auch diesen Abschnitt ohne Zwischenfall zu Ende und kehrte weit westlich der Zonengrenze erneut auf Gegenkurs.

„Es wird langsam unerträglich", sagte er, ohne sich an jemanden Bestimmten zu richten. „Die Schlafmützen müssten doch endlich einmal ihre Hosen angezogen haben."

„Dies ist der letzte Durchgang. Hin und zurück, dann haben wir diesen Abschnitt in der Kiste." Pölls Stimme klang optimistisch. Er schien nicht die geringsten Zweifel am Gelingen der Aktion zu haben. Ein Wahnsinn, und fast unglaublich, dass noch immer keine Reaktion von der NVA oder den Russen kommt, dachte Möller. Plötzlich durchlief es ihn ganz heiß. War vielleicht etwas mit dem Funkgerät nicht in Ordnung? Hatte möglicherweise der Empfänger versagt und Telegram schon seit einiger Zeit versucht, mit ihnen in Kontakt zu treten, um sie zu warnen?

Er wechselte die Frequenz nervös auf „Information Frankfurt" und vernahm fast gleichzeitig die klare Stimme des Beamten, der mit einem anderen Flugzeug in Verbindung stand.

Erleichtert rastete er auf dem Funkgerät wieder auf die Frequenz von Telegram und flog den vorgegebenen Kurs nach Osten. Er ertappte sich nun vermehrt, wie er die Zeiger der Borduhr beobachtete, ungeduldig den Ablauf der Zeit verfolgte und unruhig sein Gewicht auf dem ausgequetschten Lederpolster seines Sitzes verlagerte.

Wieder kam die sachliche Meldung Pölls, dass sie in zwei Minuten den Endpunkt der Aufnahmelinie erreicht haben würden. 40 Kilometer hinter dem Eisernen Vorhang, dachte Möller. Mit einem kurzen Blick auf die gefaltete Karte auf seinem Kniebrett versuchte er, die genaue Position des Umkehrpunktes auszumachen. Er kam nicht mehr dazu, denn aus seinem Kopfhörer meldete sich eine erregte Stimme. Sie drang wie ein Messer in sein Gehirn.

„Joker, this is Telegram!"

Blitzschnell schaltete Möller das Mikrofon auf Funk und antwortete:

„This is Joker, reading you five – go ahead!"

„Bandits on the way. Closing fast from east and four zero nautical miles!"

„Copied okay – will call later."

Hektik erfasste Möller. Er schaltete das Mikrofon auf die Gegensprechanlage und legte die Maschine in einen steil abwärts führenden Kurvenflug.

„Kamera aus – festhalten! Es ist so weit, Banditen im Anflug!", rief er aufgeregt. Er versuchte zu rechnen, festzustellen, wie lange es dauern würde, bis die Düsenjäger sie eingeholt haben würden. Vielleicht drei, vier Minuten? Möller gab auf und erwiderte nicht die nervösen Fragen Pölls und das Fluchen von Thomas Gutfels. Er war jetzt eins mit der Maschine, ein Teil des Flugzeuges, das ihren Arsch hinüber in den Westen retten musste.

Mit wilder Entschlossenheit zog er die Avro im Sturzflug auf Westkurs. Heulend fegte der Fahrtwind an den Cockpitfenstern vorbei. Die Geschwindigkeit lag bereits über der roten Warnlinie, aber Möller achtete nicht darauf. Er hatte schon Ähnliches gemacht und kannte die solide Flügelkonstruktion. Nur mit den Motoren musste er sorgsam umgehen, die waren ein Kapitel für sich. Die Steuersäule begann zu vibrieren, dann leicht zu schütteln. Wir bewegen uns an der Grenze dessen, was die gute Avro aushalten kann, dachte er, und während er versuchte, sich zu entkrampfen, zog er die Leistungshebel der Motoren bis fast an den Anschlag zurück.

Der Zeiger der vertikalen Sinkgeschwindigkeit stand an der maximalen Markierung und der Höhenmesser spulte unaufhaltsam zurück. Möller rechnete: noch etwa 2.000 Meter, dann sind wir auf Geländehöhe. Als er auf den Minutenzeiger blickte, wusste er, dass es verdammt knapp werden würde. Die Verfolger würden sie eingeholt haben, bevor sie auch nur die Nähe der Grenze erreicht haben würden. Er schreckte unwillkürlich zusammen, als die Stimme von Telegram erneut in seinen Ohren klang.

„This is for Joker: Bandits now at twenty nautical miles. You better hurry up!"

Möller wollte fluchen, wurde aber durch eine Durchsage Pölls daran gehindert.

„Verdammt Dieter, mir platzen fast die Ohren. Warum fliegst du nach Westen? Wir haben doch abgemacht nach Norden abzuhauen, wenn es gefährlich wird."

„Mensch, die verfolgen uns doch auch auf dem Radar, um die Jäger auf uns zu leiten. Wir machen eine scharfe Kursänderung, wenn wir einmal unten zwischen den Bäumen sind. Wenn du kannst, gib mir eine ungefähre Positionsangabe."

„Gut gedacht, Kumpel", kam Pölls Stimme durch das Interkom. „Wir sind übrigens südöstlich von Nordhausen, noch etwa 30 Kilometer bis zur Grenze, wenn wir nach Nordwesten abdrehen!"

„Danke – wenn wir das durchstehen, bin ich euch beiden eine Runde schuldig."

„Ich glaube, ich muss jetzt schon kotzen", stöhnte Gutfels.

„Halt durch!", rief Möller angespannt. Sein Blick hetzte über die Anzeigen der Instrumente. Noch hielt die Maschine zusammen, brummten die beiden unterkühlten Motoren beruhigend. Der Höhenmesser drehte rasant weiter zurück. Jetzt konnte Möller deutlich einzelne Straßen und Waldstücke ausmachen. Noch ein paar 100 Meter tiefer und er wäre in einer besseren Lage. Dort unten konnte er seine Vorteile nutzen und sich nur wenige Meter über dem Gelände für das feindliche Radar unsichtbar machen. Die Jagdflugzeuge mussten dann selbstständig die Suche nach ihnen fortsetzen, und das war nicht einfach. Der grüngraue Anstrich auf der Oberseite der Avro verschmolz ausgezeichnet mit der Natur und machte sie für einen schnellen Jäger nur schwer sichtbar.

Möller drückte wie zum Finale die Maschine noch steiler der Erde entgegen. Das Heulen des Fahrtwindes wurde zu einem Inferno. Was hätte er jetzt für einen Rückspiegel gegeben, die Möglichkeit, den von hinten aufschließenden Feind zu sehen. So konnte er nur hoffen, dass sie ihn noch nicht im Visier hatten. Die Steuersäule rüttelte jetzt, die Instrumente tanzten und der Fleckenteppich der herbstlichen Felder raste ihm mit unglaublichem Tempo entgegen. Ich muss bis zur letzten Sekunde mit dem Abfangen warten, darf keinen Meter verschenken, dachte Möller und starrte gebannt auf eine Baumgruppe, die schnell größer wurde.

Jetzt! Möller zog erst sachte, dann immer stärker mit beiden Händen die Steuersäule zurück. Das Heulen ebbte langsam ab, aber die Beschleunigung drückte ihn mit Gewalt in den Sitz. Noch immer raste die Maschine der Erde entgegen, flacher zwar, aber in einer Parabel, die direkt in den Boden zu führen schien. Möller zog noch mehr. Er wusste, es musste sein, und wenn einer der Düsenjäger jetzt direkt hinter ihm her war, würde der ein solches Manöver niemals überleben und in einem metertiefen Krater explodieren.

Er merkte, wie das Blut unter der Beschleunigung aus seinem Kopf wich und spannte seine Bauchmuskeln an, um dies zu verlangsamen. Gleichzeitig versuchte er sich zu erinnern, für welches Lastvielfache die Avro eigentlich konstruiert war. Würde sie es aushalten? Sie musste, dachte er und hoffte zugleich, dass die Konstrukteure zu pessimistisch waren. Der Zeiger des Höhenmessers verlangsamte seine wilden Drehungen und die Geschwindigkeit kam um Zeigerbreiten stetig zurück. Aus der Baumgruppe wurden einzelne, weit ausladende Eichen, die mit ihren Ästen nach dem Flugzeug zu greifen schienen. Und dann waren sie mit einem Schlag vorbei. Dunkel huschten sie knapp unter der Maschine durch wie fliehende Schatten und Möller schob die Leistungshebel vor. Das Donnern der Motoren übertönte das schwächer werdende, pfeifende und orgelnde Windgeräusch.

Möller zielte haarscharf zwischen zwei einzeln stehenden Bäumen hindurch und schwenkte, einen Flügel anhebend, über einen verlotterten Geräteschuppen: Sekunden später drehte er um eine Waldecke. Die Flügelspitze schien dabei nur ein paar Handbreiten über das Gras der angrenzenden Wiese zu fegen.

„Achtung Dieter – geradeaus eine Starkstromleitung!" Pölls Stimme überschlug sich fast.

„Habe sie im Blick." Möller schätzte schnell die Distanz zum linken, weit ausladenden Gittermasten und drückte die Maschine mit einer Spannweite Abstand unter den schwer durchhängenden Leitungen durch. Bevor Pöll etwas sagen konnte, flogen sie schon 100 Meter weiter, knapp neben dem schnurgeraden Ufergehölz eines Baches, sich eng an deren Schatten drückend.

Es war keine Sekunde zu früh, denn im gleichen Augenblick blitzten reflektierende Sonnenstrahlen durch die Cockpitscheiben. Möller fuhr zusammen. Ein kalter Schauer fuhr ihm über den Rücken, während er blitzschnell den Himmel vor sich mit zusammengekniffenen Augen absuchte. Ein paar 100 Meter vor ihm sah er die von der Sonne hell erleuchteten und stark gepfeilten Flügel eines Jagdflugzeuges, das mit hoher Geschwindigkeit in einer Linkskurve seine aluminiumfarbene Unterseite zeigte.

„Eine MIG!", durchfuhr es ihn. Die gedrungene Form und das nach hinten gestreckte Seitenleitwerk des russischen Düsenjägers waren ihm bestens bekannt. Ihm war auch sofort klar, dass dieser eine Düsenjäger aus der Gruppe stammen musste, die hinter ihm her war. Diese Maschine nahm nicht an einem harmlosen Manöver der NVA teil. Oh nein, der Pilot, der dort in einer Steilkurve wegzog, war auf der Suche nach dem unbekannten Flugobjekt, das die Radarüberwachung auf ihren Bildschirmen seit einiger Zeit wohl beobachtet hatte.

Möller drückte die Avro noch tiefer. Er versuchte, den Flugweg der MIG zu beobachten und sich auf eine Konfrontation, einen ungleichen Luftkampf, einzustellen. Vielleicht hat er mich im Schatten der Baumgruppen gar nicht entdeckt, überlegte er und ließ die Avro ein paar Meter höher steigen, um den Verfolger nicht aus den Augen zu verlieren.

Sekunden später war der Düsenjäger hinter den Hügelzügen im Westen ohne Anzeichen eines eingeleiteten Gegenkurses verschwunden.

Das war knapp, dachte Möller erleichtert, aber nicht minder aufmerksam den Himmel vor ihm absuchend. Der Schreck steckte tief in seinen Knochen und ließ ihn nicht so einfach los. Er drückte aufgeregt den Knopf der Gegensprechanlage.

„Horst – verdammt, halt die Augen offen! Eine MIG hat uns gerade verpasst."

„Was – eine MIG? Wo denn zum Teufel?"

„Knapp vor und über uns – in einer Steilkurve. Ich habe sie deutlich gesehen!"

„Und wo ist sie jetzt?", wollte Pöll wissen.

„In Richtung Südwest – aus den Augen verloren." Gleichzeitig drückte Möller die Avro erneut in Bodennähe. Jede deckungsgünstige Bodenformation ausnützend hoffte er, auch weiterhin ein schlecht sichtbares Ziel für die Verfolger zu sein. Angestrengt suchte er jetzt den Luftraum über sich ab. Nach hinten konnte er nicht sehen, und von dort war ein Angriff zu erwarten, wenn sie ihn im Visier hatten.

Die Minuten dehnten sich zu einer Ewigkeit und zerrten unbarmherzig an den überspannten Nerven. Jeden Augenblick erwartete Möller den Einschlag von Geschossen eines Verfolgers, aber es passierte nichts. Er hatte in der vergangenen Minute die Richtung konsequent nach Norden geändert und glaubte noch einmal, kurz den flüchtigen Schatten eines Flugzeuges bemerkt zu haben. Er wollte den Himmel über sich nach den Verfolgern absuchen, doch es blieb ihm keine Zeit. Seine ganze Aufmerksamkeit galt seiner eigenen Lage, und die war kritisch genug. Wie eine Eule in der Dunkelheit und in Bodennähe um die Hindernisse jagend kurvte er, jede Geländeform und Deckung ausnutzend, um Dörfer, einzelne Bauernhäuser und Baumgruppen.

Pöll half ihm mit der Navigation so gut es ging. Aus seiner liegenden Position in der Glaskanzel der Avro hatte er eine geradezu fürstliche, aber auch haarsträubende Aussicht, konnte gefährliche Hindernisse frühzeitig erkennen und Möller darauf aufmerksam machen. Gleichzeitig stand er dabei jedoch Todesängste aus. Kalter Schweiß stand ihm auf der Stirn und ein Schaudern lief jedes Mal seinen feuchten Rücken hinunter, wenn er, nur durch eine Glasscheibe von der rasenden Außenwelt getrennt, ein Hindernis auf sie zuschnellen sah. Unfähig, etwas zu unternehmen, war er auf das Können Möllers angewiesen, der seinen diabolischen Spaß daran zu haben schien, solchen Hindernissen immer im letzten Augenblick auszuweichen.

Pöll verfluchte die Stunde, in der er mit Gutfels zusammen versucht hatte, Möller zu dieser Aktion zu überreden. Er verfluchte das Geld, das ihn dazu verlockt hatte, und er verfluchte Gutfels und seine neue Liebe, die nicht unerheblich für seinen Entschluss verantwortlich waren. Innerlich gelobte er, nie mehr einem solch riskanten Flug zuzustimmen. Möllers Zaudern und anfängliche Ablehnung, sich an der Sache zu beteiligen, hatten gute Gründe gehabt. Jetzt hatten sie das Chaos. Sie flogen um ihr Leben und es lag an Möller, ob sie je aus diesem Schlamassel herauskommen würden oder nicht. Pöll war sich darüber im Klaren und betete zu Gott, dass seine Fähigkeiten oder sein Glück ihn nicht verließen.

Er hatte die Navigation aufgegeben. Es war unmöglich, sich in der Flughöhe zu orientieren. Doch der Kompass bestätigte ihm, dass Möller es geschafft hatte, sich auf einen ungefähr nördlichen Kurs einzustellen. Wieder sah Pöll sich in ein flaches Tal absinken, sah die ersten einzelnen Häuser, dann das Dorf, die geteerte Straße, die leicht geschwungen hineinführte, und sein Herz machte einen Satz. Eine Kolonne aus graugrünen Lastwagen, geführt von leichteren Kommandofahrzeugen, rollte auf das Dorf zu.

„Dieter! Siehst du da vorne die Militärkolonne auf der Straße? Sie fährt direkt auf das Dorf zu!"

Möllers Stimme klang teilnahmslos, als er Pölls Beobachtung bestätigte und gelassen meinte: „Sie hören uns nicht kommen, und wenn sie uns sehen, sind wir bereits über sie hinweg!"

Mit Entsetzen bemerkte Pöll, wie Möller die schlingernde Avro noch tiefer drückte. Das Stoppelfeld vor ihm schien greifbar und als er besorgt einen schnellen Blick zur Seite wagte, hätte er schwören können, dass die Propellerspitzen höchstens einen Meter über die goldgelben Stoppeln des weiten Feldes fegten. Ein paar aufgeregte Herzschläge später huschte der Schatten der eigenen Maschine über die rollende Wagenkolonne und verschwand hinter Sträuchern und Waldstücken.

„Ich glaube, wir haben die Verfolger abgehängt", stöhnte Pöll durch sein Kehlkopfmikrofon. „Die müssten uns doch schon längst eingeholt haben."

„Bei dieser verdammten Kurverei kommt uns nicht einmal der eigene Schatten mehr nach", krächzte Gutfels würgend und seine Stimme verhieß nichts Gutes.

Möller mahnte: „Kotz mir bitte nicht die Kiste voll! Ich glaube auch, dass wir das Schlimmste überstanden haben. Die unerwartete Kursänderung hat wahrscheinlich ihre Taktik zunichte gemacht. Wie weit noch bis zur Grenze?"

„Weiß Gott", rätselte Pöll. „Es müsste eigentlich jeden Augenblick so weit sein, aber ich habe jegliche Orientierung verloren."

„Wir werden es wissen, wenn wir den Grenzzaun unter uns durchflitzen sehen. Bis dahin drückt mir die Daumen!"

Möller wischte sich über die feuchte Stirn, dann blickte er zum hundertsten Mal auf die Instrumente der Triebwerksanzeigen. Er schaute ein zweites Mal hin, weil es ihm schien, dass er etwas Wichtiges übersehen hatte. Sein Blick blieb am Zeiger der Öltemperatur des rechten Motors hängen. 250 Grad Fahrenheit! Wie lange schon stand der Zeiger auf der Marke? Warum hatte er dies nicht schon früher bemerkt? Keine Zeit dazu – wie sollte er auch? Er musste sich zu 300 Prozent auf das Manövrieren im Tiefflug konzentrieren.

Scheiße, auch das noch, dachte Möller jetzt sichtlich nervös. Im gleichen Augenblick erfasste er auch die Tatsache, dass der Öldruck des gleichen Motors im Keller lag. Der Motor wird sich festfressen, raste es ihm durch den Kopf, als er sah, wie die Öltemperatur innerhalb der letzten Sekunden bereits wieder eine Zeigerbreite weiter geklettert war. Mit einem tiefen Schnaufer drückte er das Mikrofon an seine Kehle, um seine nächste Anweisung deutlich und nur einmal durchzugeben.

„Gentlemen – wir haben ein weiteres Problem. Der rechte Motor schafft es nicht mehr lange. Öldruck ist weg. Ich werde ihn jetzt gleich stilllegen und den Propeller in die Segelstellung bringen!"

Gutfels' Stimme kam unmittelbar durch: „Ich wollte dich schon fragen – wir ziehen eine feine Rauchfahne hinter dem rechten Motor her, und zwar schon seit einigen Minuten, aber ich dachte mir, es wäre wegen der höheren Leistung."

Gutfels hatte noch nicht ausgesprochen, als der Propeller bereits seine Drehzahl merklich verringerte und schließlich stillstand. Möller hatte blitzschnell gehandelt, die Maschine ein paar Meter hochgezogen und schlafwandlerisch die nötigen Handgriffe durchgeführt.

„Thomas – gib mir sofort Meldung, falls die Rauchfahne sich weiter entwickeln sollte! Wir werden ab jetzt ein wenig höher fliegen, weil wir weniger manövrierfähig sind. Allerdings sind wir auch weiterhin außerhalb der Radarerfassung. Also, haltet die Augen offen …"

„Das kann ja heiter werden." Pöll versuchte vergeblich, die Nervosität in seiner Stimme zu unterdrücken. „Kannst du die Mühle überhaupt noch für eine Weile in der Luft halten?"

Möller konnte Pölls Anspannung förmlich fühlen; seine eigene nervliche Belastung hatte auch ihren Höhepunkt erreicht. Er wollte sich gar nicht erst die Situation ausmalen, falls sich auch der zweite Motor verabschieden sollte. Eine Notlandung auf einer Hutwiese, hinter dem Eisernen Vorhang, auf einer Spionagemission – das konnte Kopf und Kragen kosten. Ein kurzer Blick auf die Instrumente beruhigte seinen Herzschlag ein wenig: Noch standen die Anzeigen für das linke Triebwerk perfekt. Keine Abweichung vom Normalbetrieb, aber er wusste, dass die erhöhte Leistung auf dem verbliebenen Sternmotor größere Hitze entwickeln würde. Hitze, die sich im langsameren Flug mit nur einem Motor nicht genügend abbauen konnte.

Ein Teufelskreis, der nur durch Überhöhung zu unterbrechen war. Aber woher diese nehmen, wenn seine Flugbahn jetzt schon knapp über den Baumwipfeln verlief? Die Sorge um das noch laufende Triebwerk zog Möllers Magen zusammen. Er begann, mit dem noch laufenden Sternmotor zu sprechen und redete laut auf ihn ein, als ob er ihn besänftigen und zugleich ermutigen wollte, die nächsten Minuten noch durchzuhalten. Möller war es im Augenblick egal, ob und wann er die Maschine wegen eines totalen Motorenausfalls in die hügelige Landschaft schmeißen musste – wenn es nur hinter der verdammten Grenze im Westen passierte. Falls er dort nach einer Bruchlandung überlebte, würde er wenigstens nicht gleich erschossen oder für Jahre hinter Gitter wandern.

Aber noch hämmerte der linke Motor ohne Anzeichen von Schwäche sein monotones Lied. Möller entging jedoch nicht die langsam höher schleichende Öl- und Zylindertemperatur. Mein Gott, wie lange noch? Wo war denn bloß diese verdammte Grenze, wo der doppelte Zaun mit dem dazwischen liegenden Minenfeld?

Er hatte die Maschine jetzt so ausgetrimmt, dass der Druck auf das linke Seitensteuerpedal beinahe ausgeglichen war. Aber der stetige Rückgang der Geschwindigkeit verlangte immer wieder eine Korrektur. Möller hatte seit geraumer Zeit nicht mehr die Möglichkeit gefunden, sich mit dem Geschehen außerhalb der Maschine abzugeben, als ihn der Aufschrei Pölls durchrüttelte.

„Die Grenze! Dieter, pass auf, der Grenzzaun ist links vor uns und zieht sich dort drüben rechts hinter dem Wald weiter!"

Möller übersah mit einem Blick die Lage, aber er bemerkte auch den Beobachtungsturm, der sich an die eine Ecke des dunklen Tannenwaldes schmiegte. Jetzt nur nicht schlappmachen, fuhr es ihm durch den Kopf. Sachte drehte er die Avro nach links, um so weit wie möglich auf Distanz zu bleiben. Im nächsten Augenblick huschte der Schatten der Maschine über das kahle Gelände zum Grenzzaun und dann darüber.

„Wir haben's geschafft!", schrie Pöll mit sich überschlagender Stimme. Auch Gutfels schien plötzlich wieder am Leben zu sein; ein Stakkato von unverständlichen Wörtern kam über die Kopfhörer.

„Mensch Dieter, du bist ein echtes Ass. Wir sind tatsächlich im Westen. Ich kann es immer noch nicht glauben", fuhr Pöll fort.

Auch Möller fiel ein Zementblock vom Herzen. Jetzt konnte auch der zweite Motor seinen Geist aufgeben. Es würde ihm eigentlich wenig ausmachen. Eine Wiese, die eine einigermaßen sichere Bruchlandung zulassen würde, war schnell gefunden.

„Wie sieht es mit dem Rauch aus dem rechten Motor aus?"

„Sehr gut!", antwortete Gutfels. „Der Rauch ist jetzt völlig weg."

„Okay, wir werden in ein paar Minuten langsam auf Höhe gehen. Zuerst möchte ich sicher sein, dass sich die Verfolger nicht in der Grenze geirrt haben und uns noch im Westen vom Himmel holen."

„Möglich ist alles. Die Mistkerle haben es schon einmal durchgezogen. Irgend so ein Ostdeutscher ist damals mit einem russischen Antonov-Doppeldecker in den Westen geflüchtet, aber leider noch in der Nähe der Grenze auf einer Wiese gelandet. Dabei haben die NVA-Leute versucht, den Kerl jenseits der Grenze wieder zu schnappen", erklärte Gutfels.

Nach fünf Minuten beschloss Möller, das Risiko der Erfassung durch das russische Radar in Kauf zu nehmen. Langsam und mit gleichbleibender Motorenleistung ließ er die Avro steigen. Seine Sorge um den noch gesunden Motor war begründet, denn er musste mit ansehen, wie die Betriebstemperaturen merklich nach oben stiegen. Bei etwas mehr als 100 Meter über Grund drückte er auf die Funktaste: „Telegram – Telegram, this is Joker calling!"

„Happy birthday, Joker", kam die vertraute Stimme aus dem Äther zurück. „Bandits still on the search – keep well clear."

Möller bestätigte und änderte gleichzeitig den Kurs nach Westen.

„Kannst du die Position bestimmen?", fragte er seinen Navigator.

„Ich bin mir nicht ganz sicher, aber ich vermute rechts vor uns die Sösetalsperre. Wenn du den jetzigen Kurs hältst, werden wir in ein paar Minuten die Weser unter uns haben", antwortete Pöll.

„Gut, bestätige bitte den Überflug der Weser. Wir drehen danach direkt auf Kurs Frankfurt", wies Möller an. Er hatte inzwischen seine Flughöhe vorsichtig auf 2.000 Fuß gebracht und die Geschwindigkeit im Reiseflug etwas erhöhen können. Die Betriebstemperaturen blieben jedoch immer noch sehr hoch, so dass er jeden Augenblick mit Schwierigkeiten rechnete. Bis Kassel würde es allemal reichen, überlegte er. Falls die Motorenleistung nachlassen sollte, konnte er auf dem dortigen Flugplatz eine Landung vornehmen. In diesem Moment kam Pölls Stimme durch die Gegensprechanlage: „Hey Dieter, Position ist bestätigt. Ich habe die Weser vor mir. Göttingen befindet sich links von unserer jetzigen Position."

Möller schaltete sofort auf Funk und drückte die Sprechtaste: „Telegram from Joker, wir wechseln derzeit den Kurs direkt zur Basis!"

„Roger. Bandits on home-run."

Möller konnte ein Schmunzeln nicht unterdrücken. Die knappe, aber präzise Sprache, mit der die Amerikaner die Lage beurteilten, war immer wieder erstaunlich. Über den gesunden Motor drehte er die Maschine nun auf südlichen Kurs, verabschiedete sich bei Telegram und bedankte sich für die Hilfe.

„You are welcome", kam die bekannte Stimme zurück. „Enjoy your remaining Sunday."

„Roger, wilco – and out", gab Möller zur Antwort. Dann lehnte er sich etwas entspannter im Sessel zurück. Bei der momentanen Geschwindigkeit würden sie in etwa einer Stunde in Frankfurt sein.

Mit Horror dachte er an die vergangenen 20 Minuten. Dieses eine Mal wäre die Sache womöglich in die Hosen gegangen, wenn er nicht in Bodennähe den Kurs gewechselt hätte. Die MIGs waren von ihrer Radarführung genau auf ihre Fluchtroute geleitet worden. Wären sie weiter in Richtung Westen geflogen, man hätte sie sehr wahrscheinlich noch vor der Grenze abgefangen. Die Erleichterung über den glimpflichen Ausgang der Operation war auch bei Gutfels und Pöll zu spüren. Nachdem Möller intern die Meldung über den neuen Kurs nach Frankfurt durchgegeben hatte, kroch Pöll von der Bugkanzel durch den Tunnel in das Cockpit zurück, wo er sich umständlich in den rechten Sitz zwängte und den Stecker für den Kopfhörer in die entsprechende Buchse drückte. Ein flüchtiges Grinsen huschte über sein Gesicht, als er Möller mit leuchtenden Augen sachte auf die rechte Schulter klopfte.

„Danke! Das hast du prima hingekriegt. Ich bin mächtig stolz auf uns und unseren Einsatz."

Möller blieb eine Antwort schuldig. Sein Blick verharrte auf den Anzeigen des noch laufenden Motors. Nur ein leichtes Nicken bestätigte Pöll, dass er ihn auch verstanden hatte.

„Müssen wir vorzeitig runter?"

„Ich hoffe nicht, aber du weißt ja, ich traue diesen englischen Sternmotoren herzlich wenig. Wir bewegen uns in einem verdammt hohen Temperaturbereich und ich warte nur noch darauf, dass auch dieser Motor den Geist aufgibt", brummte Möller durch das Kehlkopfmikrofon.

„Mensch, ich habe ein sicheres Gefühl. Weiß der Teufel, ich bin richtig aufgekratzt", ereiferte sich Pöll.

„Wäre ich wahrscheinlich auch, wenn wir noch mit zwei Motoren unterwegs wären."

„Willst du nicht vorsorglich in Kassel runtergehen?"

„Nur wenn es nicht anders geht. Wir haben keine Ausweise und innerhalb der Sperrzone mit einer großen Reihenbildkamera an Bord sind wir ein gefundenes Fressen für irgendeinen kleinen Beamten, der sich womöglich wichtig machen will. Es gäbe nur Scherereien", meinte Möller abweisend.

„Und wir hätten wohl auch Schwierigkeiten, unsere Anwesenheit glaubwürdig zu erklären. Du weißt doch noch, was der Chef gesagt hat: ‚Euch gibt es gar nicht.'"

Möller versuchte ein freundliches Gesicht und drehte sich kurz um, als Gutfels sich plötzlich zwischen die beiden Pilotensitze beugte und neugierig den Himmel vor ihnen abzusuchen schien.

„Langweilig da hinten, was?", fragte ihn Möller.

„Auftrag erledigt, wenigstens beinahe. Ich wollte nur einmal sehen, wie es bei euch da vorne aussieht, wenn nur noch ein Motor läuft", sagte Gutfels laut und Möller hob seine rechte Kopfhörermuschel, um ihn besser verstehen zu können.

Pöll schaute auf seine Uhr. „Noch 40 Minuten, dann haben wir es geschafft."

Es waren endlose 40 Minuten. Möller fühlte sich um einige Jahre gealtert, als er die beiden langen Landebahnen von Frankfurt vor sich auftauchen sah und vom Kontrollturm die Freigabe für einen direkten Anflug auf Piste 27 rechts erhielt. Der Motor hatte trotz seiner Zweifel durchgehalten und die alte Avro war einmal mehr siegreich aus dem Katz- und Mausspiel mit den Verfolgern hervorgegangen. Möller nahm sich vor, nach der Landung ihre glatte Haut zu streicheln und ihr in einem intimen Gespräch zu danken.

Avro 19 „Anson", Bild: Sammlung WM

EIN GEFÄHRLICHER AUFTRAG

1. Oktober 1969, in Nouakchott, Mauretanien

Die Mittagshitze schlug Gary Baines wie ein glühender Hauch ins braungebrannte Gesicht. Unwillkürlich zog er seinen Kopf zwischen die Schultern, als suchte er Schutz vor dem, was ihn draußen vor der Türöffnung des Flugzeuges erwartete. Der Temperaturwechsel von der klimatisierten Kühle des schützenden Innenraumes in die flimmernde Ofenhitze des betonierten Abstellplatzes war schockierend. Hastig griff er nach seiner Sonnenbrille, schob sie schützend vor die Augen und trat zögernd in das gleißende Sonnenlicht.

Über die herangeschobene Treppe folgte er einem Einheimischen in hellem, weitem Umhang über die paar Stufen abwärts, dann stand er auf sicherem Boden. Sein Blick fiel auf das langgezogene Flugplatzgebäude, das mit seinem Flachdach und einem hellen Außenanstrich der scheinbar immerwährenden Hitze zu trotzen schien. Dahinter zeigten sich einige Dächer zwischen zerzausten Dattelpalmen, die sich in einer gelblich-braunen, flimmernden Hitzeglocke verloren.

„Nouakchott – der Arsch der Welt!"

Baines drehte sich um. Er schaute in das grinsende Gesicht seines Begleiters, der die sengende Gluthitze scheinbar gelassen absorbierte.

„For God's sake, keep your mouth shut!", zischte Baines mit warnender Stimme. Als er sah, wie Ben Saddler erschrocken seinen Kiefer wieder schloss, fügte er hinzu:

„Wenn dich hier ein Einheimischer versteht, brockst du uns womöglich gleich ein paar Scherereien ein. Solche Ausdrücke könnten als Beleidigung verstanden werden."

„Mein Gott, wie kann man bloß so empfindlich sein", brummte der stämmige Amerikaner und kratzte sich seine rostbraunen, kurzen Haare. „Hey, Gary, du willst doch nicht etwa sagen, dass dies hier der Garten von Eden ist. Sand, nichts als verdammter Sand, so weit das Auge reicht."

Baines blinzelte über den stahlgefassten Rand seiner Sonnenbrille und meinte lakonisch:

„Es wird für die nächsten Tage dein Zuhause sein."

Ben Saddler gab keine Antwort. Mit krauser Stirn ging er neben Baines auf die offene Glastür zu, die den Eingang zur Passkontrolle markierte. Dahinter standen ein paar Uniformierte, die jeden der Passagiere mit interessierten Blicken musterten.

„Indoktrinierte", sagte Baines nur, als Ben Saddler ihn darauf aufmerksam machte. Und weil dieser mit der Antwort scheinbar nichts anfangen konnte, legte Baines den linken Arm um seine Schultern und flüsterte: „Brainwashed – Gehirnwäsche! Vergiss nicht, die Kerle sind kommunistisch angehaucht. Sie haben sich neue Freunde aus dem Osten ins Land geholt. Jetzt glauben sie an eine bessere Zukunft."

„Inschallah!"

Gary Baines zog Pass und Impfausweis aus seiner Tasche und stellte sich in die Kolonne, die sich nun vor dem Eingang bildete. Er hasste diese langwierigen Prozeduren auf den Flughäfen der frisch in die Unabhängigkeit entlassenen Staaten Afrikas.

Es war überall dasselbe. Kaum erreichten die Länder ihre Unabhängigkeit, wurde eine Flut von Vorschriften erlassen. Die Durchführung hingegen war jenen überlassen, die noch nie Macht in der Hand hatten. Jetzt konnte den Fremden einmal gezeigt werden, dass man im Erfinden von

Schikanen noch besser war als die ehemaligen Kolonialisten. Aber Baines und sein Begleiter hatten Glück; in weniger als einer Stunde hatten sie alle Stellen durchlaufen. Auch bei den Zollbeamten, die das mitgeführte Gepäck ausgiebig durchsuchten und mit hochgezogenen Augenbrauen die metallene Werkzeugkiste inspizierten, gab es keine Probleme. Als Baines in gebrochenem Französisch erklärte, warum sie diese Werkzeuge brauchten, das Telegramm des Flugplatzkommandanten hervorzog und es den verblüfften Beamten unter die Nase hielt, war das Eis gebrochen. Ihre verschlossenen Mienen hellten sich auf und eilig wurden Taschen, Koffer und Werkzeugkiste mit weißer Kreide und großer Geste abgezeichnet. Zwei Meter daneben stand ein Kontrollposten, der bereitwillig die Türe zur Empfangshalle aufzog.

„Au revoir!", rief er lächelnd.

„A bientôt", gab Baines zur Antwort. Hastig schob er Ben Saddler an sich vorbei in die fast menschenleere Halle.

„Das ist vielleicht eine Prozedur", meinte Saddler aufatmend.

„Für ein knappes Dutzend Passagiere braucht man hier eine geschlagene Stunde, um unsere Visas und das Gepäck zu prüfen. Da ist es ja auf Kuba noch besser."

„Scheint so", pflichtete Baines ihm bei. „Mir fällt immer wieder auf, dass die Einreisebestimmungen und Kontrollen immer komplizierter werden. Vor allem, wenn die Regierung kommunistisch angehaucht ist."

„Und wie geht es jetzt weiter?", wollte Saddler wissen. Er stellte seinen Koffer und die Werkzeugkiste verärgert auf den mit Steinplatten ausgelegten Boden der Eingangshalle. „Gute Frage", entgegnete Baines. „Vielleicht sollten wir erst einmal zum Hotel fahren und uns ein Doppelzimmer sichern. Andererseits wäre es nicht ungeschickt, wenn wir den hiesigen Flugplatzchef aufsuchten. Für unsere Tätigkeit in den kommenden Tagen sind wir nämlich auf seine volle Unterstützung angewiesen. Was meinst du dazu?"

Saddlers Finger fuhren erneut durch seine hochstehenden Haare. Mit halb geschlossenen Augenlidern pfiff er leise durch seine Lippen.

„Wenn wir schon mal am Flugplatz sind, sollten wir das wohl gleich in Angriff nehmen, das heißt, wenn er überhaupt hier draußen sein Büro hat."

„Hat er", sagte Baines.

„Woher willst du das wissen?"

„Weil ich vor nicht allzu langer Zeit hier in Nouakchott beinahe ein vorzeitiges Ende gefunden hätte und der Flugplatzchef danach für verschiedene Belange bemüht werden musste."

„Hier?" Saddlers Gesichtsausdruck wechselte zwischen Betroffenheit, Neugier und Zweifel.

„Vergiss es. War vor deiner Zeit bei unserer Firma", antwortete Baines und winkte ab. Er sah, wie es Ben juckte, etwas über diese Geschichte zu erfahren. Zwar waren inzwischen ein paar Jahre vergangen, aber in seiner Erinnerung schien noch alles so frisch wie gestern. Noch immer hörte er den ächzenden Knall, fühlte das Stampfen und Vibrieren, das durch die ganze Struktur der viermotorigen Douglas DC-4 lief, spürte, wie das massive Steuerhorn ihm schüttelnd aus den Fingern gerissen wurde und die Maschine ohne Vorwarnung in 10.000 Fuß Höhe über dem Flugplatz in einen Sturzflug überging.

Er hätte schwören können, dass ihm in jenem Augenblick das Herz für einen Moment unter die Gürtellinie gerutscht war. Ein Glück, dass er seine Sitzgurte kurz vorher festgezogen hatte. Sein Co-Pilot war bei diesem Manöver nicht so ungeschoren davongekommen. Die negative Beschleunigung beim Übergang in den unfreiwilligen Sturzflug hatte ihn aus dem Sitz und an die Cockpitdecke geworfen, wo ein paar Schalter seine Schädeldecke arg in Mitleidenschaft nahmen.

Obwohl er damals als erste Reaktion sofort die Leistung der vier Motoren auf null gebracht und die Steuersäule mit aller Kraft zurückgezogen hatte, war der Neigungswinkel nicht etwa geringer geworden. Die schwer beladene Maschine war unerklärlicherweise immer steiler der Erde entgegengerast. Das Rauschen und Heulen der am Cockpit vorbeigepressten Luft hatte in dem Maße zugenommen, wie der Zeiger der Geschwindigkeitsanzeige sich über die rote Markierung hinaus weiterdrehte. Baines hatte damals nicht den geringsten Zweifel, dass dies sein letzter Flug auf Erden war und dass er in Kürze möglicherweise nur noch als Engel fliegen würde. Nur Nur ein tiefer Krater im Wüstensand von seinem Einschlag und die Explosion von Flugbenzin würden vom Absturz Zeugnis ablegen. Niemand würde je wissen, warum das geschehen war. Damals hatte er mit seinem Leben abgeschlossen, hatte nicht einmal mehr die Gelegenheit gefunden, das Ereignis über Funk zu dokumentieren. Aber irgendwie hatte damals ein unkontrollierter Überlebenswille von ihm Besitz ergriffen und ihn in den Sekunden des fast vertikalen Absturzes zu Entscheidungen gezwungen, die er normalerweise nie im Leben gemacht hätte. Einer instinktiven Eingabe folgend hatte er die Leistungshebel wieder nach vorne bis fast an den Anschlag geschoben und den Co-Piloten angewiesen, ihm beim Zurückziehen der Steuersäule zu helfen.

Es war eine Entscheidung, die jeder Logik entbehrte und eigentlich das Gegenteil von dem war, was man machen sollte, aber es hatte geklappt. Ganz langsam hatte er den Sturzflug auffangen können und war schließlich in knapp 2.000 Fuß über Grund mit weit überhöhter Geschwindigkeit wieder in die Horizontale gekommen. Der restliche Flug bis zur Landung war ein Balanceakt zwischen Triebwerkleistung, Geschwindigkeit und Muskelkraft am heftig schüttelnden Höhensteuer gewesen.

Baines hatte im Flug nicht die Zeit gefunden, über den Grund des Problems nachzudenken. Die Minuten im Überlebenskampf waren zu hektisch gewesen. Erst als er nach der Landung in Nouakchott bei einem sofortigen Rundgang das nackte Gerippe des rechten Höhensteuers und die restlichen Fetzen an der Unterseite des linken Teils gesehen hatte, wusste er, dass er ganz knapp einer Katastrophe entgangen war und ein Riesenglück gehabt hatte. Ein ganz spezieller Schutzengel musste mit ihm Mitleid gehabt haben. Die Bespannung hatte sich fast vollständig von den Steuerflächen abgelöst, war einfach nicht mehr vorhanden gewesen.

Baines klopfte Saddler beschwichtigend auf die Schulter und sagte mit einem tiefen Seufzer: "Es ist eine lange Geschichte. Irgendwann werde ich sie dir auch erzählen."

"Deinem Gesichtsausdruck nach zu schließen muss es schlimm gewesen sein. Wann hat sich denn das Abenteuer abgespielt?"

"Fast zwei Jahre ist es schon her", meinte Baines nachdenklich. Dann richtete er sich sichtbar auf, deutete zu den stahlgefassten Glastüren, die nach draußen führten, und sagte: "Let's go! Schauen wir mal schnell beim Büro des Flugplatzkommandanten vorbei. Er wird sich sicher freuen, mich wieder zu sehen."

Damit griff er sein Gepäck und ging mit langen Schritten dem Ausgang entgegen. Draußen schlug ihm der heiße Atem der Wüste entgegen. Gelbbrauner Treibsand bildete lange Fahnen hinter knöchelhohen Hindernissen und zeigte die vorherrschende Windrichtung in dieser Gegend. Nach einigen Metern blieb Gary Baines an einem weiteren Eingang stehen.

"Hier geht's zu den Büros. Hoffentlich ist der Mann noch nicht zum Mittagessen gefahren."

Beim Eintritt in den unbeleuchteten Gang schien für Sekunden die Nacht hereingebrochen. Baines tastete nach dem Treppengeländer, das in den ersten Stock führte.

"Verdammt, hier tappt man umher wie im Innern einer Kuh", brummte er verärgert und dann erinnerte er sich der Sonnenbrille, die noch immer auf seiner Nase saß. Er steckte sie in seine Hemdtasche und stieg die Stufen hoch. Oben angekommen erinnerte er sich sofort, wie er zum

Büro des Flugplatzkommandanten finden würde. Nach wenigen Metern standen sie vor der hölzernen Tür und Baines klopfte an.

"Hat er eine Sekretärin?", wollte Ben Saddler noch wissen.

"Das letzte Mal..." Baines hielt inne, als von innen schwach eine Antwort auf sein Klopfen ertönte. Baines erkannte auf Anhieb das schmale Gesicht und die leicht gekrümmte Nase mit den hoch gezogenen Augenbrauen. Es war der Mann, der ihm damals beim Zwischenfall mit der Douglas DC-4 tatkräftig geholfen hatte, die Hürden der lokalen Bürokratie unauffällig zu umgehen.

"Ah, quelle surprise, commandant – ah – Baines – comment allez-vous?"

"Merci, es geht. Wie Sie sehen, komme ich schon wieder, um Sie mit Problemen zu belästigen."

Sie schüttelten sich die Hände wie alte Bekannte. Baines stellte seinen Begleiter vor und schielte dabei auf das Namensschild auf dem Schreibtisch; er hatte den Namen vergessen.

"Monsieur Saddler – mon mécanicien!"

"Enchanté – freut mich, Sie kennenzulernen."

"Ben, das ist commandant Hamouda."

Der mit einem leichten dunklen Anzug bekleidete, etwa 50 Jahre alte Flugplatzchef zeigte eine Reihe makelloser Zähne im lederfarbenen Gesicht. Das Leuchten in seinen Augen schien ehrlich.

"Setzen Sie sich!", sagte er mit einer einladenden Geste, glitt in seinen gepolsterten Sessel zurück und fuhr fort: "Ich nehme an, dass Sie sich wegen des Flugzeuges nach Nouakchott bemüht haben, das Ihr Kollege vor etwa sechs Monaten wegen technischer Probleme hier hat stehen lassen." Der Flugplatzkommandant zeigte über seine rechte Schulter, wo ein breites Fenster den Blick auf den weiten Abstellplatz des Flughafens gestattete.

"So ist es, Monsieur Hamouda", antwortete Baines. "Ich habe das Telegramm hier, in dem Sie unserer Firma die Bewilligung erteilen, dieses Flugzeug nach Instandsetzung herauszufliegen."

"Ich weiß, ich weiß", entgegnete Mohamed Hamouda rasch, griff in eine der Schubladen und zog eine dünne Akte hervor.

"Sicherlich wissen Sie, dass sich inzwischen eine ansehnliche Summe an Abstellgebühren angesammelt hat? Es sind auch noch andere Kosten, die in der Zwischenzeit ebenfalls fällig geworden sind."

"Danke, das ist uns bekannt und ich habe das Geld hier in der Tasche, in bar."

Hamouda zog seine dünnen Augenbrauen höher. Staunen zeigte sich in seinen Zügen. Seine Finger trommelten leise auf der Tischplatte, als Baines seine Tasche öffnete und einen Packen Dollarnoten herauszog.

"Oh non, Sie müssen erst zahlen, wenn Sie mit der Arbeit fertig sind und ihre Testflüge absolviert haben."

"Verbindlichen Dank", sagte Baines. Ben Saddler verzog sein Gesicht zu einem aufgesetzten Grinsen, weil er hilflos der fremden Sprache ausgeliefert war. Ihm wollte nicht in seinen Kopf, warum auf dieser Welt verschiedene Sprachen gesprochen wurden. Wie viel einfacher wäre doch Englisch für alle! Aber nein, hier sprach Baines mit diesem Moslem auf Französisch, draußen die Einheimischen miteinander Arabisch und mit dem Kontrollturm verständigte man sich auf Englisch. Eine verrückte Welt! In seinem Kopf brummte es. Missmutig versuchte Saddler dennoch, der Konversation zwischen Baines und dem Flugplatzchef zu folgen und aus der Mimik und der scheinbar unverzichtbaren Gestik zu lesen.

"Nun, Monsieur Hamouda, wenn Sie nichts dagegen haben, werden wir morgen früh mit der Arbeit an der Maschine beginnen", ergänzte Baines. „Je nach Aufwand hoffen wir, noch vor Ende der Woche das Flugzeug wieder startbereit zu haben."

Der Flugplatzkommandant schien einen Augenblick zu zögern; seine Augen verrieten Zweifel. Nachdenklich schaute er durch die schmutzigen Fensterscheiben auf den flimmernden Vorplatz und sagte gedehnt:

„Dem steht, von mir aus gesehen, nichts im Wege. Nur – äh – Sie müssen verstehen, wir hatten keinen Auftrag, die abgestellte Maschine besonders zu schützen. Wir sind hier am Rande der Sahara und der feine Flugsand dringt in jede noch so kleine Ritze. Es wird eine Menge Arbeit auf Sie warten."

Gary Baines lächelte dünn. „Das kann ich mir allerdings vorstellen. Eine gründliche Kontrolle aller Systeme und der Motoren wird nötig sein. Leider wissen wir nicht genau, warum der Pilot damals sein Flugzeug einfach hier hat stehen lassen. Irgendetwas mit den Motoren, hat man uns gesagt."

Das Gesicht des Flugplatzkommandanten blieb ausdruckslos. Er schälte sich plötzlich aus dem Sessel, hob in einer entschuldigenden Geste beide Achseln und sagte:

„Ich wünsche Ihnen auf alle Fälle viel Glück. Wenn Sie mich jetzt entschuldigen möchten …"

Baines erhob sich sofort und riss Saddler mit sich. Mit einem freundlichen Lächeln streckte er seine Hand über den Schreibtisch.

„Ich danke Ihnen. Wir werden Sie natürlich über unsere Arbeiten auf dem Laufenden halten. Au revoir!"

„A bientôt!"

Der freundliche Gesichtsausdruck Hamoudas schien vertrauenswürdig. Er geleitete Baines und Saddler bis an die Tür und wartete, bis sie die Plattform zur Treppe erreicht hatten.

„Scheint ein ganz netter Typ zu sein", meinte Ben Saddler, als sie wieder auf der Straße standen und die schwere Eingangstür hinter ihnen laut ins Schloss gefallen war.

„Wollen wir mal sagen, er hat sich nicht verändert. Ich kenne ihn nicht anders. Und jetzt machen wir, dass wir ins Hotel kommen. Da drüben ist ein Taxi!"

Ohne sich weiter um Saddler und das Gepäck zu kümmern, ging Baines geradewegs auf den verbeulten Peugeot los, der im Schatten einer Palme stand. Der Fahrer schreckte aus seinem Schlummer hoch, als er durch das offene Fenster vom Fremden an der Schulter gefasst wurde. Zwei Minuten später fuhren Baines und Saddler im klapprigen Taxi zum nahen Hotel. Ihre Reservierung hatte geklappt und das Doppelzimmer mit Klimaanlage war bequem. Während Baines nur der Durst plagte, bestand Ben Saddler auf einem ausgiebigen Mittagessen, das gerade im Erdgeschoss serviert wurde.

„Wir haben doch schon im Flugzeug gegessen", meinte Baines und blickte ungläubig auf die gespannten Knopflöcher und die gestreckten Querfalten von Saddlers Sporthemd.

„Die paar belegten Brötchen waren gerade gut genug, um den Appetit anzuregen."

„Gut, von mir aus, gehen wir. Wir fahren sowieso erst gegen Abend wieder auf den Flugplatz …"

„Du hast doch gerade eben dem Flugplatzkommandanten erzählt, dass wir erst morgen mit der Arbeit anfangen. Also, was soll dieser neue Zeitplan?"

Baines konnte sehen, dass Saddler über die Änderung ungehalten war.

„Nun, ich dachte mir, ein kleiner Überblick über die anfallenden Arbeiten wäre eine gute Idee. Vergiss nicht, dieses Flugboot steht schon seit Monaten auf diesem Platz und war dazu wahrscheinlich noch nicht einmal abgeschirmt. Wer weiß, vielleicht hat man es aufgebrochen und alles Mögliche geklaut."

Ben Saddler schüttelte energisch den Kopf.

„Du machst mir Spaß. Das ist doch ein Flugplatz und keine Spielwiese. Wie sollte da jemand etwas klauen können?"

„Soweit ich mich erinnern kann, ist das Gelände offen. Kein Zaun weit und breit."

Saddler runzelte die Stirn, als er sich unschlüssig durch die Haare fuhr. In Gedanken sah er sich bereits vor einem ausgeräumten Flugzeug, durchgetrennten Kabelbäumen und einem demontierten Instrumentenbrett.

„Das hat mir gerade noch gefehlt. Warum hast du das nicht gleich im Büro dieses Hamouda erwähnt? Der muss doch für eine solche Sauerei geradestehen, oder etwa nicht?"

„Wishful thinking – schön wär's", gab Baines mit einem trockenen Lachen zur Antwort. Er griff sich den Zimmerschlüssel und wartete an der Tür, bis Saddler an ihm vorbei in den Korridor trat.

„Und das Geld? Du hast es doch nicht etwa in der Reisetasche gelassen?", fragte Ben Saddler entsetzt.

Baines deutete grinsend auf die pralle Hosentasche und drehte den Zimmerschlüssel.

„Bereits umgepackt", grinste er. „Ich werde es am Empfangsschalter zur sicheren Aufbewahrung abgeben. Keine Sorge, auch ich traue niemandem."

Jetzt grinste auch Saddler. Er wartete in der Halle neben einem dürftig ausgestatteten Zeitungsstand, bis Baines die Sache mit dem Bargeld geregelt hatte.

„Los, gehen wir ins Restaurant und lassen uns überraschen", sagte Gary Baines, als er zurückkam. Es gab kein Gedränge. Nur zwei Tische waren mit Gästen besetzt und Baines musterte die Anwesenden, aber sie nahmen keine Notiz von ihm.

Saddler deutete auf einen Tisch an einem der Fenster und Baines nickte. Die Bedienung nahm kurz darauf ihre Bestellungen auf und brachte Getränke.

„Nun, so übel ist der Kasten nicht", meinte Saddler und sah sich um.

„Architektonisch gesehen vielleicht nicht, aber warten wir erst einmal ab, was die Küche aus deinem Hühnchen und meinem Fisch macht."

Das Resultat konnte sich jedoch sehen lassen. Der Ober zeigte stolz das Ergebnis lokaler Kochkunst, bevor er ein wenig unbeholfen die Teller auf dem Tisch anrichtete und sich mit einer leichten Verbeugung zurückzog.

„Ich glaube, wir werden es in dieser Stadt ein paar Tage aushalten können", meinte Saddler und deutete dabei auf den dampfenden Fisch auf Baines Teller.

„Der erste Eindruck scheint dies zu bestätigen", antwortete dieser mit einem entspannten Lächeln. „Eigentlich hatte ich gar keinen richtigen Hunger, aber jetzt …"

Baines schnupperte vorsichtig an seinem gedünsteten Fisch, während Saddler flink sein Hühnchen sezierte und in weißes Brust- und dunkles Beinfleisch einteilte. Er war jetzt sehr beschäftigt und hasste unwichtiges Geschwätz. Essen war für ihn von größter Wichtigkeit und er machte keinen Hehl daraus. Zwar wusste er, dass man ihn deshalb und wegen der sich daraus ergebenden Leibesfülle hänselte. Aber es war wie beim Rauchen, er konnte und wollte solche kleinen Laster nicht aufgeben. Baines war die Fresslust seines Mechanikers eigentlich egal. Saddler war, auch mit seinen kleinen Schwächen, der beste Mechaniker weit und breit. Die geradezu fanatische Energie, die dieser Mann an den Tag legte, wenn es um die Beseitigung von technischen Schwierigkeiten ging, war sprichwörtlich. Dies war auch der Grund, warum er Saddler gebeten hatte, ihn auf diesem Flug zu begleiten.

Wer wusste schon, was sie erwarten würde. Sechs Monate im ständigen Flugsand waren für ein abgestelltes Flugzeug bestimmt nicht ohne Folgen geblieben. In einem solchen Fall war Saddler genau der richtige Mann. Kein Problem war für ihn zu groß und eine gute Nase für das Auffinden technischer Probleme hatte er schon einige Male bewiesen. Was galten in diesem Fall ein paar zusätzliche Pfunde, die paar Zentimeter mehr um die Gürtellinie? Wichtig war einzig und allein, dass sie zusammen die Maschine wieder flugfähig machen konnten. Saddler würde es zweifellos bis zum Letzten versuchen, da war sich Baines sicher. Und wenn Ben einmal seinen ölverschmierten Daumen in die Höhe hielt und ein zufriedenes Grinsen in seinem verschwitzten Gesicht glänzte, dann würde er, Baines, den Vogel auch in die Lüfte bringen.

In Gedanken saß er schon im noch unbekannten Cockpit der Maschine und befand sich ein paar 1.000 Fuß hoch über der flimmernden Sahara auf einem Testflug mit Saddler, um die Flugeigenschaften zu prüfen und technische Mängel festzustellen.

Baines blickte unter den Augenbrauen hindurch auf Saddler, der sich eifrig kauend nur um sein schwindendes Hühnchen zu kümmern schien. Baines beobachtete fasziniert, wie Ben schmatzend und zeitweise prustend die Schweißperlen mit dem Handrücken von der Stirne streifte und die abgenagten Knochen auf den Rand des Tellers ablegte. Fein säuberlich aufgereiht legten sie vom unersättlichen Appetit seines Mechanikers Zeugnis ab. Baines vergaß beinahe, dass er seinen Fisch noch nicht einmal zur Hälfte gegessen hatte. Er nahm noch ein paar Happen zu sich, legte seine zerknüllte Papierserviette auf den Teller und lehnte sich zurück. Auch Saddler war nun anscheinend bereit, sich von den Resten seines Hühnchens zu trennen. Er schaute auf und schmunzelte.

„Viel ist von dem Vogel nicht übriggeblieben – das meinst du doch?"

„So ungefähr", gab Baines grinsend zur Antwort. „Es ist ein Genuss, dir beim Essen zuzusehen."

„Freut mich. Immerhin etwas, was den Tag wertvoll macht", sagte Saddler, wohl wissend, dass Baines sich über ihn lustig machen wollte.

„Wie wär's mit Kaffee?", fragte Baines.

„Ich kann verzichten. Ein Bier wäre mir lieber."

„Nicht jetzt", gab Baines mit einem Blick auf die Uhr zu verstehen. Dann schaute er sich nach der Bedienung um. Als der Ober die Rechnung präsentierte, zeichnete Baines sie mit Unterschrift und Zimmernummer ab und legte ein Trinkgeld dazu. Dann stand er entschlossen auf.

„Let's go! Auf uns wartet Arbeit."

Leicht stöhnend erhob sich auch Saddler und folgte Baines in die Empfangshalle.

„Organisier uns schon mal ein Taxi zum Flugplatz. Vor dem Eingang steht bestimmt so ein Trümmerhaufen herum", bat Baines. Ich muss noch schnell etwas an der Rezeption erledigen. In zwei Minuten bin ich draußen."

Ben Saddler nickte und ging dann zum Hoteleingang, vor dem er gleich ein Taxi mit einem dösenden Fahrer vorfand. Kaum hatte er ihn durch das offenstehende Wagenfenster wachgerüttelt, erschien auch schon Baines und versuchte, dem Fahrer auf Französisch das Ziel ihrer Fahrt klarzumachen.

Es war eine raue, staubige Fahrt mit einer Fahne verbrannten Öls, die durch das gelöcherte Bodenblech ins zerschlissene Innere des Wagens drang. Die Hitze schien jetzt ihren Höhepunkt erreicht zu haben. Bleiern und flimmernd lag sie über den ausgestorbenen Straßen, drang in die tiefen Schatten der überdachten Innenhöfe und schien alles Leben zu lähmen. Vor dem Haupteingang des Flugplatzgebäudes stiegen die Männer aus. In der Halle war es etwas kühler, aber auch hier schien alles ausgestorben. Auf den zerrissenen Polstern einzelner Sitzgruppen lagen oder saßen ein paar Einheimische, die anscheinend die Zeit bis zum kühleren Abend schlafend verbringen wollten. Baines strebte zielbewusst zu einer angelehnten

Tür im Hintergrund, auf der in großen Buchstaben „DOUANE" stand. Er stieß sie langsam auf und klopfte zugleich.

„Bonjour Messieurs!", sagte er freundlich. Er wusste, was er den neuen Herren des Landes schuldig war und wie sehr sie von solcher Freundlichkeit zehrten. „Nur ja nie überheblich werden, wenn du mit den Beamten eines afrikanischen Landes zu tun hast", hatte ihm schon vor Jahren sein Boss klargemacht. „Du kommst schneller und besser voran, wenn du dich an diese einfache Regel hältst".

Und wie sich Baines daran hielt. Schon des Öfteren hatte ihm diese Haltung Tür und Tor geöffnet und ihm in schwierigen Situationen Resultate ermöglicht, die er anders nie erreicht hätte. Einer der Uniformierten hinter einem Schreibtisch hob verwundert seinen Kopf und schaute seinen Besucher aus verschlafenen Augen kritisch an. Sein Blick wanderte zu den Zeigern der großen Wanduhr.

„Vous désirez?"

Baines lächelte weiter und stellte sich und Saddler dem Zollbeamten als die Mannschaft vor, die das auf dem Flugplatz abgestellte Flugzeug reparieren und herausfliegen wollte. Der Beamte schien plötzlich zu verstehen, denn er kam mit ausgestreckter Hand aus seinem Sessel hoch.

„Enchanté – ah, Sie meinen jenes Flugzeug am Ende des Abstellplatzes …" Er zeigte nach draußen in die Richtung, in der er die Maschine vermutete. „Reparieren, haben Sie gesagt?"

Baines nickte. Er deutete auf die Werkzeugkiste, die Ben Saddler neben sich stehen hatte.

„Wir werden es wenigstens versuchen", antwortete Baines und hob den Kopf. Sein Blick ging zur weiß getünchten Decke. „Le commandant de l'aéroport ist informiert. Wir haben bei ihm bereits vorgesprochen."

„Ah – très bien, sehr gut. In diesem Falle haben wir keine Einwände. Innerhalb der Öffnungszeiten des Flugplatzes können Sie sich frei bewegen."

Baines war überrascht, denn er hatte ein solch schnelles Einlenken nicht erwartet. War es sein freundliches Lächeln gewesen, oder aber die Tatsache, dass sie klugerweise gleich nach ihrer Ankunft den Chef in der oberen Etage besucht hatten? Was immer es auch war, Baines war froh, das Problem so schnell gelöst zu haben. Er bedankte sich höflich für das Entgegenkommen und zog Saddler erleichtert mit sich zur nahen, verglasten Doppeltür, die auf das Vorfeld führte.

„Das hast du bestens hingekriegt", meinte Saddler, als sie auf den heißen Betonplatten des großen Abstellplatzes standen. Sein Blick heftete sich auf ein Flugzeug, das ganz allein weit abseits stand. Er wusste sofort, dass dies die Maschine sein musste. Die Anordnung der Motoren und der Flügel als Hochdecker, der bootsförmige Rumpf und das eng stehende Fahrwerk verrieten ein Grumman-Produkt. Es musste dieses Flugboot sein, das sie suchten. Auch Baines hatte nun die Maschine entdeckt.

„Dort steht sie", meinte er laut. „Das muss sie sein. Ein anderes Flugzeug steht nirgends herum."

„Das meine ich auch. Los, gehen wir hin und schauen uns das Ding einmal von der Nähe an."

Ben Saddler hob seine Werkzeugkiste und begann den schier endlosen Marsch über den in der Hitze flimmernden Vorplatz. Obwohl er ohne Zweifel schwitzen musste, ließ die schwache Brise der ausgetrockneten Wüstenluft keinen Schweiß auf seiner breiten Stirn zurück. Baines folgte ihm wortlos. Immer wieder richtete er seinen Blick auf die Konturen des Flugzeuges, dem sie sich scheinbar nur langsam näherten.

„Verdammt, wer hat sich wohl diesen riesigen Abstellplatz ausgedacht? Man könnte meinen, dies wäre die amerikanische B-52 Bomberbasis Nouasseur bei Casablanca", brummte er missmutig. Saddler hielt einen Moment inne und drehte sich um.

„Der Generalunternehmer hat sich eine goldene Nase verdient und bezahlt haben die Europäer", antwortete Saddler.

„Und andere schreien schadenfroh: ‚Gerechtigkeit'", entgegnete Baines. „Die Kolonialisten haben das arme Land sowieso bis aufs Blut ausgebeutet, und jetzt werden sie selbst als Steuerzahler zur Kasse gebeten."

„Was gibt es denn hier auszubeuten? Sand und Steine etwa?"

„Nun, weiter nördlich, an der Grenze zu Spanisch Sahara, haben die Franzosen Phosphat gefunden. Soviel ich weiß, wollen sie sogar eine Eisenbahn bis an die Küste nach Port Etienne bauen, um das Zeug zu verschiffen. Ein Wahnsinnsprojekt. Bei der verfluchten Hitze kann man doch nicht ernsthaft arbeiten."

„Das sagst du jetzt, nachdem wir hier sind, um uns an dieser Mühle dahinten abzuplagen", meinte Saddler mit gespielter Entrüstung. Er drehte sich um und ging brummend weiter. Der in der Hitze verflüssigte Teer zwischen den Betonplatten klebte an seinen Schuhen und brannte unbarmherzig durch die dünnen Sohlen.

Endlich standen sie ungläubig vor dem Flugzeug. Für Ben Saddler war der Anblick ein Schock, der ihn zutiefst in seiner Mechanikerseele traf. Er wollte seinen Augen nicht trauen, und doch war es Realität: das ausgefahrene Fahrwerk, begraben unter herangeblasenem Wüstensand, war nicht mehr zu erkennen. Farbschichten hingen abgeblättert und verblasst von der Rumpfoberseite. Von den Motorenverkleidungen leuchtete das blanke Aluminium und die Fensterscheiben starrten blind aus ihren abgeschliffenen Rahmen.

„Mein Gott!", hauchte Saddler fassungslos. Zorn leuchtete aus seinen Augen, als er sich Baines zudrehte. „Das ist eine Katastrophe. Das wird keine Reparatur, sondern eine Grundüberholung."

Baines nickte stumm. Sein Blick ging von Saddler zur Maschine und zurück. Dann kratzte er mit krauser Stirn seine kurzen Bartstoppeln und meinte so sachlich wie möglich:

„Wir haben vier Tage Zeit. Das sollte reichen, die Mühle von hier wegzubringen."

„Auf einem Lastwagen vielleicht", höhnte Saddler. Die Adern an seinen Schläfen traten hervor, als er mit dem ausgestreckten Arm energisch auf die Maschine zeigte.

„Schrott! Die Maschine ist Schrott. Wenn ich einen Funken Verstand hätte, würde ich meine Finger von der verdammten Kiste lassen. Eines garantiere ich dir jetzt schon, wir werden nur Ärger haben."

„Du siehst die Sache zu pessimistisch. Ich habe schon Schlimmeres gesehen."

„Auf einem Abfallhaufen vielleicht, aber nicht auf einem Flugplatz. Wir brauchen Stunden, um die Maschine vom Sand zu befreien."

Baines griff entschlossen in seine Tasche und hielt kurz darauf einen Schlüssel zwischen den Fingern.

„Schauen wir uns einmal im Innern der Maschine um!"

„Meinetwegen", maulte Saddler lustlos und ging mit Baines unter dem linken Flügel hindurch. Der Schlüssel passte auf Anhieb; gespannt zog Baines die Kabinentür auf. Die gestaute Luft strömte ihm wie glühend heißer Atem entgegen. Er trat ein wenig zurück und rümpfte die Nase.

„Nicht gerade ein Haremsduft, der sich da entfaltet!"

Saddler gab keine Antwort. Die Hitze und der Anblick der gequälten Maschine schienen ihm die Lebenslust geraubt zu haben. Teilnahmslos beobachtete er, wie Baines sich nach einer Weile durch die Türöffnung ins Innere des Flugzeuges zwängte und verschwand. Vorsichtig und mit aufkommender Neugier folgte ihm Ben Saddler. Er hatte kaum den Kopf eingezogen, den Türrahmen passiert und den tiefer liegenden Kabinenboden erreicht, als er wie angewurzelt stehenblieb.

„Da sind ja Zusatztanks in der Kabine montiert. Hast du das gewusst?"

Baines blickte aus dem Cockpit zurück auf die großen Metallbehälter, die mit Stahlkabeln auf dem Boden verzurrt waren.

„Ich habe so etwas geahnt. Schließlich wollte der Pilot die Maschine ursprünglich für unsere Firma nach Amerika überführen. Für eine solche Strecke braucht er wesentlich mehr Sprit als die Flügeltanks halten können", meinte er.

„Wie sieht es denn dort vorne aus?", fragte Saddler.

„Eigentlich ganz ordentlich. Instrumente und Radios sind alle da, es scheint nichts zu fehlen. Ob sie funktionieren, ist eine andere Frage."

„Sein oder nicht sein, meinst du wohl", spottete Saddler, während er sich an den Zusatztanks vorbei nach vorne zwängte, um sich von der Aussage Baines zu überzeugen. Sein kritischer Blick fiel dabei auf die Bedienungshebel für die Motoren an der Cockpitdecke.

„Was soll denn das hier sein?"

„Ist bei Flugbooten so üblich", belehrte ihn Baines.

„Woher willst du das denn wissen? Du hast doch selbst zugegeben, noch nie eine solche Kiste geflogen zu haben."

„So was weiß man eben", schnappte Baines und begann vorsichtig die Hebel zu bewegen.

„So weit, so gut. Wir müssen herausfinden, wo sich die Batterie befindet. Sicher ist die längst leer und ausgetrocknet."

„Das machen wir morgen. Sieh zu, dass du das Handbuch für Piloten findest. Vielleicht kannst du noch was lernen, bevor du meinen Arsch beim Wegfliegen riskierst."

„Vor ein paar Minuten hast du noch gesagt, die Kiste wäre reif für den Schrotthaufen, und jetzt redest du schon vom Fliegen."

„Sie ist immer noch ein Schrotthaufen, aber ich könnte ja mal versuchen, daraus ein Flugzeug zu machen."

Das Grinsen in Saddlers Gesicht war nicht zu übersehen; Baines wusste, dass Ben den Köder geschluckt hatte. Die Schmach einer unversuchten Reparatur würde Saddlers Berufsehre nicht dulden, dessen war sich Baines sicher. Er griff in die Kartenbehälter neben den Pilotensitzen und zog strahlend das erhoffte Handbuch für Piloten hervor.

„Hier haben wir die Bibel. Vielleicht ist sie auch dir von Nutzen, wenn wir Angaben für die Systeme brauchen."

„Schon möglich", meinte Saddler trocken. Dann überprüfte er flüchtig die Montage der Zusatztanks sowie die Anschlüsse und Leitungen, die von dort unter dem Kabinenboden verschwanden. Schließlich schob er sich wieder durch die Tür nach draußen. Er hatte genug gesehen. Seine anfängliche Skepsis war einer gewissen Zuversicht gewichen. Zwar bot das Flugzeug von außen ein trostloses Bild, aber innen war es weit weniger schlimm. Der Flugsand, der durch die Lüftungsstutzen in die Kabine eingedrungen war, hing lediglich wie eine dicke Staubschicht über den Geräten und der Kabineneinrichtung. So etwas konnte man reinigen, und wenn die Mechanik der Motoren- und Steuerbedienung keine Korrosion angesetzt hatte, sich frei bewegen ließ, sollte die Flugtüchtigkeit wiederherstellbar sein.

Das große Problem schien der linke Motor zu sein, dessen Propeller noch immer in Segelstellung stand. Niemand wusste genau, warum der Pilot den Motor stilllegen musste. Er hatte keine Notizen hinterlassen, das Flugzeug einfach in Nouakchott stehen lassen und war abgehauen. Selbst sein Boss hatte außer einem Telex nichts in der Hand, was die näheren Umstände erklärt hätte.

„Na, was denkst du von der Sache?", fragte Baines, während auch er sich aus dem Einstieg zwängte, die Tür hinter sich mit dem Schlüssel sicherte.

„Vier Tage könnten reichen. Das große Fragezeichen bleibt der verdammte Motor. Falls wir einen Zylinder ziehen müssen, können wir den Zeitplan vergessen", überlegte Saddler. „Ich habe keinen Ersatz dabei."

„Wer weiß, vielleicht ist auch nur Dreck in den Benzinfiltern …"

„Tausend Möglichkeiten", seufzte Saddler. Er ergriff ein Propellerblatt und drückte es sachte in eine Richtung, dann in die andere.

„Wenigstens scheint kein Kolben angefressen zu sein. Der Öldruck war demnach in Ordnung. Morgen werden wir uns das Ding genauer anschauen." Saddler griff nach dem Werkzeugkasten und hob ihn hoch.

„Gary, schließ bitte die Werkzeuge in der Kabine ein."

Baines tat wie geheißen und stellte sich neben Saddler in den Schatten des schützenden Flügels. Er wischte sich einen Schweißtropfen von der Nasenspitze und klopfte Saddler tröstend auf die Schulter.

„Lass uns abhauen! Ich komme um vor Durst. Im Hotel können wir immer noch über die nächsten Schritte diskutieren. Zum Sandschaufeln habe ich jetzt wirklich keine Lust."

Saddler gab keine Antwort. Er ging langsam um die Maschine herum. Als er wieder unter dem Flügel stand, sagte er: „Weißt du, die Kiste sieht aus wie sandgestrahlt. Der Wind hat ihr böse mitgespielt. Wir werden mit diesem Flugzeug auf jedem Flugplatz Mitleid erregen …"

„Und damit erreichen, dass uns die Landegebühren erlassen werden", fiel Baines ihm lachend ins Wort. „Los, machen wir, dass wir wegkommen!"

Die beiden schritten, jeder mit seinen eigenen Gedanken beschäftigt, über den weiten Abstellplatz zurück. Noch immer flimmerte die Luft und die Augen brannten vom grellen Licht, das von den hellen Betonplatten zurückstrahlte. In der Ferne war das nervöse Hupen eines Autos zu hören. Sonst durchbrach kein Laut die Stille in der lähmenden Hitze.

*

Langsam zog Gary Baines den Leistungshebel des linken Motors vom vorderen Anschlag zurück. Das Brüllen des eben noch auf Vollleistung drehenden Boxermotors ebbte ab und auch das wilde Beben, das die ganze Struktur des Flugzeuges durchlief, wurde schwächer. Eine vom Propellerwind aufgewirbelte, langgezogene Staubfahne verlor sich in der endlosen Weite der Wüste.

Noch einige Minuten lang überwachte Baines die Instrumentenanzeigen des im Leerlauf blubbernden Motors. Ein zufriedenes Lächeln zog über sein ölverschmiertes, schmales Gesicht. Dann öffnete er mit einem Ruck das seitliche Schiebefenster, lauschte eine Weile dem dumpfen Auspuffgeräusch und schaltete dann die Zündung aus. Der Propeller kam ruckend zum Stehen. Ben Saddler hatte aus ein paar Metern Entfernung den ganzen Standlauf gespannt verfolgt und kam jetzt langsam näher. Er sah den nach oben zeigenden Daumen von Baines und rief, vor Neugier innerlich fast platzend:

„Well, what does it look like?",

„Nun, ich würde sagen, wir könnten morgen früh gleich einen Testflug versuchen."

„Und die Parameter?", fragte Saddler.

„Öldruck, Nenndrehzahl, Benzindruck und Durchfluss, Manifold – alles im grünen Bereich. Auch die Zündanlage funktioniert perfekt!"

„Verdammt, ich kann es kaum glauben. Wir haben tatsächlich das Kind geschaukelt", sagte Saddler, über sein verschmutztes Gesicht strahlend.

„Nicht wir, du hast das Problem mit der Einspritzung gefunden! Ich war nur der Hilfsmechaniker und Putzer!", rief Baines. Er kletterte schwitzend aus der Maschine und stellte sich in den Schatten des Flügels. „Die stehende Hitze in der Maschine ist brutal. Hier draußen weht wenigstens eine schwache Brise um die Nase."

Ben Saddler hörte ihn nicht. Seine ungeteilte Aufmerksamkeit galt dem Motor, der sich mit metallischem Knistern langsam abkühlte. Doch so sehr er auch suchte, es war kein verräterisches Zeichen eines Öl- oder Benzinlecks zu erkennen. Schließlich trat er, in Selbstgespräche vertieft und mit sich und der Welt vorerst zufrieden, in den Schatten des Flügels zurück. Baines schaute ihm gespannt entgegen.

„Und?"

„Nothing – nichts! Es scheint alles bestens in Ordnung zu sein."

„Morgen früh machen wir einen kurzen Testflug. Falls sich dabei etwas Nachteiliges herausstellen sollte, haben wir noch Zeit, das Problem zu beheben. Sollte die Mühle keine größeren Macken haben, fliegen wir nach dem Auftanken bis Port Etienne. Wenn dann noch versteckte Mängel auftauchen, können wir sie immer noch dort beheben, bevor wir die eigentliche Sahara überfliegen."

Saddler betrachtete ihn zweifelnd. „Port Etienne – wie weit ist das? Ich meine, in Flugzeit."

Baines überlegte. Er wusste nicht einmal, ob das Flugzeug die im Handbuch angegebene Geschwindigkeit überhaupt erreichte.

„Es sind so etwa an die 200 Meilen. Macht vielleicht eine Stunde und 20 Minuten, je nach Windrichtung und Geschwindigkeit."

„Der letzte Umkehrpunkt wäre demnach etwa 40 Minuten nach dem Start?"

„Könnte in etwa hinhauen", meinte Baines. „Warum willst du das wissen?"

„Ach, nur so. Wenn wir morgen den Testflug auf etwa 40 Minuten ausdehnen könnten, wäre mir sehr geholfen. Die Maschine hat verflucht lange im Dreck gestanden; da könnten noch eine Menge Probleme auftauchen."

Baines nickte zustimmend; Ben hatte recht. Es war besser, die Mühle und ihre Systeme gründlich zu testen. Saddler schien in solchen Angelegenheiten einen sechsten Sinn zu haben. Andererseits wollte er keine Stunde länger auf diesem gottverlassenen Flugplatz verbringen als unbedingt nötig. Es war jetzt das erste Mal gewesen, dass sie den Motor zum Laufen gebracht hatten. Baines war überzeugt, keine weiteren Probleme mehr zu haben. Morgen früh der Testflug, bei dem er sich auch mit den Eigenschaften des Amphibienflugzeuges vertraut machen konnte; dann gleich weiter nach Port Etienne. So war sein Plan. Die wichtigsten Daten aus dem Flughandbuch hatte er sich bereits auf einen Zettel notiert, den er an das Instrumentenbrett geklebt hatte. Auch die ungewohnte Umgebung im Cockpit der Maschine hatte er sich minutiös eingeprägt. Er war bereit. Ob Saddler bereit war, seinen Hintern zu riskieren, schien hingegen noch nicht so sicher. Wenigstens hatte er den Eindruck, als ob Ben es sich noch überlegen wollte.

„Kein Problem, Ben! Auch ich bin für einen ausgedehnten Probeflug, bei dem alles gründlich getestet werden kann und wir das Vertrauen in die Maschine aufbauen können."

„Dann sind wir uns also einig?", fragte Saddler, ohne auf eine Antwort zu warten. Er drehte sich um und ging mit langen Schritten zu den demontierten Einzelteilen der Motorenverkleidung, die etwas abseits im Sand lagen. Baines ahnte, was Ben als Nächstes vorhatte und er beeilte sich, ihm beim Herantragen der heißen Bleche zu helfen. Eine halbe Stunde später war der Motor wieder völlig abgedeckt, alle Verschlüsse gesichert und das Flugzeug verschlossen.

Auf der Rückfahrt ins Hotel wurde nicht viel gesprochen. Erst nach ein paar kühlen Flaschen Bier an der Bar löste sich die Starre. Saddler war plötzlich wie ausgetauscht. Er redete fast ohne Unterbrechung, erzählte von seinen Erfahrungen mit Motoren und Flugzeugen verschiedenster Hersteller, fluchte über die Tücken neuer Produkte und die Probleme, die man mit solch unerprobten Geräten in einem Erdteil wie Afrika haben konnte.

„Alles Scheiße!", wiederholte er zum zehnten Male und bestellte erneut ein Bier. Die Reihe der leeren Flaschen vor ihm auf der Theke wurde länger und Baines machte sich langsam Sorgen. Sie hatten außer ein paar Sandwiches, die sie nach dem Frühstück mitgenommen hatten, den ganzen Tag nichts gegessen. Nach seiner Einschätzung konnte Ben nach ein paar weiteren Flaschen vom Hocker fallen. Aber Ben Saddler war nicht so einfach von einer einmal eingeschlagenen Richtung abzubringen. Er fühlte sich auf einem von persönlichem Erfolg gekrönten Höhepunkt, den er auf seine Weise auskosten wollte. Die letzten Tage in diesem ausgetrockneten Kaff hatten ihm den Rest gegeben. Jeden Tag von früh bis spät auf diesem verdammten Flugplatz, von der Sonne geröstet, vom Durst geplagt und immer auf der Fehlersuche beim Motor. Und heute endlich hatte er es geschafft. Der Motor lief wie ein Uhrwerk. Die Zweifel, der Ärger, die Spannung waren weg, verdunstet wie das Wasser in dieser glühenden Wüste.

Was blieb, war die innere Zufriedenheit – das satte Gefühl, dass er wieder einmal die Hoffnungen erfüllt hatte, die man in ihn gesetzt hatte. Morgen wollte der verrückte Baines einen Testflug durchführen. Dafür musste er sich aber noch genügend Mut antrinken. Wer wusste schon, was da alles schiefgehen konnte. Baines hatte schließlich zugegeben, dass er die Mühle noch nie in seinem Leben geflogen hatte. Er mochte ja ein guter Pilot sein und mehrere tausend Flugstunden auf Dutzenden von Flugzeugen haben. Aber ein Flugboot, ein Amphibium wie die Grumman dort draußen auf dem Abstellplatz, hatte er noch nie geflogen. Konnte man es ihm, Saddler, also verübeln, wenn er bei einem Bier darüber nachdachte? Er blickte versonnen hinüber zu Baines, der sich, über die Bar gelehnt, auf Französisch mit der Bedienung unterhielt.

Ob Baines überhaupt Nerven hatte? Saddler war sich nicht sicher. Schon einmal hatte er ihn bei der Bergung einer alten „Dakota" im Kongo erlebt, die für Jahre auf einem verwahrlosten Flugplatz in Katanga in Vergessenheit geraten war. Nichts hatte mehr funktioniert. Selbst die Motoren waren durch die lange Standzeit festgefressen. Tagelang hatte er das Innenleben der Zylinder mit Petrol „eingeweicht", um sie zu lösen. Und kaum war ihm dies gelungen, hatte Baines auf einen sofortigen Flug bestanden. Ohne einen Co-Piloten hatte er den Vogel über das bewachsene Flugfeld gejagt und mit qualmenden Motoren einen dunklen Schleier in den sonnigen Nachmittagshimmel gezogen. Er hatte es geschafft, hatte die Maschine bis nach Albertville überflogen und dabei nicht einmal geschwitzt. Immerhin ein ganz bemerkenswerter Teufelskerl! Saddler nahm erneut einen langen Schluck, rülpste und lehnte sich hinüber zu Baines.

„Hey, Gary! Erzähl doch mal, was dir damals über diesem ausgedörrten Nouakchott passiert ist. Du hast es doch versprochen."

Baines merkte an der schleppenden Stimme seines Mechanikers, dass Ben dem kritischen Alkoholgehalt im Blut wieder ein Stück näher gekommen war. Er wusste nicht, wovon Saddler sprach.

„Versprochen? Was habe ich versprochen?"

„Ach, du weißt doch – die, ah – die Geschichte, bei der du beinahe ins Gras gebissen hast – hier in Nouakchott, vor etwa zwei Jahren."

Baines staunte. Er hätte nie geglaubt, dass sich Saddler an die kurze Bemerkung erinnern würde.

Ob der Alkohol sein Erinnerungsvermögen angeregt hatte? Innerlich musste er schmunzeln, aber er sah keinen Grund, das damalige Erlebnis einem besoffenen Mechaniker preiszugeben.

„Jetzt ist nicht die Zeit dazu, Ben, ich erzähl dir die Geschichte, wenn wir die Grumman in Europa landen, okay."

„… nicht die Zeit dazu", äffte Saddler ihn nach. „Wer weiß, ob wir mit dieser – äh – Ansammlung von fliegenden Ersatzteilen je dort ankommen werden."

„Wir werden das Kind schon schaukeln. Ich gehe jetzt auf mein Zimmer. Brauche dringend eine Dusche. Kommst du nach?", fragte Baines.

Saddler beobachtete, wie Baines vom Hocker rutschte und sich von der Bar abstieß. Aber er machte keine Anstalten, ihm zu folgen.

„Not yet! Ich – ich muss noch etwas auskühlen, von innen, meine ich."

Baines ahnte Schlimmes für den morgigen Tag. Er hatte Ben schon einige Male erlebt, wenn er versuchte, sich mit schwerem Kopf am Morgen in der Welt zurechtzufinden. Saddler konnte der Inbegriff einer Bierleiche sein.

Und so kam es denn auch. Saddlers Auftritt beim Frühstück war alles andere als ein Lichtblick; unrasiert und mit zerzausten Haaren steuerte er mit Seegang zwischen den Tischen hindurch, bis er schließlich in einem Selbstgespräch seinen Platz gegenüber Baines fand.

„Ich habe frischen Kaffee bestellt", sagte Baines und versuchte, seinen Ärger zu verbergen. „Du wirst ihn brauchen. Und bevor wir zum Flugplatz fahren, nimmst du noch eine gründliche Dusche. Du stinkst wie eine verdammte Brauerei!"

Saddler ließ sich stöhnend in den Sessel fallen. Aus geröteten Augen starrte er auf die Tasse vor sich, dann auf Baines. Ein breites, verlegenes Grinsen lag auf seinem Gesicht.

„Morning! What a party, woah." Er versuchte die Kaffeekanne einigermaßen ruhig zu halten, während er seine Tasse zur Hälfte füllte.

„Muss ja ein gewaltiges Saufgelage gewesen sein", sagte Baines und schob die Milchkanne hinüber. Saddler wehrte angeekelt ab. Er rührte klappernd mit dem kleinen Löffel den ungezuckerten, schwarzen Kaffee und ließ ihn, fasziniert von dem drehenden Strudel, bis zum Rand hochschwappen.

„Saufgelage? Well – äh, ein paar Bier haben wir schon probiert".

„Wir?"

„Nun, irgendwann kam da noch so ein verrückter ‚Frenchy' an die Bar. Er wollte unbedingt mit mir seinen Geburtstag feiern."

„Dabei habt ihr wohl auch zusammen die ‚Marseillaise' gesungen?"

„Die was?" Saddler schüttelte seinen Kopf.

„Vergiss es!"

Ben Saddler legte den Löffel auf die Seite und kippte den Kaffee hinunter. Dann guckte er aus geröteten Augen auf Baines.

„Grauenvoll …! Also, dieser Franzose – der konnte saufen wie ein Nilpferd. Und immer wieder mussten wir auf die Invasion in der Normandie anstoßen."

„Invasion? Aber das ist doch schon über 20 Jahre her."

„Habe ich auch gesagt, aber eben gerade deshalb. Es war ein guter Grund."

„Okay, lassen wir das Thema", sagte Baines und schüttelte den Kopf. Es war hoffnungslos. Saddler musste erst einmal mit Kaffee gefüllt werden.

„Wie wär's denn mit ein paar Spiegeleiern und etwas Speck, um die Lebensgeister wieder aufzuwecken?"

Saddler hob abwehrend die Hände, Entsetzen in seinem gefurchten Gesicht. Zittrig goss er sich erneut etwas Kaffee in die Tasse, griff dann aber doch nach einem der kleinen Brötchen, die im Körbchen vor ihm auf dem Tisch standen.

„Wie lange hat denn die ausgelassene Feier gedauert?", fragte Baines neugierig. Er hatte es nämlich versäumt, auf die Uhr zu schauen, als Ben nachts ins Zimmer gestolpert kam.

„Mein Gott, das ist höhere Mathematik. Keine Ahnung."

„Wenn man dein Gesicht studiert, sieht man die Zeiger auf etwa zwei Uhr morgens", sagte Baines, fleißig an einem Marmeladenbrot kauend. Saddler zuckte mit den Schultern. Ihm war völlig egal, um welche Zeit sie die Bar verlassen hatten. Er hatte andere Sorgen. Sein Magen kribbelte und in der Kehle würgte der Kaffee nach oben. In seinem Kopf schien auch nicht alles zum Besten zu stehen. Bienen summten und ein stechender Kopfschmerz hämmerte in seinen Schläfen. Heute Morgen wollte Baines einen Testflug machen. Allein der Gedanke daran brachte ihn dem Erbrechen nahe. Er fühlte, wie Baines ihn beobachtete und blickte fragend hoch.

„Was gibt's?"

„Ich mache dir einen Vorschlag: Ich fahr schon mal zum Flugplatz, melde den Testflug an und mache die Vorflugkontrolle. Inzwischen machst du dich fertig, stellst das Gepäck zusammen und folgst mir mit einem Taxi. In einer Stunde erwarte ich dich bei der Maschine. Ist das klar?"

Saddler nickte und Baines schob seinen Stuhl zurück, um aufzustehen.

„Ich gehe jetzt an die Rezeption, um die Rechnung zu bezahlen. Vergiss nicht, auch mein Gepäck mitzunehmen!"

Wieder nickte Saddler. Dann schrak er hoch.

„Und das Taxi? Ich habe überhaupt keine CFAs."

Baines griff in seine Hemdtasche, zog ein paar Scheine aus dem gefalteten Bündel und warf sie auf den Tisch.

„Das sollte reichen!"

Baines verschwand durch die Pendeltür. Saddler steckte die Banknoten fast bedächtig weg. Er versuchte, sich zu konzentrieren und die Einzelheiten zu behalten, die Baines ihm aufgetragen hatte. Immer wieder griff er nach der Tasse, trank voller Verachtung den pechschwarzen Kaffee in der Hoffnung, dass er die Bienen in seinem Kopfe vertreiben möge. Allmählich fühlte er sich etwas besser. Er stand unsicher auf und ging um den Tisch, dem Ausgang entgegen. In seinem Zimmer riss er sich die Kleider vom Leib und warf sie auf das zerwühlte Bett. Baines hatte recht, eine Dusche würde das Problem wenigstens zur Hälfte lösen. Die andere Hälfte waren wohl frische Kleidung, eine Rasur und Zähneputzen, dachte er und fing mit der Zahnbürste an. Eine halbe Stunde später ging es ihm schon deutlich besser. Er packte schnell die restlichen Sachen in den großen Koffer und ließ die Schlösser zuschnappen. Der alte Portier in der Halle wusste aus Erfahrung, was der Fremde beabsichtigte. Er stürzte herbei, um Saddler das Gepäck abzunehmen.

„A l'aéroport, monsieur?"

Saddler nickte. Er stellte Koffer und Tasche auf den kahlen Plattenboden, wo der Portier sie übernahm und hastig damit zum Ausgang eilte, um ein Taxi zu suchen. In den vorangegangenen Tagen hatte der Portier stets gutes Trinkgeld für den Ruf eines Taxis erhalten; heute würde es vielleicht noch mehr werden, weil der fremde Weiße scheinbar für immer die Stadt verließ. Er vermutete richtig. Saddler drückte ihm anerkennend einen gefalteten Geldschein in die Hand, und nachdem er sich überzeugt hatte, dass das Gepäck im Kofferraum war, stieg er hinter dem Fahrer in den tief in den Federn hängenden Wagen. Er dachte an das Flugzeug draußen auf dem großen Flugplatzvorfeld, an Baines, der jetzt wohl gerade die Vorflugkontrolle durchführte, und an die Möglichkeit, dass sie beide heute noch von hier abfliegen würden.

Saddler achtete nicht mehr auf den quirligen Verkehr in den Straßen, die bunten Kopftücher der Marktfrauen, die weißen langen Umhänge der hageren Männer, die sich unter dem Schatten einzelner Bäume angeregt unterhielten. Er schaute stur nach vorne, mit den Gedanken bereits weit weg. Heute schien ihm die Strecke bis zum Flugplatz um einiges kürzer zu sein. Dort angekommen schleppte er sich, vollbeladen mit dem Gepäck, über das weite Vorfeld, wo Baines ihn bereits erwartete. Mit hochgezogenen Augenbrauen stand er im Schatten des Tragflügels, die Hände in die Seiten gestemmt.

„Fühlst du dich etwas besser?", fragte er Saddler, als dieser prustend die Last auf den Boden fallen ließ.

„Es geht", meinte Saddler und streckte stöhnend seinen Rücken durch. Dann schaute er sich um, bemerkte die offene Einstiegstür des Flugzeuges und die aufgeklappte Werkzeugkiste.

„Probleme?"

„Ich habe nur noch mal die Verzurrung der Zusatztanks in der Kabine nachgeprüft, aber es scheint alles in Ordnung zu sein. Sobald du das Gepäck verstaut hast, können wir den Probeflug versuchen."

Nun gab es für Saddler keinen Weg zurück. Die Flügeltanks waren vollgetankt und der gestrige Standlauf ein Erfolg gewesen. Baines hatte die letzte Kontrolle durchgeführt. Ein mulmiges Gefühl kroch in Saddlers Gedärme, als er das Gepäck verstaute und Baines ihn aufforderte, auf dem rechten Pilotensitz Platz zu nehmen. Bedächtig kletterte er über den hohen Einstieg, zwängte sich durch die enge Tür nach vorn, an den kantigen Zusatztanks vorbei, ins Cockpit. Baines folgte, nachdem er den Türverschluss genau überprüft hatte.

Kaum hatte er es sich im linken Pilotensitz bequem gemacht und die Sitzgurte straff gezogen, begann er, die Kontrollpunkte der Checkliste laut abzurufen. Seine Hände griffen an die Schalter, stellten Hebel, drehten Knöpfe. Dann hob er seinen rechten Daumen in die Höhe und rief zu Saddler hinüber:

„Clear right? Rechts frei?"

„Clear right!", rief Saddler, nachdem er einen schnellen Blick durch das Seitenfenster geworfen hatte. Der Starter-Motor summte; bald drang das vertraute Bellen des Auspuffs in die Kabine und der rechte Propeller wurde zu einer blitzenden Scheibe. Während Baines den Startvorgang für den zweiten Motor in Angriff nahm, beobachtete Saddler aufmerksam den Anstieg des Öldruckes auf den Instrumenten. Für ihn waren vier Augen immer noch besser als zwei und eine kritische Einstellung konnte vor einem solchen Flug nur von Vorteil sein. Wieder nahm Baines die Checkliste zur Hand, rief Punkt für Punkt ab, überprüfte Schalter und Anzeigen.

„Sieht nicht schlecht aus!", rief er grinsend, das Brummen der im Leerlauf drehenden Motoren übertönend. Saddler wollte etwas erwidern. Er ließ es aber sein, als er sah, wie Baines die Kopfhörer über seinen Kopf zog und ihm bedeutete, dasselbe zu tun. Stattdessen versuchte er, das knappe Gespräch zwischen Baines und dem Kontrollturm zu verfolgen. Sein Blick ging immer wieder zu den Motorenüberwachungsanzeigen und blieb an den zitternden Nadeln hängen, als wollte er sie beschwören.

Plötzlich fühlte Saddler, wie sich das Flugzeug bewegte und die Betonplatten unter seinem Seitenfenster vorbeizogen. Er blickte nach vorn, dann wieder zu Baines, der mit seiner Rechten die Leistungshebel an der Cockpitdecke bediente. Er bemerkte, wie die Maschine plötzlich stark abbremste. Ein Blick zu Baines bestätigte, dass dieser die Bremsen testete.

Scheinbar verlief alles zu seiner Zufriedenheit, denn fünf Minuten später hatten sie den Pistenanfang erreicht, wo Baines die Grumman in die leichte Brise drehte und begann, die Motoren ausgiebig zu prüfen. Saddler unterstützte ihn mit Meldungen der Temperatur- und Druckanzeigen, die er von den Instrumenten ablas.

„Zufrieden?", fragte Baines, nachdem er die Leistungshebel zurückgenommen und die Steuersäule wieder losgelassen hatte.

„Alles im Grünen. Ich schlage aber vor, dass du die Motorenleistung beim Start nur sehr langsam auf Volldruck bringst. Ich möchte die beiden Babys während der Startphase beobachten."

„Geht in Ordnung. Während du dich auf die Motoren konzentrierst, kann ich mich auf die Tücken dieses Vogels einstellen. Falls du das geringste Problem während des Startens siehst, gib Alarm. Ich werde dann versuchen, die Kiste langsam zum Stehen zu bringen."

Saddler nickte. Ein leichtes Angstgefühl schnürte seine Kehle zusammen. Gespannt verfolgte er die Handgriffe Baines', der die Maschine zum Start vorbereitete und schließlich per Funk um Starterlaubnis bat. Saddler hörte mit, registrierte Wind und Temperatur, die der Fluglotse mit der Startfreigabe durchgab, dann zog er den Sitzgurt stramm. Baines richtete die Maschine auf der Piste aus, setzte ein letztes Mal den Kurskreisel und schob dann langsam die Leistungshebel vor.

Das Bellen der Motoren wechselte in ein dumpfes Grollen, Vibrationen durchliefen die Struktur; die Reifen klopften mit schneller werdender Frequenz über die Trennfugen der Betonplatten. Saddler hatte keine Augen mehr für die Außenwelt. Sein Blick verharrte wie festgesaugt auf den Instrumenten. Er fühlte ein Schlingern, sah aus den Augenwinkeln die korrigierenden Bewegungen von Baines und hörte sein gepresstes Fluchen. Noch waren die Temperaturen der Motoren, um die Saddler so sehr besorgt war, normal. Die maximale Drehzahl und der Ladedruck waren erreicht, und noch immer beschleunigte die Maschine auf der flimmernden Piste.

„Alles okay?", rief Baines, das Brüllen der Motoren übertönend. Sorge und Zweifel schwangen in seiner Stimme mit.

„Die Zylinderkopftemperatur steigt, sie ist im gelben Bereich und steigt weiter. Alle anderen Parameter sind okay!"

Ben Saddler hätte gerne noch mehr gesagt und im Namen der Motoren gegen die Vergewaltigung bei der herrschenden Hitze protestiert; er hätte auch gerne über die flackernde Hydraulikdruck-Anzeige gesprochen. Aber er wusste: Baines war mit höchster Konzentration voll mit der Beherrschung dieses Flugzeuges beschäftigt, einer Maschine, die er noch nicht einmal kannte und deren Tücken ihm unbekannt waren.

Auch Saddlers Nerven waren bis zum Äußersten gespannt. Jede noch so kleine Änderung im Kreischen der Motoren ließ seinen Puls rasen. Er dachte an die Möglichkeit, dass einer der einseitig abgelaufenen Reifen platzen könnte; die Folgen waren wohl gar nicht abzuschätzen. Er durfte nicht daran denken und musste versuchen, sich hundertprozentig auf die Instrumente zu konzentrieren. Und dann waren die Schläge, das dumpfe Pochen des Fahrwerkes plötzlich weg. Erleichterung durchflutete Saddler. Der gute Baines hatte es geschafft! Er hatte die verdammte Kiste in die Luft gebracht.

„Gear up!"

Saddler kam aus der Starre hoch, griff flink nach dem Fahrwerkhebel und fuhr ihn in die obere Stellung. Kurz danach zeigten ein leichter Schlag und das Aufleuchten der Kontrolllampe den nun eingefahrenen Zustand des Fahrwerkes an.

„Gear retracted – Fahrwerk eingefahren!", rief er mit einem schnellen Seitenblick auf Baines. Er konnte sehen, wie dieser die Maschine mit leichten Steuerausschlägen feinfühlig auf Kurs zwang, wie ein Jockey, der zum ersten Mal ein ihm unbekanntes Pferd ritt.

„Was machen die Temperaturen?"

„Unverändert!", rief Saddler und warf einen kurzen Blick durch die Windschutzscheibe. Er zog unwillkürlich seine Beine höher, als er sah, wie Baines die Maschine nur knapp über der Piste hielt und weiterhin mit Vollgas beschleunigte. Nervös rutschte er auf seinem Sitzkissen seitwärts. Was hatte Baines vor? Warum stieg er nicht von der Piste weg, hinauf in den wolkenlosen Himmel? Höhe war das halbe Leben, das hatte er immer wieder gehört, hatte es in sich aufgenommen wie die Worte einer Bibel. Und jetzt diese gefährliche Nähe zur Erde. Er verstand Baines nicht mehr. Diese gequälten Motoren, die nach so vielen Monaten in der Wüste nun plötzlich das Letzte geben mussten. So was konnte nicht gut gehen.

Was immer auch die Konsequenzen waren, er musste Baines darauf aufmerksam machen. Einer der Motoren konnte plötzlich seinen Geist aufgeben, und dann …?

Er kam nicht mehr dazu, denn er wurde plötzlich gewaltsam in seinen Sitz gepresst. Die Maschine stieg steil in den Himmel, der Höhenmesser begann zu drehen, wurde langsamer und blieb schließlich zögernd stehen. Saddlers Magen hatte das Bedürfnis, sich zu entleeren. Dann wurde das Kreischen der Propeller plötzlich wieder schwächer, die Vibrationen ließen nach. Baines hatte die Leistung endlich reduziert. Saddler atmete hörbar aus; er fühlte sich langsam besser.

„Eine ganz schön faule Ente, dieses Flugzeug! Eher wie ein sterbender Schwan", rief Baines mit breitem Lachen.

„Was ist denn los?"

„Underpowered! Die Motoren geben im Verhältnis zum Gewicht der Maschine – äh, zur Flächenbelastung – zu wenig Leistung ab. Wir haben keine Leistungsreserven. Kapiert?"

Saddler hatte sehr wohl verstanden, was Baines ihm erklärt hatte, aber ihm fehlte momentan die Gabe, das Gehörte richtig umzusetzen.

„Und das heißt?", fragte er zögernd.

„Ganz einfach – wenn uns einer der Motoren beim Überflug aussteigt, haben wir bei den hohen Außentemperaturen und dem erhöhten Abfluggewicht wenig Chancen, anzukommen, wo wir hinwollen", erklärte Baines. Das Lachen war ganz plötzlich aus seinem Gesicht verschwunden.

Saddler stellte keine weiteren Fragen, sondern beobachtete weiterhin aufmerksam die Instrumente. Es kam, wie Baines ihm versprochen hatte. In den folgenden 30 Minuten kurvte er die Maschine durch alle erdenklichen Fluglagen, ließ sie bei Minimalgeschwindigkeit und mit ausgefahrenem Fahrwerk, mit und ohne Landeklappen durchsacken, stellte abwechselnd einen der Motoren ab und brachte die Propeller in Segelstellung.

Saddler wurde zunehmend flauer im Magen. Er wollte nur noch festen Boden unter den Füßen spüren und diesem schlingernden und schwankenden Gebilde aus Aluminiumspanten und Beplankungshaut entkommen. Schon wollte er sich nach einer der ominösen Papiertüten umsehen, als Baines per Funk um Landeerlaubnis bat. Wenig später kurvte er parallel zur Landebahn ein und begann wieder mit dem lauten Ablesen der Checkliste, betätigte Schalter und Hebel.

„Wir versuchen eine Landung und starten sofort wieder durch. Ich muss mich erst einmal an das Gefühl gewöhnen, in einem Boot zu sitzen. Du betätigst auf mein Kommando den Fahrwerkhebel."

Saddler tat wie geheißen. Kaum quietschten die Reifen nach langem Ausschweben auf, brachte Baines die Motoren wieder auf Vollgas, hob nach kurzer Rollstrecke wieder ab und flog in einer weiten Schleife erneut die Piste an. Nach der dritten Landung ließ Baines die Maschine ausrollen.

„Ich glaube, wir können es bis nach Port Etienne riskieren. Die Motoren haben ohne Probleme durchgehalten. Der Rest ist Gewöhnungssache."

Saddler schien zu überlegen. Irgendetwas war ihm nicht geheuer.

„Ich möchte erst noch einmal die Verkleidungen öffnen und die Motoren kontrollieren."

„Suit yourself!", antwortete Baines. „Ich mache inzwischen den Flugplan, erledige den Zoll und begleiche die ausstehenden Gebühren."

„Das gibt mir genügend Zeit, um nachzusehen", meinte Saddler. Er beobachtete interessiert, wie Baines die Grumman jetzt vor dem Flugplatzgebäude zum Stehen brachte und dann die Motoren abschaltete. Er schälte sich mühsam aus seinem Sitz und ging nach hinten, um die Kabinentür zu öffnen. Saddler fühlte sich wie gerädert. Noch bevor Baines die Checkliste aus der Hand gelegt hatte, war sein Mechaniker schon mit einem Schraubenzieher unter dem linken Motor und begann die Verschlüsse zu öffnen. Aber auch in der hintersten Ecke des engen Motorenraumes fand er keine Anzeichen von Ölverlust; alle Anschlüsse zwischen Brandspant und Motor waren dicht. Saddler war überrascht. Durch den monatelangen Aufenthalt des Flugzeuges in dieser ausgetrockneten Gegend hatte er Standschäden an den Dichtungen erwartet. Zufrieden setzte er die Verkleidungen wieder auf, zog die Verschlüsse fest und wartete im Schatten des Flügels auf Baines. Er brauchte nicht lange zu warten, denn Baines kam knapp zehn Minuten später vom Flughafengebäude zurück.

„Ready?"

„Alles in Ordnung!", Saddler nickte. „Kein Ölleck, nichts. Die Maschine hat sich ganz gut gehalten."

„Technisch vielleicht, aber fliegerisch gesehen ist dieses Flugzeug eine Katastrophe, ein Geschwür. Ich sage dir, die Kiste hängt in der Luft wie ein Rennboot, das im Wasser nicht auf die Stufe kommt und zu viel Widerstand bietet."

Saddler schüttelte den Kopf, als wollte er nach einer Dusche das Wasser aus seinem Haar schleudern.

„Irgendwelche Vermutungen?"

„Keine Ahnung. Vielleicht der Anstellwinkel der Flügel? Ich weiß lediglich, dass die Maschine wesentlich schneller fliegt, wenn ich die Landeklappen etwa zehn Grad ausgefahren habe. Da soll sich einer auskennen."

„So etwas habe ich in meinem Leben noch nicht gehört", meinte Saddler, immer noch den Kopf schüttelnd. „Wir haben doch überhaupt nichts an der Steuerung verstellt."

„Dann ist es eben immer schon eine verdammte Krücke von Flugzeug gewesen."

„Oder mein Vorgänger in der Technik hat bei der letzten Überholung der Maschine die Flügel falsch eingestellt. Du musst wissen, dass der Flug hierher für den auf Zeit angeheuerten Piloten der erste nach der Abnahme war. Die Frage ist, können wir damit leben?"

„Bis nach Port Etienne schon. Ein Problem könnte es geben, wenn wir bis obenhin vollgetankt und die Zusatztanks in der Kabine für den Überflug nach Europa gefüllt sind. Wir werden dann am maximal zugelassenen Abfluggewicht sein."

„Nun, dann eben mal bis Port Etienne. Bringen wir die Sache hinter uns", meinte Saddler. Für ihn lastete das Problem auf Baines Schultern. Er war der Pilot, er hatte die Entscheidung zu treffen. Und Baines war hart im Nehmen. Probleme wie diese würden ihn nicht aufhalten.

„Der Flugplan ist gemacht; der Zoll hat uns verabschiedet und ich habe die bis jetzt angefallenen Gebühren gerade bezahlt. Machen wir, dass wir aus diesem gottverlassenen Nest wegkommen", sagte Baines und hievte sich dabei durch den Kabineneingang. Ben Saddler folgte mit einem letzten Blick auf die trostlose und ausgedörrte Umgebung, die struppigen Grasbüschel, die sich gegen den gelbbraunen, treibenden Sand zu stemmen schienen. Baines hatte recht, nur noch weg von hier, selbst wenn es nur an einen noch trostloseren Ort wie Port Etienne ging.

Nachdem er die Tür geschlossen und gesichert hatte, nahm Saddler wieder auf dem rechten Pilotensitz Platz. Die Luft im engen Raum war zum Ersticken. Saddler riss das Seitenfenster auf seiner Seite zurück und schnappte wie ein Fisch nach der kaum erträglicheren Außenluft. Baines schien inzwischen eine gewisse Routine beim Anlassen der Motoren zu haben. Er brachte sie nacheinander problemlos zum Laufen und rollte wenig später über den Abstellplatz zum Pistenanfang.

Saddler nahm sich diesmal Zeit, den Start durch die Windschutzscheibe zu beobachten; nur hin und wieder überprüfte er mit einem schnellen Seitenblick die Anzeigen der Instrumente. Immer schneller raste die Maschine über den Belag, hämmerten die Fugen durch die Anschlüsse des Fahrwerkes in die Struktur. Dann zog Baines die Grumman langsam hoch und stieg mit einer langgezogenen Rechtskurve aus der bereits flimmernden Hitze des noch jungen Tages. Auf 5.000 Fuß Höhe trimmte er die Maschine aus und brachte die beiden Motoren auf Reiseleistung. Es wurde wenig gesprochen. Hin und wieder überprüfte Baines anhand der Karte seine Position, verglich die Form der weißgrau heraufleuchtenden, ausgetrockneten Salzseen mit den Eintragungen auf der Karte, rechnete die Eigengeschwindigkeit und schüttelte immer wieder ungläubig den Kopf.

„Mir fehlen etwas über zehn Knoten in der Geschwindigkeitsanzeige."

„Vielleicht sind es die Instrumente", warf Saddler ein.

Baines schien die Möglichkeit bereits ins Auge gefasst zu haben. Er tippte mit dem Zeigefinger auf die Anzeige und meinte:

„Das Instrument auf deiner Seite zeigt den genau gleichen Wert. Ich merke doch, dass die Kiste irgendwie falsch in der Luft liegt. Pass auf, ich fahre jetzt die Landeklappen etwa zehn Grad aus."

Saddler sah, wie Baines nach dem Hebel griff und sich die Nase der Maschine gleich darauf kaum merklich senkte.

„Beobachte jetzt deine Geschwindigkeitsanzeige! Da wirst du staunen", rief Baines.

Saddler sah voller Staunen, wie der Zeiger langsam nach oben kletterte, Knoten um Knoten zulegte, ohne dass Baines etwas an der Leistung der Motoren geändert hätte.

„Nun, glaubst du mir jetzt? Hast du dafür eine Erklärung?"

„Verdammt, ich bin zwar kein Aerodynamiker, aber es ist schon rätselhaft. Normalerweise fällt die Geschwindigkeit ab, wenn die Klappen ausgefahren werden, oder etwa nicht?"

„Genau, und darum glaube ich, dass wir uns hier eine Krücke eingehandelt haben."

„Ich glaube nicht, dass wir jetzt etwas dagegen unternehmen können. Man müsste die ganze Maschine nach Herstellerangaben in einer Werft optisch genau vermessen."

„Also vergessen wir das Ganze und fliegen das Ding so gut es eben geht", sagte Baines sichtlich enttäuscht. Saddler konnte unschwer erkennen, dass Baines die Situation nur schwer akzeptieren konnte. Als Perfektionist würde er keine Möglichkeit unversucht lassen, die Lage zu verbessern.

So kam es denn auch. In den folgenden 30 Minuten probierte Baines alle erdenklichen Klappen- und Trimmstellungen, um eine zufriedenstellende Geschwindigkeit zu erreichen. Saddler half, wo und wie er konnte, machte auf Geheiß seines Piloten Notizen und schrieb Anzeigenwerte auf, die ihm wichtig erschienen.

„Haben wir die Hälfte der Strecke schon hinter uns?", wollte er nach einem Blick auf die Uhr wissen. Baines blickte angestrengt aus seinem Seitenfester hinaus. Er versuchte, in der endlosen Wüste unter ihnen einen markanten Punkt zu finden. Schließlich zeigte er nach vorne, dann auf die Karte, die er auf seinen Knien ausgebreitet hatte.

„Da vorn kommt die Atlantikküste. Der weiße Streifen ist jetzt bereits erkennbar. Wir sind eindeutig hinter dem Flugplan. Daran ist einerseits die schwache Reiseleistung der Maschine schuld und andererseits wahrscheinlich auch ein mäßiger Gegenwind."

„Wie lange noch?"

„Vielleicht zehn Minuten! Ist was?"

„Nein, nein, alles bestens. Die Motoren laufen ohne Probleme. Ich wollte nur wissen, wann wir uns auf den Zielflugplatz konzentrieren können."

„Fang schon mal an", meinte Baines. Erstmals seit dem Start in Nouakchott zeigte sich ein schwaches Lächeln auf seinem sonnengegerbten Gesicht. Saddler rechnete. Noch zehn Minuten zum Punkt, an dem entschieden werden musste, ob man im Falle eines Problems weiterfliegen oder wieder nach Nouakchott zurückkehren würde. Von da an noch einmal rund 50 Minuten, dann würden sie den Zielflugplatz unter sich haben.

„Schon mal in Port Etienne gewesen?", wollte Saddler wissen.

Baines nickte und sagte: „Vor ein paar Jahren. Früher bin ich dort hin und wieder gelandet, um Sprit zu tanken oder um nach einem langen Flug in dem kleinen Hotel zu übernachten."

„Gibt es dort wenigstens eine gute Küche?"

„Denkst du eigentlich auch einmal an etwas anderes?", fragte Baines mit einem Augenzwinkern und meinte dann:

„Früher führte ein Franzose das Restaurant, ein Spezialist für Meerestiere. Fische gibt's dort anscheinend wie Sand am Meer."

Saddler rümpfte die Nase; er war nicht sonderlich interessiert an Fischen. Nach den eintönigen Menüvorschlägen der letzten Tage in Nouakchott richteten sich seine kulinarischen Gelüste auf ein saftiges, zweifingerdickes Steak. Schon bei dem Gedanken lief ihm das Wasser im Mund zusammen. Er dachte an die angenehmen Seiten eines Fluges durch Europa. Baines hatte bestimmt ein oder zwei Landungen in Spanien und Frankreich eingeplant. Vielleicht auch ein Wochenende in Paris?

In Gedanken sah er sich bereits in einem der gemütlichen kleinen Restaurants, vor sich ein blütenweißes Tischtuch mit einem verschnörkelten Kerzenständer, eine Menükarte, die er aus Erfahrung nicht lesen konnte, und ein wartender Ober, mit dem er sich nicht verständigen konnte. Dann schon lieber London. Dort konnte er seine Wünsche wenigstens in seiner Sprache vorbringen. Vielleicht war das Essen nicht so schmackhaft wie in Frankreich, die Auswahl der Weine geringer, aber er konnte sich mit den Leuten unterhalten. Saddler versuchte sich zu erinnern, wann er das letzte Mal einen Abstecher nach Paris unternommen hatte. War es vor zehn Jahren gewesen? Damals, als er noch in good old Germany stationiert war und hin und wieder Ausflüge nach Frankreich unternommen hatte?

Saddler wurde durch einen Schlag auf seine linke Schulter aus seinen Träumereien gerissen.

„Point of no return!", frohlockte Baines und zeigte dabei auf einen Punkt auf der Karte. „Wir haben die Hälfte der Flugzeit hinter uns gebracht. Von jetzt an geht's nur noch vorwärts."

Saddler beugte sich hinüber und versuchte, die Position auf der Karte zu sehen und mit der Realität zu vergleichen, die sich einige tausend Fuß tiefer darbot.

„Willst du das offene Meer von der Küste bis zur Halbinsel von Port Etienne überfliegen?", fragte Saddler. Er wollte nicht mehr als eine halbe Stunde nur Wasser unter sich haben.

„Wir reisen schließlich mit einem Flugboot, hast du das vergessen?", meinte Baines.

Saddler hatte es nicht vergessen, konnte sich aber auch nicht vorstellen, bei einer Motorpanne im offenen Meer zu wassern.

„Hast du überhaupt je eine Landung im Wasser gemacht?"

Baines kratzte verlegen seinen Hinterkopf und meinte dann schmunzelnd:

„Es ist zwar einige Jahre her und es war in Kanada. Damals flog ich während der Ferien eine Cessna auf Schwimmern, um in die einsame Wildnis zu kommen."

„Und bist auf einem See gelandet, oder? Dies hier ist keine Cessna auf Schwimmern und da unten ist auch nicht ein ruhiger See irgendwo in Kanada, sondern der verdammte Atlantik."

„Mein Gott, was ist da schon der Unterschied? Wasser ist Wasser", sagte Baines beruhigend. Er schmunzelte noch immer und schien sich ein wenig an den Sorgen Saddlers zu ergötzen.

„Deine Nerven möchte ich haben", maulte Saddler nervös und biss sich dabei auf die eingezogene Unterlippe. Ihm war nicht zum Spaßen zumute. So eine Wasserlandung konnte bei Wellengang gefährlich werden, das wusste er aus Gesprächen mit Piloten, die Erfahrung mit Wasserflugzeugen hatten.

„Mach dir nicht die Hosen voll. In weniger als einer Stunde sind wir am Ziel, schauen die Maschine noch einmal gründlich durch und gehen ins Hotel. Den Weiterflug planen wir für morgen früh."

Saddler blickte ihn ungläubig von der Seite an. Hatte er richtig gehört, Baines wollte in Port Etienne übernachten? Warum diese Verzögerung?

„Aber wenn mit der Kiste alles in Ordnung ist, warum fliegen wir nicht sofort weiter? Wir könnten vielleicht bis Agadir durchkommen", wollte Saddler wissen.

Baines schüttelte vehement seinen Kopf. „Vergiss es, wir warten mit dem Weiterflug bis morgen. Ich habe meine Gründe."

„Welche?", bohrte Saddler weiter.

„Hm, wenn du es unbedingt wissen willst, einer davon ist der Zustand, den du dir gestern Abend angesoffen hast!"

Das hatte gesessen. Saddler wusste, dass Baines ihn an einer schwachen Stelle erwischt hatte. Weitere Argumente waren wohl sinnlos. Er lehnte sich zurück und schloss für einen Moment die Augen, dachte an die vergangenen Tage und den Erfolg, den sie beide mit der Instandsetzung des Flugzeuges für sich verbuchen konnten. Er schreckte hoch, als er plötzlich Baines' energische Stimme im Kopfhörer vernahm, der sich wiederholt bemühte, Funkkontakt mit dem Kontrollturm in Port Etienne herzustellen. Nach ein paar Minuten stand die Verbindung. Baines notierte den durchgegebenen Luftdruckwert, die Windrichtung und Geschwindigkeit, und bestätigte die Landerichtung.

„Wir fliegen vom Meer her an, ziemlich starker Bodenwind aus Nordost. Es wird auch etwas Treibsand geben", sagte Baines, ohne seinen Blick von der Anflugkarte des Landeplatzes zu nehmen. Baines zeigte plötzlich voraus und sagte:

„Da hinten sieht man schon die Umrisse der Halbinsel. In einer halben Stunde sind wir da."

Auch Saddler konnte jetzt den dünnen gelben Finger sehen, der sich als Halbinsel ins Meer hinaus erstreckte. Erleichtert notierte er die Werte der Instrumentenanzeigen auf seinem Block und hob dann seinen Daumen in die Höhe.

„Noch immer keine Probleme mit den Motoren! Ich glaube, wir können getrost die Durststrecke über die Sahara in Angriff nehmen", meinte er.

„Wir entscheiden uns nach der Landung", sagte Baines knapp. Kurze Zeit später begann er einen leichten Sinkflug. Die Umrisse der Halbinsel wurden schärfer. Einzelne Gebäude und auch die Hartbelagpiste zeichneten sich verschwommen in einem gelbbraunen Dunst ab. Baines und Saddler schauten sich an. Sie dachten scheinbar dasselbe.

„Verdammt, der Wind scheint an Stärke zuzulegen. Da unten kommt ein Sandsturm", sagte Baines.

Er nahm das Mikrofon vom Haken und wollte beim Kontrollturm nachfragen, als die Maschine von harten Schlägen erfasst und durchgeschüttelt wurde. Baines steckte blitzschnell das Mikrofon in den Halter zurück und fasste nach den beiden Leistungshebeln, um die Kraft der Motoren zu reduzieren und die Geschwindigkeit zu verringern. Das Schütteln blieb, wurde stärker, warf das Flugzeug nun in heftigen Böen umher und zerrte an der Steuerung. Baines hatte alle Hände voll zu tun, um die Fluglage zu halten. Plötzlich war der Spuk vorbei. Die Maschine glitt erneut im ruhigen Sinkflug dem Ziel entgegen.

„Was – was war denn das?", stotterte Saddler. Die letzten Minuten schienen nicht spurlos an ihm vorbeigegangen zu sein; mit fahlem Gesicht saß er aufrecht im Sessel, die Hände in die Armlehnen verkrampft.

„Das war die erste Turbulenzschicht", antwortete Baines. „Die zweite wird uns in Bodennähe noch einmal zu schaffen machen. Und das ist dann weniger lustig!"

Es kam, wie er vorausgesagt hatte. Im geraden Anflug zur Piste ging die Horizontalsicht plötzlich zurück und heftige Böen erfassten die Maschine. Die Geschwindigkeitsanzeige tanzte hin und her. Baines setzte sein ganzes Talent ein, um die Grumman in der Luft zu halten.

„Gear down – Fahrwerk ausfahren!", rief Baines durch das auf- und abschwellende Grollen der Motoren und das Gejaule des Fahrtwindes. Saddler griff den Hebel und schob ihn nach unten.

„Gear down – Fahrwerk ausgefahren!", sagte er, als die grünen Kontrolllichter aufleuchteten. Er versuchte, durch den Sandsturm die Landepiste zu erkennen. Aber er konnte nur direkt nach unten etwas durch den Wüstensand sehen, der sich zwischen einzelnen Gebäuden hindurchzwängte und zu langen Fahnen wurde.

Dann waren sie über der Piste. Saddler erkannte deutlich die aus dem Sand herausstehenden Lampen, die den Rand der Landebahn markierten. Die Maschine gierte, näherte sich schiebend dem Belag und wurde wieder hochgehoben. Baines fluchte, kämpfte verbissen mit der Steuerung gegen den tobenden Wind und setzte das Flugboot schließlich in Schräglage auf dem rechten Hauptfahrwerk auf. Die Reifen quietschten gequält auf. Nach ein paar 100 Metern war die Rollstrecke zu Ende. Die Grumman stand schwankend und schief auf der Landebahn. Baines pfiff durch die Lippen und wischte sich über die Stirn.

„Das war knapp!"

„Mein Puls setzt gerade wieder ein", sagte Saddler. Er löste langsam seinen Griff um die Armlehnen, die er bis jetzt fest umklammert hatte.

„Was hat der Turm gesagt? Bis zu 40 Knoten aus 60 Grad? Da draußen heult ein Wind, der in Böen sicher stärker ist."

„Ich weiß nicht einmal, ob ich die Maschine bei dem Sturm überhaupt wenden kann. Wenn uns eine Böe im falschen Moment erwischt, legt es uns auf die Seite", antwortete Baines, ohne auf Saddlers Bemerkung einzugehen. Mithilfe des rechten Motors drehte er langsam die Maschine auf der versandeten Piste in die Gegenrichtung; das schwierige Unterfangen forderte von Baines höchste Aufmerksamkeit. Schließlich rollte er langsam und mithilfe der Bremsen auf der nur undeutlich erkennbaren Piste zurück zum Abstellplatz.

Als der Nachtportier des kleinen, einstöckigen Hotels um sechs Uhr morgens erst sachte, dann heftiger an die Zimmertür klopfte, stand Baines, mit seiner Unterhose bekleidet, bereits im Badezimmer. Mit Rasierschaum im Gesicht drehte er sich um und rief etwas, um dem Mann draußen auf dem Flur klarzumachen, dass er den Weckruf vernommen hatte. Dann ging er mit nackten Füßen quer durch das Zimmer, um die schweren Vorhänge am einzigen Fenster zurückzuziehen.

Schummriges Tageslicht drang durch die Scheiben und zeigte einen gelblich leuchtenden Horizont über grauen Hügeln. In einer Viertelstunde steigt die Sonne über der Sahara hoch, dachte er und blickte hinüber zu Ben Saddler, der weiterhin leicht schnarchend im zerwühlten Bett lag und weder das Klopfen an der Tür noch das Geräusch der aufziehenden Vorhänge vernommen hatte. Baines fasste ihn an der Schulter und rüttelte ihn.

„Los, aufstehen! Es ist schon nach sechs. In 20 Minuten ist Frühstück."

Saddler schien aus Tausenden von Meilen Entfernung zurückzukommen. Er schüttelte benommen seinen Kopf, griff sich in seine zerzausten Haare und blinzelte verstört erst auf Baines, dann durch das Fenster.

„Sechs Uhr, eh?", brummte er schlaftrunken und rieb sich die Augen. Wenig später rollte er sich von der Matratze und taumelte ins Bad, gerade als Baines frisch rasiert hinauskam, um sich anzuziehen. Baines packte seine Sachen und ging ins Restaurant, wo in einer Ecke für die Hotelgäste zum Frühstück gedeckt war. Ein Sahraui mit langem, weißem Umhang brachte ihm Kaffee und gezuckerte Dosenmilch. Baines aß ein paar Baguettescheiben und verzichtete auf die angebotenen Eier. Es war zu früh für ein üppiges Frühstück, überlegte er und goss sich erneut eine Tasse mit dem pechschwarzen Kaffee voll.

Ben Saddler kam an den Tisch, als Baines sich die dritte Tasse eingoss. Wie üblich überließ Saddler bei seiner Bestellung nichts dem Zufall. Dann griff auch er zur Kaffeekanne.

„Wie sieht das Programm aus?", fragte er. „Fliegen wir immer noch nonstop bis nach Spanien, oder hast du deine Ansicht geändert?"

„Es bleibt dabei – nonstop bis nach Sevilla. Sobald wir am Flugplatz ankommen, wird aufgetankt. Bei dieser morgendlichen Kälte können wir wahrscheinlich wesentlich mehr Sprit tanken als tagsüber."

„Jetzt habe ich auch endlich ein gutes Gefühl beim technischen Zustand der Maschine. Keine Öllecks, alle Leitungen dicht. Fliegen kannst du die Kiste auch, das hast du gestern bei der Landung im Sandsturm bewiesen."

„Danke", sagte Baines mit einem Blick auf den überladenen Teller, der gerade von der Küche hereingetragen und vor Saddler hingestellt wurde. „Auch ich habe mir Sorgen gemacht, speziell wegen des Seitenwindes. Aber es hat dann doch geklappt. Ein Glück, dass wir nicht in einer der vielen Sandverwehungen steckengeblieben sind."

Sein voller Mund hinderte Saddler daran, etwas zu erwidern. Baines wartete geduldig, bis Saddler den Teller leergegessen und sich zufrieden im Sessel zurückgelehnt hatte.

„Sevilla, da war ich noch nie", murmelte Saddler und hob seine Tasse an den Mund. „Ist das nicht die Stadt mit der großen Arena, wo alljährlich die Stierkämpfe stattfinden?"

„Keine Ahnung, kann schon sein. Aber du brauchst deswegen keine Pläne zu schmieden. Wir fliegen am nächsten Morgen gleich weiter, möglicherweise bis nach Shannon durch."

„Shannon? Mein Gott, das ist ja in Irland. Was ist mit dem Essen in Frankreich?", empörte sich Saddler, stellte die Tasse auf den Tisch zurück und blickte forsch in Baines helle Augen. Baines überlegte. Er ahnte, dass Ben auf einen Aufenthalt in Frankreich scharf war, um ein riesiges Abendessen zu verzehren. Möglicherweise wollte er auch noch ein wenig das Nachtleben genießen und mit Weibern herumtollen. Vielleicht gab es eine Möglichkeit, Bens Gelüsten gerecht zu werden.

„Gut, ich mache dir einen Vorschlag. Im Süden von Frankreich, an der Grenze zu Spanien, machen wir eine Zwischenlandung. In der Nähe des Flugplatzes Biarritz kenne ich ein gemütliches, kleines Restaurant, wo wir ein ausgezeichnetes Mittagessen bestellen können. Einverstanden?"

Saddler überlegte. „Besser als gar nichts", schmollte er. „Dabei habe ich mich so auf Paris gefreut."

Aber Baines gab nicht nach. Er wollte die Maschine bis zum Wochenende in Shannon haben, um am Montag gleich mit einer gründlichen Kontrolle vor dem Flug über den Atlantik beginnen zu können. Er stand auf und sagte: „Ich erledige die Hotelrechnung und du kannst inzwischen das Gepäck vom Zimmer holen. Ein Taxi muss auch noch her."

Saddler nickte. Mit einem Zug leerte er seine Tasse und folgte Baines. Es dauerte eine Weile, bis ein Taxi zur Verfügung stand und sie zum nahen Flugplatz brachte. Während Saddler zum Flugzeug schlenderte und dort den Flugsand von den Scheiben fegte, zahlte Baines die Gebühren, setzte den Flugplan auf und bat um baldige Betankung der Maschine. Der Wetterbericht, den er schon gestern Abend angefordert hatte, versprach relativ gute Verhältnisse auf der ganzen Strecke, mit Ausnahme starker Gegenwinde auf dem ersten Abschnitt. Als er schließlich auf den Abstellplatz trat, sah Baines den Tankwagen bereits an der Maschine und Saddler auf dem Flügel stehen.

„Bis zum Rand voll!", rief er mit vorgehaltener Hand über das Getöse der laufenden Pumpe hinweg. Saddler bestätigte und drückte das Ventil am Hahn erneut voll durch. Noch hauchte ein kalter Wind von der baumlosen Wüste, aber die aufgehende Sonne versprach bereits wärmende Strahlen bei wolkenlosem Himmel. Baines kletterte in die Kabine, um die Einfüllstutzen der Zusatztanks zu öffnen. Pfeifend entwich die aufgestaute Luft, sättigte den Innenraum mit dem für Baines herrlichen Duft von hochoktanhaltigem Flugbenzin. Er liebte diese verdampfende Duftnote klopffester Methane. Dabei konnte er sich im flüchtigen Geruch an längst vergangene Abenteuer erinnern. Baines schüttelte die Erinnerungen ab und ging zurück zum Einstieg, wo er nach Saddler rief.

„Hey, Ben, sobald du die Flügeltanks gefüllt hast, kannst du auch die Zusatztanks in der Kabine bis obenhin füllen. Wir brauchen jeden Tropfen. Klar?"

Ben Saddler beugte sich, auf dem Flügel stehend, vorsichtig über dessen Hinterkante. In seinen Händen hielt er den matt glänzenden Einfüllstutzen mit dem angeflanschten schwarzen Schlauch, den er mühsam nachzog, um den rechten Flügeltank zu erreichen.

„In ein paar Minuten bin ich so weit!"

„Nimm dir Zeit, wir sind im Rahmen. Ich schaue mich inzwischen ein wenig um!"

Baines schätzte die Tatsache, dass Ben das Füllen der Tanks persönlich übernahm. Wie viele tragische Unfälle waren schon passiert, weil ein Pilot die Betankung nicht selbst durchführte oder sie zumindest nicht intensiv überwachte. Die Mannschaften der Betankungsfahrzeuge waren meist nur Hilfskräfte ohne spezielle Kenntnisse der Materie und Fehler waren daher vorprogrammiert. Falsche Treibstoffsorten, falsche Mengen in den falschen Tanks, nicht aufgesetzte oder nicht verschlossene Tankdeckel – er hatte alles schon erlebt und es hatte ihn geprägt: Vorsicht und Kontrolle waren besser als die eigene Beerdigung.

Mit dem Stiefel schob er den angewehten Sand von den Reifen weg, prüfte die Anschläge der Ruder, die beim heftigen Wind vielleicht beschädigt worden waren, nahm die Lederhülle von der Staudrucksonde und prüfte die Wasserproben, die Saddler bereits vor der Betankung dem Kraftstoff entnommen hatte. Es war alles in bester Ordnung. Baines fühlte sich richtig gut. Der lange Überführungsflug würde ein Vergnügen werden. Als er um die Maschine herumkam, sah er gerade, wie Saddler mit dem Schlauch im Innern der Kabine verschwand. Aha, jetzt sind die 80 Gallonen für die beiden Zusatztanks an der Reihe, dachte er befriedigt und schlenderte hinüber zum Tankwagen, dessen Motor mit einer langen, bläulichen Rauchwolke die klare Morgenluft verpestete.

Einer der beiden in blaue Overalls gekleideten Männer, die den Tankwagen bedienten, kam auf ihn zu und hielt ihm den Lieferschein zum Ausfüllen hin. Baines nutzte den Radkasten als Unterlage und ging den Beleg Spalte für Spalte durch. Als er zur Litermenge kam, die gerade in die Grumman getankt wurde, ging er zum Zähler hinüber, der jetzt nur noch langsam die Trommeln drehte und schließlich schlagartig zum Stehen kam.

„Les réservoirs sont plain, non?", fragte der Mann am Zähler und Baines drehte sich zur Maschine, um Saddler zu fragen. Dieser quälte sich gerade aus dem Kabineneingang und hielt den Einfüllstutzen in die Höhe.

„Alle Tanks voll! Sie können den Schlauch einholen!", rief Saddler, den Lärm der Pumpe übertönend. Einer der beiden Männer in Overalls rannte hin, um ihm den Hahn abzunehmen.

„Alors, was haben wir getankt?", fragte Baines neugierig und bereit, die Zahl in den Beleg einzutragen. Der Sahraui zeigte auf die Zähltrommel und anstatt die Zahl zu nennen, schrieb er sie groß auf die von einer dünnen Sandschicht bedeckten Tür des Pumpenkastens. Grinsend schrieb Baines die Zahl ins Buch und unterzeichnete.

„Die Tanks sind randvoll und die Deckel verschlossen. Von mir aus können wir unser Glück versuchen", sagte Saddler, der nun hinzugetreten war.

„Hast du den Ölstand kontrolliert?", fragte Baines.

„Schon gemacht. Kein sichtbarer Verbrauch seit Nouakchott. Alles voll und das Gepäck ist in der Maschine verstaut."

„Noch fehlt der Proviant, der vom Hotel angeliefert werden sollte. Die Sandwiches, das Trinkwasser."

„Müsste eigentlich schon hier sein." Suchend blickte Saddler in Richtung der Straße, die von der kleinen Anhöhe der Halbinsel zum Flugplatz führte.

„Wir warten am besten im Flugplatzgebäude. Dort können wir auch gleich die Angelegenheit mit dem Zoll regeln."

Während sie entspannt den Abstellplatz überquerten, schossen die ersten gleißenden Sonnenstrahlen über den flachen Horizont des Hinterlandes und tauchten die flachen Gebäude auf dem Hügel in blendendes Weiß, das langsam den Hang hinunterkroch. An der Tür kam ihnen ein Europäer entgegen. Er stellte sich als der Mann auf dem Kontrollturm vor. In seiner Hand hielt er ein Papier.

„Good morning, Gentlemen. Ich glaube, es könnte für Sie wichtig sein, diese Kopie des Antrages für die Überfluggenehmigung von Spanisch Sahara und Marokko bei Ihnen zu haben. Man kann nie wissen, ob Sie nicht wegen irgendwelcher technischer Schwierigkeiten eine Landung in diesen Gebieten machen müssen. Sie könnten ernsthafte Schwierigkeiten bekommen, wenn Sie dann nicht wenigstens ein offizielles Papier in der Hand haben, das bestätigt, dass ein Überflug beantragt wurde."

Baines staunte nicht schlecht. Der Kerl hatte ernsthaft an mögliche Folgen für sie gedacht. Oder hatte er vielleicht die alte Grumman entsprechend kritisch eingeschätzt? Dachte er vielleicht, dass sie die lange Strecke niemals in einem Stück fliegen würden?

„Sehr gut. Ich hätte wirklich nicht mehr daran gedacht. Aber Sie haben natürlich recht. Man kann nie wissen, was alles passieren kann", sagte Baines und nahm ihm dankend die Telexkopie ab.

Der Franzose lächelte. Sein Oberlippenbart zog sich an den Spitzen nach oben, als er mit einem schelmischen Blick auf die Grumman draußen auf dem Vorplatz deutete und meinte:

„Un avion pour pêcher – un peu comme un chalutier à vapeur."

„Was hat der Frenchy gemeint?", wollte Saddler wissen. Er hatte kein Wort verstanden. Für einen Augenblick wusste Baines nicht, ob der Franzose einen Witz zum Besten geben wollte oder ob er es wirklich so meinte.

„Er meint, dass dies ein Flugzeug zum Fischen wäre – so was wie ein Fischdampfer."

Als Baines das lustige Blinken in den Augen des Towerlotsen sah, wusste er Bescheid. Mit einem hellen Lachen quittierte er die Worte. So Unrecht hatte der Mann gar nicht, dachte er belustigt. Schließlich war die Grumman ein Flugboot, und ohne Flügel kam sie einem Fischkutter vielleicht sehr nahe. Er übersetzte den Spruch für Saddler, der den Vergleich auch gar nicht so abwegig fand. Nur für den Dampfantrieb zeigte er kein Verständnis. So eine Fehleinschätzung konnte auch nur einem Franzosen passieren. Immerhin gab die Beschreibung des Franzosen Anlass zu einer angeregten Unterhaltung über die Zweckmäßigkeit solcher Flugboote als Amphibien.

Ein älterer Sahraui trat hinzu, um sich nach den Piloten zu erkundigen, die eine Lieferung vom Hotel erwarteten. Baines gab sich zu erkennen und nachdem er den Karton entgegengenommen und den Inhalt kontrolliert hatte, drängte er auf einen sofortigen Abflug. Der Zollbeamte stempelte beflissen das Manifest, schaute kurz in den Karton mit den Wasserflaschen und Sandwiches, die Saddler unter dem Arm hielt, und wünschte ihnen einen guten Flug. Der Franzose verabschiedete sich winkend durch die Glastür und deutete dann auf seine Ohren.

„Was soll das denn wieder heißen?", fragte Saddler neugierig.

„Den Rest will er uns über Funk mitteilen. Das scheint hier so üblich", antwortete Baines. „Vielleicht hat er noch eine weitere abschätzige Bemerkung über unsere Maschine auf Lager."

„Er wird uns das letzte Mal gesehen haben", eiferte sich Saddler. Entschlossen stampfte er neben Baines zum Flugzeug, wo er den Proviant in der Kabine verstaute. Kurz danach startete Baines die beiden Motoren, deren Stakkato wie Musik in Saddlers Ohren tönte. Nachdem die Funkverbindung hergestellt war, gab der Towerlotse die Daten für den Start durch. Dann gab er die Maschine für die Startposition auf der Piste frei.

„Auf diesem Flugplatz gibt es wenigstens kein Gedränge. Wer weiß, wann die letzte Maschine hier vorbeigekommen ist", meinte Saddler und begann, minutiös die Schaltung der Brennstoffleitungen zu kontrollieren, die von den Reservetanks ins normale System führten. Die elektrischen Pumpen lieferten den nötigen Druck und hielten ihn stabil.

„Wie sieht es aus?", fragte Baines, der aus den Augenwinkeln Saddlers Tun beobachtete.

„Alles okay. Ich sehe keine Schwierigkeiten, außer wir haben einen kompletten Ausfall der Elektrik. Dann nämlich bringen wir den Sprit nicht mehr mit den Pumpen von hier in die Flügeltanks."

„Wird schon schiefgehen", sagte Baines, aber er lächelte diesmal nicht. Schließlich hatten sie den Pistenanfang erreicht und Baines drehte die Grumman in die Windrichtung, um den Motorentest durchzuführen. Saddlers Augen klebten an den Instrumenten, dazwischen machte er kurze Notizen auf dem Kniebrett.

„Jetzt oder nie", sagte Baines, als er die Maschine in Startrichtung drehte. Er bat über Funk um Starterlaubnis und bekam sie ohne Verzögerung erteilt. Baines legte die Checkliste weg, seine Blicke kreuzten sich mit denen von Saddler, und dann schob er die beiden Leistungshebel bis an den Anschlag. Heulend fassten die Propeller die noch kühle Morgenluft und schleuderten sie nach hinten. Die Motoren brüllten, vibrierten mit voller Kraft durch den Bootsrumpf und brachten die Maschine langsam auf Fahrt. Es schien unendlich lang, bis sie auf die Abhebegeschwindigkeit beschleunigt hatten. Saddler zählte dabei laut die Sekunden und starrte gebannt auf den schleichenden Zeiger der Geschwindigkeitsanzeige. Baines merkte deutlich die Schwerfälligkeit der bis zum maximalen Startgewicht beladenen Maschine. Mit beiden Händen drückte er das Steuer vor, und als der Druck in der Horizontallage nachließ, zog er sachte das Steuer an sich. Unendlich langsam hob die Grumman von der langen Piste ab und quälte sich mühsam in die Höhe. Baines ließ sich Zeit, fuhr das Fahrwerk ein und trimmte das Flugzeug für einen flachen Steigflug aus. Nur zögernd nahm er die Leistung der Motoren zurück.

„Hängt wie ein nasser Sack in der Luft!"

„Ein Glück, dass hier keine größeren Hindernisse in der Abflugrichtung stehen!", rief Saddler zurück, während er erst besorgt auf die knapp über null stehende Anzeige des Variometers starrte, dann auf die steil in den Himmel zeigende Nase der Maschine.

„Weiß der Teufel, wir haben zwar die richtige Geschwindigkeit und einen hohen Anstellwinkel, aber trotzdem steigt die verdammte Mühle so schlecht, als ob sie eine Tonne überladen wäre. Wie ich schon sagte, hier ist der Wurm drin."

„Die Gesamtmasse stimmt! Wir sind zwar am Höchstgewicht, aber nicht darüber", grübelte Saddler laut. Wieder beobachtete er gespannt die Instrumente, den schleppend steigenden Höhenmesser und dann die langgestreckten Dünen, die sich in einiger Distanz vor ihnen in die Höhe türmten. Baines hatte es scheinbar auch gesehen, denn er drehte jetzt langsam auf das offene Wasser zwischen Halbinsel und Festland hinaus. Der Beamte auf dem Kontrollturm hatte das Manöver anscheinend ebenfalls bemerkt. Durch die Kopfhörer kam plötzlich eine Durchsage, die bei Baines trotz der Anspannung ein befreiendes Lachen auslöste:

„Was hat der gemeint?", wollte Saddler wissen.

„Nun, er ist der Meinung, dass die Maschine vielleicht doch einen Dampfantrieb besitzt."

„Wie kommt das?"

„Weil wir uns über dem Wasser halten."

„Sag ihm, dass er mit seinem Wüstensand am Arsch der Welt sitzt und wir das Wasser vorziehen."

An Bens Gesichtsausdruck konnte Baines sehen, dass dieser über den Humor des Franzosen alles andere als belustigt war.

„Wo sticht dich der Hafer?", fragte er ohne ihn anzusehen.

„Das fragst du noch? Bei der gesetzten Motorenleistung müssten wir wesentlich besser steigen. Das weiß sogar ich."

Baines nickte. Er machte sich seine eigenen Gedanken darüber, aber noch sah er keinen Grund, deswegen in Panik zu geraten. Die Maschine stieg miserabel, aber sie stieg. Jetzt hatten sie bereits 600 Fuß Höhe erreicht und es schien stetig besser zu gehen. Er nahm noch etwas an Leistung zurück und notierte mit Befriedigung, wie die Grumman nach einigen Minuten bei etwas höherer Geschwindigkeit an Steigleistung zulegte. Erleichtert hatte auch Saddler die Veränderung zur Kenntnis genommen. Er lehnte sich zurück, um endlich das Panorama der aufgehenden Sonne über der endlosen Wüste zu bewundern.

Die Minuten schlichen dahin. Noch immer war eine gewisse Spannung im Cockpit spürbar. Der Höhenmesser schlich über die 2.000-Fuß-Marke und Baines trimmte die Maschine behutsam für den Reiseflug aus. Als er das Fragezeichen in Saddlers Gesicht sah, erklärte er:

„Wir sind zu schwer. Vorerst bleiben wir auf dieser Höhe, um etwas Benzin zu verbrauchen. In etwa zwei Stunden steigen wir auf 6.000. Bis dahin steigt auch die Turbulenzzone über der Wüste höher. Saddler gab keine Antwort; er schien Baines Erklärungen gar nicht gehört zu haben. Stattdessen schnupperte er in der Luft wie ein Vorstehhund auf der Fasanenjagd.

„Riechst du nichts?"

„Was denn?"

„Benzin! Ich rieche Benzindämpfe."

Baines zog die Luft kräftig durch seine Nasenflügel und schüttelte den Kopf.

„Ist von den Benzintanks da hinten in der Kabine. Jetzt wo der Außendruck etwas nachgelassen hat, drückt die Verdunstung aus der Entlüftung."

Saddler schüttelte entschlossen seinen breiten Schädel. „Unmöglich, die Entlüftung geht über eine Extraleitung direkt nach draußen."

„Damned, du hast recht! Jetzt rieche ich deutlich verdampfendes Benzin und es wird stärker. Geh doch mal nach hinten und schau nach!"

Saddler musste nicht zweimal gebeten werden. Im Nu war er aus dem Sessel und zwängte sich an Baines vorbei nach hinten. Er blieb lange; als er wieder nach vorne kam und sich zu Baines beugte, war er totenbleich im Gesicht.

„Wir haben Probleme. Ich meine, große Probleme!"

Baines Herz machte einen Satz. „Welcher Art?", fragte er knapp.

„Wir schwimmen im Sprit. Du wirst es mir nicht glauben, aber einer der beiden Tanks ist an der gelöteten Bodennaht aufgeplatzt und läuft völlig aus. Ich kann es nicht aufhalten. Wir werden in Kürze den gesamten Inhalt der Tanks unter unseren Füßen haben."

Das waren wirklich schlechte Nachrichten. In Baines' Schädel rasten die Gedanken. Er suchte nach Lösungen, um die latente Gefahr abzuwenden; so eine Situation hatte er noch nie erlebt. Etwas musste geschehen, und zwar schnell, bevor sie sich in einem gewaltigen, orangeroten Feuerball in Nichts auflösten.

„Wir müssen sofort versuchen, zurückzufliegen. Vielleicht schaffen wir es, vielleicht auch nicht. Die Dämpfe werden in dieser Hitze immer stärker."

„Sollten wir nicht sofort eine Notlandung machen? Wir werden in Kürze etwa 300 Liter hochvolatilen Brennstoff freischwimmend unter den Füßen haben. Da sind Elektrokabel, Schaltkästen, Mikroschalter und anderes Zeug montiert. Beim geringsten Funken könnten wir explodieren", rief Saddler aufgeregt. Baines wusste, dass Ben recht hatte, aber eine Notlandung in der Wüste, auf dem steinigen Boden, würde mit Sicherheit ihr Ende bedeuten. Die Funken, die sich da bilden konnten, würden die Maschine in ein Flammenmeer verwandeln. Aber wie stand es mit einer Landung im Meer, war dies vielleicht eine Lösung? Aber was war mit dem Wellengang? Hustend riss Baines das Seitenfenster zurück. Der Benzinnebel machte ihm zu schaffen und er hoffte auf einen schnellen Abzug der Dämpfe durch das offene Fenster.

„Hey Ben, zieh dein Fenster auch zurück! Die zusätzliche Zirkulation könnte helfen. Mir ist schon ganz komisch im Kopf."

Saddler tat wie geheißen, aber es kam anders. Die Luft, die durch die offenstehenden Seitenfenster nach draußen gezogen wurde, brachte immer mehr Benzindämpfe aus dem Kabinenbereich nach vorne. Baines legte die Grumman sachte in eine Umkehrkurve und leitete einen leichten Sinkflug ein.

„Mach das Fenster wieder zu. Es wird nur noch schlimmer. Wir müssen versuchen, frische Außenluft in die Kabine zu zwingen, sonst bringt uns der Benzindampf noch um."

Mit einer plötzlichen Eingebung streckte er das hölzerne Kniebrett mit den Flugnotizen eine Handbreit aus dem Fenster in den Luftstrom. Die hereinbrausende Frischluft tat richtig wohl in seinen Lungen.

„Okay, wir werden jetzt auf Biegen und Brechen versuchen, den Flugplatz von Port Etienne wieder zu erreichen. Wir sind gute 20 Minuten unterwegs und werden demnach etwa 15 Minuten bis zur Landung brauchen!", rief Baines, das Brausen des Luftstromes übertönend. Saddler nickte. Auch er machte sich Gedanken über die nächsten Minuten, die vielleicht das Ende für sie beide bringen konnten. Entschlossen ging er wieder nach hinten, um das Leck zu beobachten. Der Riss an der Lötstelle hatte sich geweitet. In einem Schwall ergoss sich der Brennstoff über den Kabinenboden, floss über den Teppich nach hinten und versickerte zwischen den Fugen der Bodenplatten. Hier konnte er nichts tun. Auch der zweite Tank würde über die Verbindungsleitungen völlig auslaufen. Er merkte, wie ihm langsam übel wurde und der Dunst seinen Kopf benebelte. Den Atem anhaltend, ging er rasch nach vorne, wo die Frischluft aus Baines' Seitenfenster ihn wieder nüchtern machte.

„Ben, sofort das ganze elektrische System abschalten! Generatoren- und Batterieschalter auf Aus. Wir dürfen kein Risiko eines Schaltfunkens eingehen. Jetzt haben wir noch eine Chance, später könnte uns die Maschine um die Ohren fliegen."

„Und das Fahrwerk?"

„Systemdruck haben wir weiterhin und ausfahren können wir es immer noch manuell. Wir werden auch keine Funkmeldung mehr durchgeben, es könnte ebenfalls zu gefährlich sein", sagte Baines warnend. Mit äußerster Spannung verfolgte er, wie Saddler nun nach den Schaltern griff und sie nacheinander betätigte. Aber es passierte nichts. Keine Stichflamme schoss durch die Kabine und zerfetzte das Flugzeug, nur ein langsames Abschalten der Inverter und Erlöschen der Leuchtanzeigen.

Für einen kurzen Augenblick trafen sich ihre Blicke. Baines richtete ohne eine weitere Bemerkung die Maschine nach dem Notkompass aus. Er schaute auf die Zeiger seiner Armbanduhr, dann auf Saddlers Gesicht, dessen Stirn tiefe Sorgenfalten zeigte. Baines konnte seine Sorgen verstehen und teilte seine Ängste. Die Schweißperlen auf seiner eigenen Stirn stammten nicht von der aufkommenden Hitze über der Sahara. Er hatte Todesangst, die er ebenso zu unterdrücken versuchte wie das feine Zittern in seinen Händen.

„Ist der aufgeplatzte Tank da hinten in der Kabine eigentlich schon leer?", fragte Baines vorsichtig.

„Beide Tanks werden wohl schon ausgelaufen sein", antwortete Saddler mit bebender Stimme.

„Beide?"

„Beide. Sie sind an der Basis miteinander verbunden und an diese Verbindung komme ich in der kurzen Zeit nicht ran. Verdammt Gary, mir geht der Arsch auf Grundeis. Ich glaube, so viel Angst auf einmal habe ich schon lange nicht mehr empfunden. Mein Gott, wenn bloß nichts schiefgeht. Ich bin noch ein bisschen zu jung, um da unten in den Sand zu beißen."

„Wir schaffen es! Noch zehn Minuten, dann sind wir über dem Platz", sagte Baines beruhigend. Er merkte, dass Saddlers Nerven auf das Äußerste angespannt waren und er kurz vor einer Panik stand. So etwas konnte er jetzt am wenigsten gebrauchen.

„Hier, nimm das Kniebrett und schaufle jetzt auf deiner Seite frische Luft durch das Seitenfenster. Ich habe zu tun!"

Baines hielt ihm das Brett auffordernd hin und konzentrierte sich dann auf die Trimmung der langsam absinkenden Maschine. Weit voraus konnte er die langgestreckte Halbinsel sehen, den weißen Fleck am Ende der kleinen Siedlung, und er hielt genau darauf zu.

„Wir machen einen direkten Anflug auf die Piste, ganz egal, ob da Flugverkehr herrscht. Wir kommen zwar mit etwas Rückenwind angeflogen, aber wen kümmert's, dies ist eine echte Notlage und ich scheiße auf Vorschriften, basta."

Saddler starrte ihn an, als ob ihn ein Gespenst in eine Ecke gedrängt hätte. Vielleicht hat er mich gar nicht verstanden, dachte Baines. Er deutete durch die Windschutzscheibe und sagte laut:

„Dort – dort ist die Piste. Noch ein paar Minuten, dann haben wir es überstanden!"

Saddler schien erst aus seinem Trancezustand zu kommen, als Baines ihn hart auf die Schulter klopfte und nochmals aufforderte, den Blick nach vorne zu richten.

„Dort! Siehst du – dort vorne ist unsere Landepiste!", wiederholte er.

Die Spannung in Saddlers Muskeln schien sich ein wenig zu lösen, als er sich leicht vorbeugte, um das zu sehen, was Baines ihm zu zeigen versuchte.

„Mein Gott, vielleicht schaffen wir es wirklich", stöhnte er zwischen seinen zusammengepressten Lippen hervor. Baines schaute auf den Höhenmesser; noch waren sie 200 Meter über Grund. Er schätzte die Distanz zur Piste jetzt auf knappe zehn Kilometer. In drei Minuten würden sie zur Landung ansetzen. Er fühlte etwas Kühles in seine leichten Stiefel kriechen. Überrascht schaute er nach unten und stellte mit Entsetzen fest, dass seine Stiefel in einem völlig durchtränkten Bodenteppich standen. Dunkel glänzte die Nässe herauf. Er brauchte die Neuigkeit Saddler nicht mehr mitzuteilen. Dieser hatte das seltsame Gebaren Baines und dessen Grund bereits entdeckt. Erschrocken zog er die Beine hoch. Nackter Schrecken stand in seinen weit aufgerissenen Augen, als er stammelnd auf den Kabinenboden zeigte.

„Benzin! Der – der Boden schwimmt darin!"

„Noch zwei Minuten, Ben. Wir werden es schon schaffen. Auf das Rauchen musst du wohl verzichten, sonst …"

Baines lächelte gequält. Irgendwie übertrug sich sein schwarzer Humor auch ein wenig auf Saddler, denn die Starre in seinem Gesicht löste sich ein wenig. Jetzt konnte Baines deutlich die lange, dunkle Piste im gelbbraunen Sand ausmachen. Langsam begann er, die Leistung der Motoren zurückzunehmen und die Geschwindigkeit zu verringern. Als der Zeiger die weiße Markierung auf der Geschwindigkeitsanzeige erreicht hatte, drückte er die Blockierung des Fahrwerkhebels durch und fuhr den Griff in die untere Raste. Der dumpfe Schlag, den das ausfahrende Fahrwerk verursachte, war nicht zu überhören. Baines versuchte, den Vorgang durch das halboffene Seitenfenster zu beobachten; es war nicht möglich, festzustellen, ob das Fahrwerk auch wirklich verriegelt war.

„Kein Strom – keine Anzeigen! Betätige schon mal die Handpumpe, um den Hydraulikdruck zu erhöhen. Wir müssen sicher sein, dass das verdammte Fahrwerk fest verriegelt ist, sonst können wir uns bei der Landung den Engeln anschließen."

Saddler hatte begriffen. Er begann, wie ein Wilder an der Handpumpe zu hebeln und schaute auf den zitternden Zeiger des Druckinstrumentes, der nun langsam auf der Skala nach oben kletterte. Plötzlich durchfuhr ein sanfter Schlag die Maschine, der Druckzeiger fiel momentan ab und Baines schrie: „Down and locked! Wir haben es geschafft. Das Fahrwerk ist verriegelt. Da war wohl noch Sand in der Mechanik."

„Soll ich weiterpumpen?", fragte Saddler pustend.

„Lass es! Ich brauche nur noch etwas Druck für die Landeklappen!"

„Mein Gott, ich halte den Benzingestank nicht mehr aus", stöhnte Saddler. Doch Baines achtete nicht darauf. Verbissen richtete er die nun rasch sinkende Maschine auf den Endanflug aus, stabilisierte mit leichten Leistungsänderungen die Geschwindigkeit und fuhr dann die Landeklappen in Etappen voll aus.

„Du kannst dich entspannen, wir sind im Endanflug! Keine andere Maschine weit und breit", rief er.

Saddler richtete sich auf. Durch die Windschutzscheibe sah er deutlich, wie die Piste langsam größer wurde und ihnen immer schneller entgegenkam. Er dachte an die bevorstehende Landung, an das viele Benzin, das sich unter ihnen in der Kabine angesammelt hatte, und dann durchfuhr es ihn heiß. Ein furchtbarer Gedanke kreiste in seinem Hirn, nährte sich an seinen Zweifeln und steigerte sich zu einer vehementen Reaktion. Er griff plötzlich nach der Steuersäule auf seiner Seite und begann, daran zu ziehen.

„Wir dürfen nicht landen – for God's sake, nicht landen!", schrie er aufgebracht. Baines hatte alle Hände voll zu tun, Saddlers Kraft an der Steuersäule zu überwinden.

„Lass das verdammte Steuer los! Du Idiot bringst uns beide noch um."

Baines schlug mit der Faust kräftig Saddlers linke Hand vom Steuerhorn, korrigierte die Schieflage der Maschine und versuchte gleichzeitig, die Geschwindigkeit zu halten. Schnell näherten sie sich nun dem Pistenanfang.

„Was ist denn los? Bist du wahnsinnig geworden?", schrie Baines und war nahe daran, Saddler die geballte Faust ins Gesicht zu schlagen.

„Mein Gott, Gary – wir dürfen nicht landen!", schrie Saddler verzweifelt. Seine Rechte hielt das Steuerhorn auf seiner Seite immer noch umklammert.

„Die statische Aufladung wird bei Bodenkontakt Funken erzeugen und uns ins Jenseits blasen!"

Für Sekunden fraß sich das Gesagte in Baines Gehirn; er versuchte es zu verarbeiten und für nichtig zu erklären. Dann sah er in Gedanken den dünnen Stahldraht am rechten Fahrwerk, der bei der Landung die statische Aufladung ableiten würde. Er packte Saddler grob mit einer Hand an der Schulter und riss ihn zurück.

„Vergiss es! Die Entladung findet am Fahrwerk statt. Dort kommt vorerst kein Brennstoff hin. Glaube mir, wir sind okay!"

Saddlers Mund stand offen. Alle Kraft schien aus ihm gewichen; er schien sich dem Schicksal ergeben zu haben und machte keine weiteren Anstalten, die Landung zu behindern. Nur noch ein paar Meter trennten die heranbrausende Maschine von Mutter Erde. Baines machte letzte Korrekturen und zog dann die Leistungshebel langsam bis an den Anschlag zurück. Der Motorenlärm war mit einem Schlag verstummt, nur die Luft rauschte an den offenen Cockpitfenstern vorbei. Dann quietschten auch schon die Reifen auf dem Hartbelag der Piste und Baines ließ die Grumman sachte bis zur Abzweigung des Abstellplatzes ausrollen, wo er sie mit abgestellten Motoren einfach stehen ließ. Durch die Windschutzscheibe sah er einen vollbesetzten offenen Jeep und dahinter den roten Feuerwehrwagen mit hoher Geschwindigkeit heranfahren; lange Staubfahnen markierten ihren Weg.

„Das Empfangskomitee", sagte Baines. Er schob sich langsam aus seinem Sitz und ging nach hinten, um die Kabinentür zu öffnen. Heiß und unangenehm schlug ihm die Wüstenluft entgegen, aber es war Balsam in seinen brennenden Lungen.

Grumman G-44 „Widgeon", Bild: Grumman

EINE RÄTSELHAFTE ENTSCHEIDUNG

23. Februar 1972, Frachtflug nach Fort Lamy

Düster und tief hingen die Stratuswolken über dem nass glänzenden Flugplatz von Lagos-Ikeja. Der feine Regenvorhang, der aus dem verhangenen Morgenhimmel rieselte, dämpfte wirkungsvoll das brabbelnde Motorengeräusch der vier Pratt&Whitney-Sternmotoren. Schwer beladen stampfte die Douglas DC-4 unter dem Schub der Propeller über die holprige, als Taxiway benützte Rollbahn, die zur Startpiste führte.

Die jetzt im Mai beginnende Regenzeit hatte sich in den letzten Tagen bereits von der schlimmsten Seite gezeigt. Unter der schaurigen Begleitung gewaltiger Gewitter waren die Schleusen des Himmels fast ohne Unterbrechung geöffnet. In den flachen Senken beiderseits des Rollweges hatten sich kleine Seen ausgebreitet und die befestigte Zuführung zur Piste überflutet. Captain Jim Horley neigte sich zu seinem geöffneten Cockpitfenster, um die durch das Wasser pflügenden Doppelreifen des Haupfahrwerkes zu beobachten. Wasserhosen wirbelten von den quirlenden Fluten in die rotierenden Propellerspitzen und stoben, sich auflösend, unter dem Tragflügel hindurch. Er hatte genug gesehen, zog seinen Kopf wieder zurück, fuhr sich mit der Rechten über die triefenden Haare und meinte dann zu seinem Co-Piloten: „Ein verdammtes Sauwetter. Wenn das mit dem Regen so weitergeht, brauchen wir statt der Räder ein paar Schwimmer am Fahrwerk."

Ronald Sutton drehte sich um und nahm seinen linken Kopfhörer vom Ohr. Er hatte wohl die Bemerkung seines Skippers gehört, sie aber nicht verstanden, denn der Kontrollturm hatte ihn gerade über Funk informiert, dass auch die Startpiste an einigen Stellen überflutet sein könnte.

„Captain, der Kontrollturm meldet Wasser auf der Piste!"

Horley nickte. Er hatte das befürchtet und ging daher in Gedanken noch einmal die Ladedaten durch. Seine Sorge galt nicht nur der zusätzlichen Brennstoffmenge in den Flügeltanks, mit der das höchstzulässige Landegewicht beim Aufsetzen auf der Piste von Fort Lamy überschritten würde; ihn beschäftigte auch die Wahrscheinlichkeit schwerer Gewitter über dem Hochplateau von Jos.

Eines wusste Horley nämlich aus langjähriger Erfahrung: Die Flugeigenschaften einer bis an das maximale Startgewicht beladenen DC-4 glichen auf 9.000 Fuß eher einer schwangeren Ente. Aber was half's, er musste den zusätzlichen Sprit tanken, weil es in Fort Lamy für den Rückflug seit Wochen keinen Treibstoff mehr gab. Was die Flughöhe anbetraf, so war ihm diese durch die Sicherheitshöhe über dem Zentralgebirge bei Jos ohnehin vorgegeben. Leise fluchend schob Captain Horley das Fenster auf seiner Seite vor, um nicht noch mehr vom Regen abzukriegen. Die Scheibenwischer tanzten im gleichmäßigen Rhythmus auf den Windschutzscheiben herum und gaben einen verwaschenen Blick durch die dicken Gläser frei. So steuerte Horley im trüben Licht des anbrechenden Tages die Maschine vorsichtig auf die „Hold Position" am Anfang der Startpiste.

„Checklist for run-up!", rief Horley, während er die Bremsen setzte. Sutton nahm die in Plastik eingefasste Checkliste aus dem Fach neben seinem Sitz und begann, die Prüfpunkte laut und deutlich abzufragen. Horley antwortete präzise, wenn auch etwas mürrisch, was aber bei solchen frühmorgendlichen Flügen öfter vorkam. Nach einem raschen Blick auf die

Öltemperatur der vier Motoren schob Captain Horley die Leistungshebel der zwei Außenmotoren langsam vor, checkte routinemäßig die Propellerverstellung und prüfte anschließend die Funktion der Zündanlage. Er schien zufrieden und ließ dies seinen Co-Piloten durch ein leichtes Kopfnicken wissen.

„Machen wir, dass wir hier wegkommen! Lass dir vom Kontrollturm die Clearance und die Startfreigabe geben!"

Horley kürzte die Start-Checks etwas ab, indem er die Kontrollpunkte gleich selbst von der Checkliste las und überprüfte.

„Der Kontrollturm kriegt keine Verbindung mit Kano. Man kann uns nur bis nach Ibadan und auf eine Flughöhe von sieben null freigeben", meldete sich der Co-Pilot.

„Scheiß Gewitter", schimpfte Horley. „Wahrscheinlich haben sie wieder einmal wegen des vielen Regens einen Kurzschluss in der Antennenanlage. Sag ihnen, dass wir die Sache selbst in die Hand nehmen und Kano auf Kurzwelle aufrufen werden, sobald wir in der Luft sind."

Sutton nickte beflissen, drückte den Knopf am Mikrofon und wiederholte die Anweisung von Captain Horley. Sekunden später hielt er plötzlich den Daumen hoch und rief:

„We are cleared for take-off, wir sind für den Start freigegeben worden!"

Statt einer Antwort schob Horley mit grimmigem Gesicht die vier Leistungshebel etwas vor und löste gleichzeitig die Bremsen.

„Left turn after take-off, cleared initially to seven zero!", meldete Sutton und bemerkte aus den Augenwinkeln, wie Horley nun ebenfalls den Kopfhörer über die Ohren zog und die schwer beladene Maschine kurz darauf auf der Mittellinie am Ende der Startpiste abbremste. Mit einem letzten Blick ging der Captain auf dem Instrumentenbrett die mit dickem Fettstift notierten Zahlen für die in der Startphase kritischen Geschwindigkeitswerte durch. Dann zog er seine Sitzgurte fest und sagte: „Okay, Ron! Wir sind an der Leistungsgrenze dieses Vogels. Du meldest mir daher jede auch noch so kleine Anomalität bei Öl- und Zylindertemperaturen der Motoren während des Startes. Falls einer davon bei V-one schlappmachen sollte, ziehen wir den Start auf jeden Fall durch. Aquaplaning würde unsere Bremsversuche nämlich ohnehin zunichtemachen. Wir würden wahrscheinlich hinter der Piste in einem Entwässerungsgraben enden, und das könnte uns das Fahrwerk kosten. Ich hasse es, ebenerdig aus einem Flugzeug aussteigen zu müssen."

„Verstanden!", quittierte Sutton deutlich. Er konnte ein Schmunzeln nicht unterdrücken. Horleys schwarzer Humor war weithin bekannt und es war auch nicht das erste Mal, dass er mit ihm derart haarsträubende Starts durchgestanden hatte. Dabei war ihm auch schon vor Angst der kalte Schweiß auf die Stirn getreten. Und heute war es wahrscheinlich nicht nur der Start, der wegen des schlechten Wetters hohe Anforderungen stellte. Turbulenzen in den Gewitterwolken hier in den Tropen konnten manchmal ungeahnte Ausmaße erreichen und dabei die Struktur eines Flugzeuges bis an die Grenzen belasten.

Ein letztes Mal bewegte Horley die Steuer bis an die Anschläge. Dann griff er entschlossen in die Leistungshebel auf dem Bedienungssockel zwischen den beiden Pilotensitzen und schob sie langsam vor. Das tiefe Grollen der Motoren steigerte sich zu einem Dröhnen, das die ganze Maschine erzittern ließ. Weiße Kondensationsfahnen fegten von den Propellerspitzen nach hinten und flackerten gespenstisch über die Flügel. Dann ließ Horley die Bremsen los. Von der Schubbelastung befreit, schnellte der Stoßdämpfer des Bugfahrwerkes hoch und die DC-4 begann träge, auf der regennassen Piste zu beschleunigen.

„Manifold auf 50 Zoll Ladedruck ausgleichen und halten!", rief Horley. Ronald Sutton nahm den Auftrag sehr ernst. Angestrengt verfolgte er die Anzeigen und glich diese wie angewiesen mit den Leistungshebeln auf seiner Seite aus, während er mit seiner Rechten die Steuerung für das Querruder gerade hielt.

Immer schneller bewegte sich die Maschine und fraß sich gierig durch die bei größeren Wasserlachen aufstiebende Gischt. Sutton beobachtete dabei mit Sorge, wie die Zeiger der Öltemperatur langsam in den oberen Bereich stiegen. Sein Blick fiel auf die Geschwindigkeitsanzeige: 80 Knoten und steigend! Die erste kritische Geschwindigkeit näherte sich rasch und noch gaben die vier Motoren ihre Startleistung ohne Probleme ab. Wenn jetzt aber etwas schiefging, mussten sie den Start sofort abbrechen.

„V-one!", rief Sutton gepresst, als der Zeiger die erste Marke auf der Geschwindigkeitsanzeige passierte. Captain Horley hatte inzwischen das seitliche Handrad der Bugradsteuerung losgelassen. Stattdessen zog er nun mit beiden Händen das Steuerhorn etwas zurück. Er versuchte, locker zu bleiben, merkte aber deutlich, wie er sich unter dem Eindruck der zähen Beschleunigung verkrampfte. Durch die Windschutzscheibe sah er verschwommen das sich rasch und bedrohlich nähernde Ende der Piste.

„V-two! Öl- und Zylinderkopftemperaturen am oberen Limit", drang jetzt eindringlich Suttons Stimme an sein Ohr. Horley reagierte sofort, indem er die Steuersäule noch näher an sich heranzog. Die Stöße vom Fahrwerk wurden plötzlich weich und dann stieg die schwere DC-4 zögernd in den von Nebelbänken verhangenen Morgenhimmel.

„Gear up – Wipers off!"

Sutton hatte bereits auf das Kommando gewartet. Er riss den Fahrwerkhebel in die obere Stellung und beobachtete, wie die grün leuchtenden Kontrolllampen auf gelb wechselten. Danach schaltete er, wie befohlen, die Scheibenwischer ab.

„Gear in transit!"

„Okay – METO Power!", durchbrach Horleys Stimme das Dröhnen der Motoren. Sutton agierte, wie er es schon hunderte Male getan hatte. Sobald Captain Horley den Ladedruck mit den Leistungshebeln reduziert hatte, fuhr Sutton die vier Handgriffe der Propellerverstellung auf 2.550 Umdrehungen zurück. Das Brüllen der Motoren wurde schwächer und Sekunden später tauchten sie in die tief über dem sumpfigen Gelände hängenden Regenwolken ein. Sutton registrierte besorgt die schwache Steigleistung. Captain Horley opferte sie offensichtlich zugunsten einer höheren Geschwindigkeit, um die Öl- und Zylindertemperaturen herunterzubringen.

„Climb Power!", rief Horley gepresst. „Checklist after take-off!"

Es war die übliche Routine, die jetzt im Cockpit einsetzte. Sutton rief die Kontrollpunkte auf und Captain Horley quittierte sie nach deren Erledigung. Während er sich im schummerigen Licht der Stratuswolken auf die Instrumente konzentrierte, prasselte der Regen unaufhörlich gegen die Windschutzscheiben. Nach einer weiten Linkskurve hatte Horley inzwischen den Kurs auf den ersten Checkpunkt „Ibadan" gesetzt, als sie unverhofft bei etwa 3.000 Fuß aus den Wolken ausbrachen. Aber es war nur eine Zwischenschicht, in die sie geraten waren, denn kurz darauf verdunkelte sich das Tageslicht erneut. Nur der Regen hatte jetzt etwas nachgelassen und sie stiegen langsam mit 35 Zoll Ladedruck auf die von Lagos bewilligte Flughöhe von sieben null.

Schon kurz vor dem Überfliegen des Funkfeuers Ibadan hatte Sutton mittels Kurzwelle die Verbindung mit Kano hergestellt und die Flughöhe 90 bis Fort Lamy zugeteilt bekommen. Nachdem er die aktuelle Überflugzeit über dem Funkfeuer errechnet hatte, begann er mit den Zeitkorrekturen des Flugplans, der sich aufgrund der schwer beladenen Maschine und des in dieser Höhe vorherrschenden Gegenwindes in die Länge ziehen würde. Die geschätzte Ankunftszeit in Fort

Lamy verzögerte sich nach seinen neuen Berechnungen jetzt um eine gute halbe Stunde. Captain Horley war nicht sehr erbaut über diese Neuigkeit.

„Wie sieht es mit den Treibstoffreserven aus?", fragte er daher seinen Co-Piloten plötzlich mit einem Blick auf die Tankanzeigen, die, wie er wusste, bei der DC-4 höchst ungenau sein konnten. Nicht von ungefähr stieg er bei jeder Betankung stets selbst auf die Tragflügel der Maschine, um sich mit dem Messstab vom jeweiligen Treibstoffinhalt in den Tanks zu überzeugen.

„Vergiss nicht, wir haben keine Möglichkeit, in Fort Lamy Benzin aufzunehmen."

Sutton klemmte das Blatt mit der Treibstoffkontrolle auf das Kniebrett und begann, den bisherigen Verbrauch zu errechnen. Kurz darauf hielt er Horley das Resultat hin und meinte: „Mit dem zusätzlichen Verbrauch von 120 Gallonen werden wir das eingeplante Übergewicht bei der Landung zur Hälfte aufgebraucht haben."

Horley überflog die Zahlen auf dem Kontrollblatt und spekulierte: „Also etwa 700 Pfund über dem maximalen Landegewicht?"

„So ist es, Captain", bestätigte Sutton angespannt.

„Kein Problem. Was ist demzufolge der neu berechnete Treibstoffstand für den Rückflug von Fort Lamy?"

Sutton zeigte mit dem Finger auf eine hastig hingeschriebene Zahlengruppe am Rand des Kontrollblattes. „Es bleiben uns ziemlich genau 980 Gallonen."

„A little tight for comfort", meinte Horley stirnrunzelnd. „Wir werden zur Sicherheit den Inhalt der Tanks vor dem Start in Fort Lamy noch einmal genau ausmessen."

Damit schien für Captain Horley der Fall abgeschlossen. Inzwischen hatte er die DC-4 auf der von der Flugkontrolle Kano zugeteilten Flughöhe 90 ausgetrimmt und die Motoren auf Reiseleistung reduziert. Sie brummten die nächste Stunde zuverlässig ihr monotones, synchronisiertes Lied, ungestört vom leichten Regen und den jagenden Wolken. Alles schien in bester Ordnung. Entspannt im Sitz zurückgelehnt, genoss Horley heißen Kaffee aus der Thermosflasche. Er dachte nach und wandte sich plötzlich an Sutton.

„Ron, du übernimmst jetzt die Steuer! In der Turbulenz, die vor uns liegt, wird es ein gutes Training für dich sein. Den Autopiloten lassen wir dabei aus dem Spiel. Okay?"

„Okay", quittierte Sutton, etwas irritiert über den Auftrag. Er war es nicht gewohnt, dass Captain Horley ihm die Maschine überließ, wenn offensichtlich in Kürze eine Schlechtwetterfront durchflogen werden musste. Ob er ihn testen wollte? Ob er vielleicht wissen wollte, wie Sutton bei Turbulenzen die Maschine innerhalb der gegebenen Limits zu halten vermochte? Bisher hatte Horley nämlich stets darauf bestanden, solche Aufgaben selbst zu übernehmen. Seiner Ansicht nach war keiner der jungen Co-Piloten in der Lage, genügend Gefühl für die betagten Douglas DC-4-Maschinen aufzubringen.

„Diese Dame fliegt man mit Sinn für weiche Kurven", pflegte er zu bemerken. „Man fliegt bei starker Turbulenz nicht stur nach den Instrumenten, sondern setzt in erster Linie den Teil des Körpers ein, der besonders empfindlich auf Druckstellen reagiert. Also höre auf dein empfindliches Hinterteil!"

Sutton dachte an die Worte, als er seinen Sitz entriegelte und etwas nach vorn schob. Sein Hauptaugenmerk galt nun dem künstlichen Horizont, dem Kurskreisel und dem Höhenmesser. Noch immer trommelte der Regen auf die Scheiben, draußen war nur verwaschenes Grau zu sehen. Zehn Minuten später hörte es auf zu regnen und die Wolken rissen zögernd auf. Die DC-4 glitt in ruhigere Luftmassen und ein immer gleißenderes Morgenlicht, das von einer dünnen

Schicht Cirruswolken gedämpft wurde. Unter ihnen zeigte sich die in verschiedenen Grüntönen gefleckte Erdoberfläche.

„Sieht aus, als ob wir uns dem Niger River nähern würden", sagte Horley, nachdem er eine Weile das Gelände unter ihnen studiert hatte. Und so war es auch. Ein paar Minuten später kam der trübe Streifen des sich durchs Land schlängelnden Stromes in Sicht. Horley verglich die Zeit des Überfluges mit dem von Sutton erstellten Flugplan.

„Eine Minute zu spät, aber vielleicht reduziert sich das bis zum nächsten Checkpunkt über Jos!", rief er zu seinem Co-Piloten hinüber. Dann lehnte er sich erneut zurück und genoss den ruhigen Flug. Er dachte an das Abendessen im Hotel in Fort Lamy, an den Blick von der Veranda über den Chari River und an die vielen Flusspferde, die dort im flachen Ufer zu sehen waren. Was für ein Unterschied zu den früheren englischen Kolonien es doch jedes Mal war, wenn man die Gastronomie, den liberalen Lebensstil und die Menschen in diesen ehemals französischen Gebieten kennenlernte. Wenn man dann noch die Sprache beherrschte, öffneten sich Welten. Horley hatte gelernt, sich jeweils nicht nur in Fort Lamy, sondern auch in anderen Städten der ehemaligen französischen Kolonialgebiete, wie Ouagadougou, Bamako, Douala, Lomé oder Dakar mit allem einzudecken, was man in Nigeria nicht bekommen konnte. Dazu gehörten nicht nur eine gute Flasche Cognac oder Champagner, sondern auch frisches Gemüse, Beinschinken, Käse und andere Luxusgüter. Schmuggel war für Horley zu einer Aufgabe geworden, der er mit großem Eifer nachkam.

Aber er dachte auch an die hübsche Bardame im Hotel. Ob sie dort immer noch tätig war? Oder der französische Metzger aus Clermont-Ferrand, der sich an diesem fernen Ort eine neue Existenz aufbauen wollte. Ob er heute wieder die feinen und scharf gewürzten „Merguez"-Würste im Laden anbieten würde? Horley träumte und die Zeit verrann. Hin und wieder schaute er auf den Magnetkompass, verglich die Anzeige mit dem Kurskreisel oder überflog mit einem kurzen Blick die Instrumente für die Motoren und Geräte. Alles schien normal. Es würde wohl wieder einmal ein Flug ohne Notfälle und Probleme werden.

Plötzlich fiel ihm auf, dass die Tankanzeige für den Haupttank Nummer zwei auf „Voll" stand. Dies war doch nicht möglich. Er tippte an das Instrumentenglas, aber nichts änderte sich an der Zeigerstellung. Wahrscheinlich wieder einmal ein elektrisches Problem, dachte er und machte für die Mechaniker eine kurze Notiz auf dem Flugplan. Er konnte damit leben. Schließlich wusste er, wie viel in Lagos getankt worden war. Auch die vor ihnen über dem Bergmassiv aufgeschichteten Wolken machten ihm keine Sorgen. Das war normal in der Regenzeit, konnte aber je nach Intensität und dahinter versteckten Gewitterwolken für einen Piloten zu einer bösen Erfahrung werden.

Sutton war die Verfärbung des Himmels nicht entgangen. Im Gegensatz zu Captain Horley machte er sich jedoch Sorgen. Die alte Douglas war beinahe bis zum maximalen Abfluggewicht geladen, sie lag schwerfällig, ja fast unbeholfen in der Luft. Es kam ihm vor, als hinge sie in dieser Flughöhe wie eine reife Pflaume am Baum, bereit, jederzeit herunterzufallen. Kein Wunder, dachte Sutton, die in den letzten 20 Minuten gestiegene Außentemperatur hatte die Dichtehöhe bereits auf fast 11.000 Fuß ansteigen lassen. Als die ersten Böen die Maschine erfassten, hatte Horley gerade das Morsezeichen des Funkfeuers von Jos am Radiokompass identifiziert. Noch war das Signal zu schwach, um die Nadel des Radiokompasses zu bewegen. Fast automatisch schaute Horley auf die Uhr: zwei Stunden und zehn Minuten seit dem Start in Lagos. Er ahnte, dass sie erneut wertvolle Zeit auf dem Flugplan verlieren würden.

„Wahrscheinlich fünf Minuten Verspätung über Jos", informierte Horley seinen Co-Piloten. Gleichzeitig beobachtete er, wie dieser bei zunehmender Turbulenz verbissen mit dem Einhalten der Flughöhe kämpfte.

„Steady as she goes!", rief er grinsend. „Es wird noch schlimmer. Das ist erst der Anfang!"

Es kam, wie Horley vorausgesagt hatte. Innerhalb kurzer Zeit tauchten sie mit der Maschine tief in brodelnde Wolkenmassen ein. Feiner Regen schmierte erst über die Windschutzscheiben und steigerte sich dann zu einem hörbaren Prasseln. Fast gleichzeitig wurde die Maschine von Luftmassen hochgerissen. Jaulende Windgeräusche vermischten sich mit dem veränderten Grollen der Motoren. Horley zog die Leistungshebel der vier Motoren etwas zurück, als er die rasant ansteigende Geschwindigkeit auf der Anzeige bemerkte. Gleichzeitig sah er, wie Sutton krampfhaft versuchte, mit dem Höhenruder die vorgegebene Flughöhe zu halten.

„Don't fight it!", rief er laut. „Lass dich treiben. Korrigiere nur das Schlimmste!"

Im nächsten Augenblick fiel die betagte DC-4 ins Leere. Horley und Sutton wurden gegen die Gurte geschleudert. Karten, Pilotenkoffer und Flugpläne hoben vom Boden ab und schwebten plötzlich schwerelos im Cockpit.

„Climb Power!", schrie Horley und griff in die Propeller und Leistungshebel, als er sah, wie die Geschwindigkeit nach unten sackte.

„Watch the speed!", warnte er eindringlich und wollte schon helfend in die Steuer eingreifen, als sein Puls einen Sprung tat. Sein in jahrelanger Erfahrung trainiertes Auge hatte in steter Überwachung der Anzeigen etwas entdeckt, das nicht in den Rahmen passte. Aus der Reihe von Instrumenten über der Windschutzscheibe fixierte er nun eine Zeigerstellung, die den Alarm bei ihm ausgelöst hatte. Er kapierte augenblicklich, dass die Öltemperatur vom Triebwerk Nummer eins die obere rote Marke überschritten hatte und sichtbar weiter anstieg. Ein rascher Blick auf das Öldruckinstrument des gleichen Motors bestätigte ihm die Richtigkeit der Anzeige; hier stand die Nadel nahe am Minimum.

Für Horley gab es keinen Zweifel: In wenigen Sekunden würde der links außen montierte Doppelsternmotor festfressen oder sogar in Flammen geraten. Die Situation ließ keine Zeit für lange Abwägungen. Seine Entscheidung kam daher augenblicklich.

„My controls!", rief er. Sutton fuhr herum und ließ erschrocken die Steuer los. Der Gedanke, dass er vielleicht etwas grundsätzlich falsch gemacht haben könnte, durchfuhr ihn heiß. Aber dann sah er den verkniffenen Blick Horleys, der mit ausgestrecktem Finger auf die Öltemperatur von Motor Nummer eins zeigte. Ein Schock durchfuhr ihn, doch Horley gab ihm keine Zeit für Überlegungen.

„Feather Number one – now!", brüllte er. Gleichzeitig riss er den Leistungshebel für diesen Motor zurück und fuhr die Gemischkontrolle nach unten. Aus den Augenwinkeln überwachte er, wie Sutton den links außenstehenden, roten Knopf für die Betätigung der Propeller-Segelstellung drückte. Gleichzeitig konzentrierte er sich auf die Fluglage der Maschine, die sich schwerfällig in der Turbulenz wälzte, und trimmte hastig das Seitenruder aus.

„Motor Nummer eins steht. Propeller in Segelstellung!", bestätigte Sutton laut, als er sah, wie die Propellerblätter langsam zum Stehen kamen.

„Okay, checklist for feathering!", befahl Horley, ohne den Blick von den Fluginstrumenten abzuwenden. Noch während er mit den Elementen kämpfte, begann er eine flache Umkehrkurve nach rechts. Seine Gedanken rasten. Zurück nach Lagos war das Einzige, was er jetzt tun konnte. Dort waren die Mechaniker, die Werkzeuge und auch ein Ersatztriebwerk. Während er fast mechanisch die Kontrollpunkte quittierte, die Sutton von der Checkliste abrief, überlegte er eilig das weitere Vorgehen.

Zurück nach Lagos mit nur drei Motoren war im Prinzip kein Problem, aber er hatte eine voll beladene Maschine und damit wurde das Ganze zu einem höchst kritischen Unternehmen. Die momentane Flughöhe konnte er sowieso nicht halten, und unter ihnen ragten die Bergspitzen des Plateaus von Jos empor. Es gab nur eines, er musste sofort Brennstoff ablassen, um das Gewicht zu verringern. Aber wie viel? Nach zwei Minuten hatte Horley die DC-4 endlich auf Gegenkurs. So gut es ging, flog er sie im Bandbereich der wegen der vertikalen Luftströmungen zu beachtenden, kritischen Geschwindigkeitswerte und ließ nur allmählich etwas an Höhe nach.

„Ron, versuch mit der Flugkontrolle Kano Verbindung aufzunehmen!", forderte Horley zwischendurch. „Wir müssen ihnen mitteilen, dass wir wegen Triebwerkschaden nach Lagos zurückfliegen. Sieh zu, dass sie uns vorerst Flughöhe sechs null zuteilen und errechne die ungefähre Ankunftszeit für Lagos bei 150 Knoten Reisegeschwindigkeit."

Sutton verlor keine Zeit. Er war froh, sich mit etwas zu befassen und seine Angst zu verdrängen. Ein Glück, dass Horley das Problem mit dem sich überhitzenden Motor rechtzeitig erkannt hatte. Aus den Lehrgängen wusste er, wie schnell daraus ein gefährlicher Triebwerkbrand entstehen konnte. Und mit der Löschvorrichtung an Bord war das so eine Sache. Manchmal gelang es, manchmal aber auch nicht. Noch während er krampfhaft versuchte, mit Kano auf Kurzwelle in Kontakt zu kommen, schossen sie aus den letzten Cumuluswolken heraus. Wenig später bekam Sutton von der Flugkontrolle die Freigabe, auf Flughöhe sechs null absinken. Er gab die Information an Horley weiter, und dieser übergab ihm erneut die Steuer der Maschine.

„Halte erst einmal den momentanen Kurs und lasse die Maschine mit etwa 200 Fuß pro Minute allmählich auf Flugfläche sieben null absinken. Das Gelände ist hier noch zu hoch. Ich muss jetzt dringend etwas nachrechnen", erklärte Captain Horley angespannt. Dann nahm er das Kniebrett mit der Treibstoffberechnung und begann intensiv, Zahlen zu wälzen. Nach ein paar Minuten hatte er Klarheit über die Situation. Um die Motoren nicht übermäßig zu belasten, wollte er nur gerade so viel Treibstoff an Bord behalten, wie für den Flug bis Lagos plus Reserven und einen eventuellen Flug bis zum Ausweichflugplatz Cotonou nötig war. Er entschloss sich, seinen Co-Piloten Sutton sofort in das Prozedere einzuweihen. Mit stoischer Ruhe deutete er auf die vielen Zahlen auf dem Kontrollblatt und sagte dann: „Für den Rückflug nach Lagos mit allen Reserven plus Ausweichplatz Cotonou brauchen wir etwa 660 Gallonen. In den vier Haupttanks sind noch etwa 1.700 Gallonen. Wir werden demzufolge in den nächsten Minuten etwa 1.000 Gallonen in die Luft ablassen."

„Und die Öffnungszeiten für die Ventile?", fragte Sutton aufgeregt.

„Habe ich bereits", sagte Horley. „Eine Minute 57 für die Haupttanks eins und vier. Zwei Minuten 14 für die Haupttanks zwei und drei. Das ergibt rund 1.000 Gallonen, die wir dadurch loswerden. Gehen wir es an. Ich überwache die Zeiten, du übernimmst die Betätigung der Ablassrohre und Ventile. Klar?"

„Klar!", bestätigte Sutton und zog entschlossen die Abdeckung für die Hebel der Ablassventile hoch. Horley kontrollierte noch einmal die Tankanzeigen, dann rief er laut: „Alle vier Haupttank- Ablassrohre voll ausfahren – Ventile auf – jetzt!"

Hastig riss Sutton je zwei Hebel auf einmal aus ihren Stellungen und Horley drückte gleichzeitig die Stoppuhr.

„Alle vier Dumpchutes voll ausgefahren, Ventile offen!", bestätigte Sutton schnaufend. Jetzt starrte auch er auf die Tankanzeigen, die sich mit Ausnahme von Nummer zwei langsam zurückdrehten. Die zunehmende Verminderung des Gewichtes sorgte nicht nur für einen Anstieg der Geschwindigkeit, auch die Lastigkeit der Maschine änderte sich und sie musste dauernd nachgetrimmt werden. Horley schaute immer wieder auf den Sekundenzeiger, und als dieser gerade auf eine volle Minute zutickte, deutete er auf die zwischen den beiden Sitzen eingelassenen Hebel und rief eindringlich: „Ventil für Haupttank eins schließen. Jetzt!"

Sutton legte unverzüglich den Hebel in die auf halbem Weg fühlbare Stellung, um das Ventil zu schließen.

„Was ist los?", fragte er den Captain verwirrt. „Sie haben doch eine Minute 57 gesagt, es ist aber erst eine Minute vergangen?"

Horley winkte ungeduldig ab. Seine Gedanken rasten und Sekunden später rief er laut:

„Stand-by for chute number four!"

Als der Zeiger der Stoppuhr auf die vollen zwei Minuten zutickte, fuhr er fort: „Ventil für Haupttank Nummer vier schließen – Ablassrohre eins und vier aber noch in Drain-Stellung belassen!"

Sutton betätigte den Hebel so schnell er konnte, aber er war schwergängig und Sutton fragte sich, wann er wohl das letzte Mal bewegt worden war. Gerade wollte er Captain Horley die Erledigung melden, als dieser auch schon den Befehl zum Schließen der Ventile zwei und drei durchgab.

„Das wär's", meinte Horley trocken, als er die vier Hebel in der Mittelstellung sah. „Jetzt lassen wir erst einmal den Sprit in den Rohren auslüften, dann ziehen wir sie endgültig ein und setzen die Leistung für den Reiseflug mit drei Motoren. Schade um den Treibstoff."

Die nächsten Minuten vergingen, ohne dass Horley eine Erklärung für das vorzeitige Schließen des Ablassventils von Haupttank Nummer eins abgab. Stattdessen forderte er die Checkliste, um das eben vorgenommene Notverfahren und die Tabellen für die neue Reiseleistung der verbliebenen drei Motoren durchzugehen. Sutton wollte gerade einen neuen Anlauf für die Frage der vorzeitigen Ventilschließung nehmen, als Horley ihn aufforderte, hinten durch die Kabinenfenster die ausgefahrenen Ablassrohre unter dem Tragflügel zu überprüfen. Sutton öffnete die Gurte und kletterte über die Dokumentenkoffer nach hinten.

Horley blickte ihm kurz nach und dachte für einen Augenblick an seinen irrationalen Entschluss, das Ablassventil von Haupttank Nummer eins vorzeitig zu schließen. Was hatte ihn dazu veranlasst? Er hatte doch auf die Sekunde genau die benötigte Ablasszeit berechnet und alles war normal verlaufen. Warum also diese Entscheidung? War er es wirklich selbst gewesen, der den Befehl zum Schließen gegeben hatte? Horleys Suche nach dem Grund dieses Phänomens wurde abrupt unterbrochen, als Sutton ins Cockpit gestürmt kam, heftig atmend auf den linken Flügel deutete und stammelte: „Der Tank – Haupttank Nummer zwei leert sich!"

„Was?"

„Haupttank Nummer zwei leert immer noch aus vollem Rohr!"

Captain Horley blickte auf den Ablasshebel; er stand korrekt in der Mittelposition. Als Nächstes kontrollierte er die Tankanzeige.

Verdammt, die funktioniert ja gar nicht, durchfuhr es ihn. Aber was zum Teufel war dann passiert? Warum schloss das Ventil nicht? Horley riss den Ablasshebel für Tank Nummer zwei noch einmal in die ausgefahrene Stellung und wieder zurück.

„Schnell, Ron! Kontrollier noch mal das Ablassrohr. Ich muss Gewissheit haben! Vielleicht ist die Kabelspannung zum Ventil zu locker!", rief Horley. Er verstand die Welt nicht mehr. Was war bloß los? Wo waren die 190 Gallonen Reserve geblieben, die nach dem Schließen des Ventils im Tank hätten verbleiben sollen? Und wo war die Restmenge von rund 70 Gallonen, die auf jeden Fall durch das Standrohr im Tank gesichert waren? All die Reserven, die er für den Rückflug brauchte – möglicherweise in der Luft verpufft, einfach verschwunden? Captain Horley war ratlos. Als Sutton zurückkam, wurde seine Vermutung bestätigt: Das Ablassrohr von Haupttank Nummer zwei leerte noch immer.

„Wie haben Sie gewusst, dass so etwas passieren würde?", fragte Sutton perplex.

„Was?"

„Das Problem mit dem Tankventil", half Sutton nach.

„Verdammt, ich habe doch keine Ahnung gehabt, dass sich so ein Problem einschleichen könnte. So etwas ist mir noch nie vorgekommen."

„Aber die Entleerung von Tank Nummer eins? Sie haben doch den Vorgang vorzeitig abgebrochen, um diesen Verlust im Tank Nummer zwei auszugleichen. Etwas müssen Sie doch gewusst haben", bohrte Sutton weiter.

„Nicht die leiseste Ahnung", meinte Horley kopfschüttelnd. „Es war reine Intuition, eine Eingebung, aber ich soll verflucht sein, wenn ich weiß, warum und woher."

Sutton starrte Captain Horley an, als wäre er ein Geist. So etwas gab es doch gar nicht. Etwas Unerklärliches war geschehen, ein Wunder vielleicht? War ein Schutzengel im Cockpit, der die Hand von Captain Horley geführt hatte? Sutton sah in seinem Captain plötzlich einen Übermenschen, einen Meister mit der Gabe, ein Unglück vorauszuahnen.

Horley hatte keine Zeit, solch irrationalen Gedanken nachzugehen. Er kritzelte mit äußerster Konzentration Zahlengruppen aufs Kniebrett. Dann richtete er sich entschlossen auf und wies Sutton an, die Dumpchutes einzuziehen.

„Unsere Reserve für ein eventuelles Ausweichen nach Cotonou ist weg", meinte Horley, sein Kinn massierend. „Mit dem zusätzlichen Brennstoff im Haupttank Nummer eins, den wir Gott sei Dank nicht abgelassen haben, werden wir Lagos gerade noch schaffen, aber große Umwege sind nicht mehr drin".

„Keine Reserven?", kam zaghaft die Frage von Sutton.

„Keine! Ich setze jetzt eine Reiseleistung, die uns die beste Geschwindigkeit im Verhältnis zum Verbrauch bringt."

Horley übergab Sutton mit einem Handzeichen die Steuer. Die nächsten Minuten verbrachte er damit, die Leistungshebel für die Motoren auf den gewünschten Wert zu setzen und das Umschalten der Brennstoffzufuhr zu den Motoren neu zu regeln. Sutton hielt derweil exakt die vorgegebene Flughöhe. Sorgen und Bewunderung quälten ihn gleichzeitig. Da war die Befürchtung, dass der Treibstoff nicht bis Lagos reichen könnte, andererseits die Hochachtung für die Ruhe und Gelassenheit, mit der Captain Horley die Schwierigkeiten handhabte. Er fragte sich, ob er selbst in seiner fliegerischen Laufbahn je solche Eigenschaften erwerben würde.

Die Minuten schlichen dahin. Die verbliebenen drei Motoren brummten ihr eintöniges Lied, doch die Spannung war allgegenwärtig. Immer wieder suchten die beiden Piloten die Motoreninstrumente nach Anzeichen von Veränderungen ab. Der zwischendurch einmal kurz aufgehellte Himmel war wieder düster geworden; aus der höheren Schichtbewölkung hatte leichter Regen eingesetzt. Horley schien abwesend. Er versuchte hin und wieder, durch Lücken in den Wolken einen Blick auf die Gegend unter ihnen zu erhaschen und anhand bekannter Merkmale die Position zu bestimmen. Er gab es auf, als sie immer dichtere Wolken und prasselnden Regen durchflogen.

„Noch etwa eine halbe Stunde, dann sollten wir das Funkfeuer von Ibadan empfangen", sagte Horley plötzlich. „Das wird uns Gewissheit über unsere Reserven bis nach Lagos geben." Dabei klopfte er mit dem Zeigefinger auf die Instrumente der Tankanzeigen, um einen womöglich steckengebliebenen Zeiger wieder lebendig zu machen. Auch Sutton blickte wie hypnotisiert auf die Anzeigen. Sie konnten für ihn eine sichere Rückkehr nach Lagos oder eine Bruchlandung wegen Treibstoffmangel bedeuten, vielleicht nur ein paar Meilen vom Ziel entfernt.

Das Funkfeuer Ibadan kam und ging; außer einer bedeutenden Wetterverschlechterung passierte nichts. Das reichte, um Suttons Puls weiter in die Höhe zu treiben. Horley schien dagegen immer besserer Laune. Sutton glaubte sogar, hin und wieder ein aufmunterndes Grinsen in seinen Gesichtszügen zu erkennen.

Endlich kam der Funkkontakt mit Lagos zustande. Captain Horley erbat die aktuelle Wetterlage am Flugplatz und aufgrund der schweren Turbulenzen einen Sinkflug von Flugfläche 60 auf 40 sowie Priorität für einen Anflug auf Piste 19. Die Nervosität des Fluglotsen war deutlich zu hören, als er nach kurzer Pause die Erlaubnis erteilte.

„Okay, Ron! Bald werden wir die Höhenmesser auf den Druck von Lagos-Ikeja umstellen. Nach meiner Schätzung sind wir bei dieser Geschwindigkeit in 14 Minuten über dem Pistenanfang. Der Sprit wird knapp, aber wir werden es schaffen. Noch zehn Minuten, dann reduzieren wir auf Anfluggeschwindigkeit."

„Erklären wir einen Notfall?", fragte Sutton zögernd und deutete auf die anstehenden Zeiger der Tankanzeige.

„Negativ! Die da unten können uns sowieso nicht helfen. Sobald wir das Funkfeuer überfliegen, werde ich ein verkürztes Anflugverfahren einleiten. Mit den 300 Fuß Wolkenuntergrenze, die sie uns durchgegeben haben, können wir es riskieren."

Sutton schaute jetzt in kurzen Abständen auf die Zeiger der Uhr an seinem Steuerhorn. Leichte Bauchkrämpfe begannen ihn zu plagen und das Würgen in seinem Hals zwang ihn, leer zu schlucken.

„Check for approach", rief Horley. Noch während Sutton die Kontrollpunkte abrief, kam vom Kontrollturm die Freigabe auf Anflughöhe. Horley reduzierte die Motorenleistung und begann einen weiteren Sinkflug, der ihn auf 2.200 Fuß und fast gleichzeitig über das Anflugfunkfeuer brachte. Sutton sah, wie sich die Nadel des Radiokompasses um 180 Grad drehte. Seine Hand fasste den Hebel für die Landeklappen keine Sekunde zu früh, denn Horley verlangte sogleich die erste Stellung von 15 Grad. Dann drehte er schon in eine flache Linkskurve.

Jetzt ging alles sehr schnell. Sutton hatte alle Hände voll zu tun, das Ausfahren der Landeklappen zu überwachen, die Kontrollpunkte auf der Checkliste abzurufen und den Funkverkehr mit dem Kontrollturm zu erledigen. Horley konzentrierte sich derweil auf den Anflug und die Leistung der Motoren. Nachdem sie das Funkfeuer ein zweites Mal überflogen hatten, steuerte Horley die Maschine auf den Endanflugkurs zur Landepiste.

„Gear down", ertönte Horleys Anweisung. Sutton löste die Griffsperre, um den Hebel in die untere Stellung zu bringen. Die Sicht war noch immer gleich null. Nasses Grau peitschte an die Gläser, die Scheibenwischer hetzten auf dem Glas hin und her. Langsam spulte der Höhenmesser zurück. Noch 200 Fuß, dann würden sie das von Horley gesetzte Limit erreicht haben, dachte Sutton, gespannt den Höhenmesser beobachtend. Seine Ohren achteten auf die geringste Änderung des Motorengeräusches, aber nichts war zu hören. Kurz darauf brachen sie aus der Wolkendecke.

Horley hatte Maßarbeit geleistet. Vor ihnen, verschleiert im Nebelregen, lagen der Flugplatz Lagos und etwas versetzt voraus die Piste 19. Mit einer kleinen Korrektur brachte Horley die DC-4 zurück auf die Pistenachse. Der Rest war Routine. Ohne zu quietschen fassten die Reifen den im Regen glänzenden Asphaltbelag. Horley ließ die Maschine bis ans Ende der Piste ausrollen, dann drehte er auf den Rollweg ab.

„Gratuliere!", rief Sutton unglaublich erleichtert und über sein ganzes Gesicht grinsend. „Der Anflug war übrigens erste Klasse."

Horley lächelte nur kurz, dann forderte er die After Landing Checklist. Fünf Minuten später setzte er vor dem Hangar die Parkbremse.

Weder die Mechaniker noch die kaufmännische Abteilung waren begeistert von der vorzeitigen Rückkehr der Maschine. Rätselraten und Achselzucken begleiteten die Erklärungen Horleys über den Vorfall. Man versprach, der Sache auf den Grund zu gehen. Zeit dazu gab es genug, weil erst einmal der stillgelegte Motor gewechselt werden musste.

Zwei Tage später kam der Chefmechaniker in Horleys Büro gestapft; seine Miene verhieß nichts Gutes. Horley hob erstaunt die Augenbrauen, als sich der bullige Amerikaner vor seinem Schreibtisch aufbaute.

„Was gibt's, Mike?"

„Dein Brennstoffproblem mit dem Haupttank Nummer zwei der DC-4. Wir wissen jetzt, wie es passiert ist", sprudelte es aus dem Mechaniker heraus. Horley schaute ihm ungläubig ins ölverschmierte Gesicht.

„Meinst du die Sache mit dem Notablass?"

„Genau, Jim! Wir haben alle Abdeckungen des Kabelzuges vom Cockpit bis zum Ablassventil im Flügel aufgemacht und nichts gefunden."

„Wo liegt dann der Haken, respektive die Lösung?"

Mike Stafford fuhr sich schnalzend mit der Zunge über die Lippen, räusperte sich umständlich und sagte gedehnt:

„Du glaubst es nicht, aber der eigentliche Grund ist die Tankanzeige."

„Tankanzeige?", warf Captain Horley ungläubig ein und seine Augenbrauen kamen dabei noch etwas höher.

„Lange Story, kurzer Sinn: Das Stehrohr im Tank, das ein komplettes Entleeren verhindern sollte, muss schon vor einiger Zeit abgebrochen sein. Das hätte aber an und für sich nichts bedeutet", begann der Chefmechaniker und setzte sich mit seinem schmutzigen Overall auf die hölzerne Lehne des Sessels, der für Gäste Horleys bestimmt war.

„Was dann?", fragte Horley ungeduldig. Er wusste, wie kompliziert und ausführlich Stafford ein technisches Problem erläutern konnte.

„Also, als Nächstes muss dann durch Vibrationen auf deinem letzten Flug nach Fort Lamy der Schwimmer samt Gestänge für das Potentiometer abgebrochen sein. Kannst du mir so weit folgen?"

Horley nickte.

„Du hast ja selbst gesagt, dass die Anzeige für diesen Tank plötzlich nicht mehr funktionierte. Als du dann im Notverfahren das Ablassventil geöffnet hast, ist der Schwimmerarm durch den Sog in den Ablauf gezogen worden; das hat dann das Ventil blockiert und der Tank konnte sich ungehindert entleeren, kapiert?"

„Allerdings", meinte Horley verdutzt. Er stellte sich vor, wie das Ventil bei seinem Versuch, es zu schließen, seinen Bemühungen hatte trotzen können.

„Wenn du mich fragst, Jim, ob so etwas öfters vorkommt, so muss ich dir sagen, dass ich in meinen 20 Jahren als Mechaniker auf der DC-4 noch nie auf so etwas gestoßen bin", ergänzte Stafford.

„Das reicht mir, Mike", bedankte sich Horley stirnrunzelnd. „Es ist ja noch einmal gut gegangen. Ich habe wieder einmal etwas gelernt, was in keinem Buch steht und mein Co-Pilot Ron Sutton hat jetzt endlich eine logische Erklärung für seine möglicherweise feuchte Unterhose."

Douglas DC-4, Bild: Sammlung WM

Mike Staffords schallendes Gelächter klang Horley noch lange nach Verlassen des Büros in den Ohren. Er blickte aus dem Fenster in die tief hängenden Regenwolken. Draußen fielen schwere Tropfen, die sich auf dem schwarzen Asphalt des Abstellplatzes in kleinen Explosionen auflösten. Regenzeit!

FERRYFLUG IN DEN TOD

23. Oktober 1984, eine Entscheidung mit Folgen

Pietro Galeb zog mit der einen Hand schaudernd seine Schirmmütze tiefer in die Stirn, während er mit der anderen versuchte, die schmerzhaft ins Gesicht peitschenden Regentropfen mit der Aktenmappe abzuhalten. Der kalte Wind aus Nordwesten trieb ihm die Tränen in die Augen und ließ ihn den Kragen seiner hüftlangen Lederjacke enger um den Hals ziehen. Mit flatternden Hosenbeinen kämpfte er verbissen gegen den Wind und rannte dabei fluchend die letzten Meter bis zum schützenden Hangar. Von dort wagte er einen letzten Blick zurück auf den von jagenden Nebelfetzen und Regenschleiern verhüllten Abstellplatz und schaute ein letztes Mal auf die im böigen Wind abgestellte, sich leicht wiegende zweimotorige De Havilland „Caribou".

„Was für ein verdammtes Sauwetter hier auf den Azoren", knurrte Galeb missmutig und blies sich dabei pustend die Regentropfen von der Nasenspitze. Solch nasskaltes Wetter war er von seiner Heimat, der Insel Malta im Mittelmeer, nicht gewohnt. Die feuchte Kälte seiner durchnässten Hosen, die ihm jetzt unangenehm auf der Haut klebten, kroch quälend seinen Rücken hoch. Abschätzend schaute er unter dem Schirm seiner Mütze auf die hell erleuchteten, fast 100 Meter weit entfernten Fenster der Flughafenbüros, dann setzte er entschlossen zu einem Spurt an. Im Wetterbüro war Rony Foreman gerade damit beschäftigt, die Karten ein bisschen näher zu studieren, als plötzlich die Tür aufflog und Pietro Galeb, sein Co-Pilot, triefend vor Nässe und heftig keuchend hereinstürzte.

„Shit!", rief Galeb schnaubend und knallte eine vor Nässe glänzende Kunstledermappe auf den nahen Tisch. Dann schüttelte er sich wie ein Hund, der sein Fell vom Wasser befreien möchte.

„Wir sollten den Weiterflug auf morgen früh verschieben!", fuhr er fort.

Foreman blickte seinen Co-Piloten an, als sähe er ihn gerade zum ersten Mal. Mit gerunzelter Stirn überlegte er einen Augenblick, dann tippte er auf die vor ihm liegenden Wetterkarten und sagte versöhnlich: „Halb so schlimm! Die Meteorologen glauben an ein leichtes Abflauen des Windes in den nächsten Stunden."

„Wer's glaubt wird selig", maulte der junge Malteser mit einem hilfesuchenden Blick an die weiß getünchte Decke. „Da draußen faucht ein böiger Wind mit Dauerregen und nur Gott weiß, wie sich die Sache in den nächsten Stunden entwickelt."

„Wie ich schon sagte, die Lage scheint sich zu beruhigen", beschwichtigte Foreman.

„Wie sieht es denn auf der Strecke nach Neufundland aus?", fragte Galeb neugierig.

„Durchmischt! Regenfronten und ziemlich starker Gegenwind. Ab 10.000 Fuß haben wir mit Vereisung zu rechnen."

„Also warten wir demzufolge auf besseres Wetter?", fragte Galeb mit einem forschenden Seitenblick auf Captain Foreman. Ihm war nicht sehr wohl bei dem Gedanken, bei den gegebenen Wetterbedingungen den Weiterflug zu wagen. Wie er schon des Öfteren gehört hatte, konnten hier im nördlichen Atlantik die Wetterverhältnisse im Herbst verrückt spielen. Galeb dachte an das Risiko, bei diesen Bedingungen und mit der Reisegeschwindigkeit der Caribou von rund 140 Knoten einen Flug über den Atlantik zu wagen. Mit dieser langsamen Maschine würde man schnell ins Hintertreffen gelangen, wenn starker Gegenwind aufkommen sollte.

Dabei hatte vor zehn Tagen alles vielversprechend angefangen. Das überraschende Angebot dieses drahtigen Amerikaners mit einem typischen „Crewcut" im Hangar des Flugplatzes von

Malta war wirklich ein Zufall gewesen. Nur weil er diesem bekannten Ferrypiloten gegenüber so nebenbei erwähnt hatte, dass er in seiner Freizeit als Privatpilot eine Mooney durch die Lüfte bewegte, hatte Captain Foreman vorgeschlagen, Galeb gegen ein akzeptables Entgelt als Co-Piloten auf den Ferryflug über den Atlantik mitzunehmen. So ein Angebot, eine solche Chance, durfte er auf keinen Fall ausschlagen, hatte Galeb sich gesagt. Der entsprechende Eintrag in seinem Flugbuch, in dem bisher nur etwa 100 Flugstunden vermerkt waren, würde ihm für seine künftige Karriere als Berufspilot einen beträchtlichen Erfahrungszuwachs bescheinigen. Und Erfahrung brauchte er, wenn er beruflich vorwärtskommen wollte. Bei Bewerbungen zählten bekanntlich immer nur die Anzahl Flugstunden und die Streckenerfahrung, die man im persönlichen Flugbuch nachweisen konnte.

Die bis zum geplanten Abflug von Malta verbleibenden Tage waren denn auch schnell verflogen. Auf ihn als Flugzeugmechaniker, der für die verschiedenen technischen Umbauten an der Maschine verantwortlich war, wartete noch genügend Arbeit. Reservetanks mussten in den Frachtraum eingebaut, Leitungen verlegt und Pumpen montiert werden. Auch die Motoren und Systeme bedurften nochmals einer eingehenden Überprüfung. Dabei hatte auch Foreman Hand angelegt und sich als korrekter und stets gut gelaunter Kollege entpuppt. Ein Mann in den besten Jahren, der keine Angst davor hatte, sich bei der Arbeit an der Maschine die Hände schmutzig zu machen. Hände und Gesicht mit Öl verschmiert, verbrachte er Stunden an den großen Sternmotoren mit der Suche nach Schäden oder tropfenden Lecks. Und dabei hatte er immer wieder versucht, mit kleinen Geschichten aus seinem reichhaltigen Fliegerleben die Laune der Leute hochzuhalten.

Auch die zwei anderen Mechaniker, die für die Vorbereitungsarbeiten an der De Havilland Caribou eingeteilt worden waren, schienen von Captain Foreman angetan. Seine Geschichten aus dem Leben als Buschpilot in Afrika und von zahlreichen Ferryflügen um die halbe Welt ließen die Mechaniker an die berufliche Unverwundbarkeit dieses erfahrenen Piloten glauben.

Es waren spannende Tage gewesen, doch hatte Captain Foreman auch eine gewisse Hektik hervorgerufen. Nach seinem Zeitplan hatte er mit der Caribou spätestens am darauffolgenden Samstag von Malta abfliegen wollen, also vor drei Tagen. Es war ein Zeitplan gewesen, der keine Verspätungen wegen zufälliger technischer Probleme zuließ. Die Wettervoraussage bis Valencia in Spanien für den Start am nächsten Morgen war eingeholt worden und zeigte sich durchaus passabel. Auch die Flugplanung war bereits gemacht und die Maschine voll aufgetankt worden.

Am Tage des geplanten Abfluges war jedoch etwas passiert, was niemand erwartet hatte. Beim letzten Testlauf des linken Motors hatte dieser während des Anlassens mit einer Serie von gefährlichen Vergaserrückschlägen begonnen. Flammen hatten knallend und speiend aus dem Ansaugschacht geschlagen, die den Mann mit dem Feuerlöscher bei der Flügelspitze erschrocken zusammenfahren ließen. Alles Fluchen und Beten hatte nichts geholfen: Der schadhafte Vergaser des Motors musste gewechselt werden. Am späten Abend war es dann wieder so weit gewesen. Mürrisch über die Verspätung und verärgert über den geplatzten Zeitplan hatte Captain Foreman versucht, den Pratt&Whitney-R-2000-Motor erneut in Gang zu bringen. Mit Aufatmen quittierte die Mannschaft schließlich den problemlosen Anlassvorgang und nachfolgenden Testlauf. Bis aber die Überprüfung auf mögliche Lecks und das Sichern von Schrauben erledigt und die Motorenverkleidungen wieder montiert waren, war es für einen Abflug zu spät geworden.

Captain Foreman hatte sich für einen Abflug am nächsten Morgen entschieden. Komplikationen mit der Zollabfertigung hatten den Start erneut verzögert, aber kurz vor elf Uhr hatte die

Caribou mit donnernden Motoren von der Piste des Flughafens von La Valletta abgehoben. Captain Foreman war der aus Südwest anrückenden Schlechtwetterfront über den nördlichen Teil des Mittelmeers bis Barcelona ausgewichen, um dann Kurs auf Valencia zu nehmen. Kurz nach dem Überfliegen der spanischen Küste hatte sich Foreman jedoch entschlossen, den Flugplan zu ändern und bis nach Lissabon weiterzufliegen. Mit zwei gefüllten Zusatztanks im Frachtraum hatten sie dazu mehr als genügend Benzinreserven.

Nach einer kurzen Nachtruhe in einem billigen Hotel in der Nähe des Flughafens waren sie am nächsten Morgen zum Flug auf die Azoren aufgebrochen. Außer einem leichten Gegenwind bei geschlossener Bewölkung hatte das Wetter für sie auf dieser Strecke bis zur Inselgruppe der Azoren nichts Bösartiges im Schilde geführt. Erst kurz vor ihrem Ziel waren sie auf eine Regenfront gestoßen, aber trotzdem rechtzeitig auf dem Flugplatz von Santa Maria gelandet, um sofort aufzutanken. Auch die beiden Zusatztanks im Frachtraum mit je 150 Gallonen Inhalt waren dabei bis obenhin aufgefüllt worden. Sie waren bereit für den nun längsten Streckenabschnitt nach St. John s auf Neufundland. Captain Foreman hatte bereits alles berechnet, die Flugplanung gemacht und dabei die Wetterlage für gut befunden.

Doch Pietro Galeb beurteilte die Lage ganz anders. Ein unerwartet starker Gegenwind mit Regenfronten und Gewittern war von der Wetterstation vorausgesagt worden und damit wurde für Galeb klar, dass er einen fürchterlichen Kampf gegen seine ihm angeborene Angst vor Turbulenzen auszustehen haben würde. Nicht, dass er an den Fähigkeiten Captain Foremans zweifelte, die Maschine sicher durch solche Wetterlagen zu steuern, aber er kannte seine eigenen Schwächen. Die Aussicht, in den nächsten Stunden schweißgebadet vor panischer Angst im Co-Pilotensitz verbringen zu müssen, schnürte ihm schon jetzt die Brust zu. Pietro Galeb forschte daher hoffnungsvoll im schmal geschnittenen Gesicht Foremans und wartete auf eine Reaktion.

„Auf besseres Wetter warten? Auf keinen Fall!", entgegnete Captain Foreman entschlossen. „Das kann Tage dauern." Er deutete mit dem Daumen zum langgestreckten Pult, wo sich zwei Meteorologen gerade intensiv mit einer Gruppe von portugiesischen Air Force Piloten unterhielten.

„Ich habe mit den Wetterfröschen dort gesprochen. Die flachen Drucklinien lassen auf der Strecke auf einen eher schwachen Gegenwind hoffen."

Pietro Galeb schwieg bedrückt, während er einen Blick auf die aktuellen Wetterkarten an der Wand warf. Zwar hatte er im Lesen von Wetterkarten nicht die Erfahrung eines Captain Foreman, aber dessen Einschätzung der Lage schien ihm dennoch etwas optimistisch. Die Drucklinien, die bis nach Neufundland und Labrador reichten, schienen eine positive Entwicklung nicht zu bestätigen. Im Gegenteil, in größeren Höhen lagen die Drucklinien sogar ziemlich eng aneinander; der Gegenwind würde ihnen also zweifelsohne zu schaffen machen.

„Wir sollten uns das Ganze gut überlegen", meinte Galeb schließlich. „Die Reichweite unseres Vogels schrumpft doch in einem solchen Gegenwind sicher beträchtlich."

Foreman winkte verächtlich ab. „Mein lieber Pietro, alles nur eine Frage der Erfahrung. Ich bin diese Route schon Dutzende Male geflogen und, wenn ich mich so zurückbesinne, wurde die Wetterlage von den Meteorologen meistens falsch eingeschätzt. Für den Atlantik gibt es keine genauen Angaben. Die Wetterschiffe ‚Charlie', ‚Alpha' und wie sie sonst noch alle heißen, machen zwar ihre vorgeschriebenen Messungen und geben diese auch per Funk weiter, aber es sind lediglich Messungen an ihren eigenen Positionen. Zusammenhänge müssen von Menschen erarbeitet werden – und da hapert es manchmal ganz gewaltig …"

„Trotzdem, ich weiß nicht so recht", warf Pietro Galeb zögernd ein. „Was haben wir denn schon zu verlieren, wenn wir hier besseres Wetter für den Überflug abwarten?"

„Forget it! Vergiss es!" Captain Foreman klopfte Galeb freundschaftlich auf die nassen Schultern und zog ihn mit sich zur Tür.

„Während du mit dem Betanken beschäftigt warst, habe ich bereits den Flugplan abgegeben. Unser Startfenster läuft in zehn Minuten ab. Sobald ich die Zollformalitäten erledigt habe, machen wir, dass wir von hier wegkommen. Du kannst schon mal an der Maschine mit den Startvorbereitungen beginnen."

Ohne Galeb eines weiteren Blickes zu würdigen, wandte sich Rony Foreman dem Ausgang zu. Was wusste dieser maltesische Grünschnabel mit seinen lächerlichen 100 Stunden Flugerfahrung schon von der Fliegerei? Nichts! Er kannte ja kaum das Cockpit dieser Caribou und hatte keine Ahnung vom Blindflug. Ganz zu schweigen von den Kenntnissen, die man für die Langstreckennavigation bei Ozeanüberquerungen haben musste. Nur aufgrund der kurzfristigen Absage des für den Flug ursprünglich vorgesehenen Co-Piloten hatte er sich in Malta diesen Neuling geangelt, um den Erfordernissen eines zweiten Besatzungsmitgliedes für den Atlantiküberflug zu genügen.

Foremans Gedanken wanderten weit über den morgigen Tag hinaus. Er sah sich im Geiste auf dem Flugplatz seines Wohnortes landen, sah den zierlichen Körper seiner Frau, die ihm nach dem Abstellen der Motoren auf dem Vorfeld entgegenkam, sah ihre im Wind fliegenden, hellblonden Haare, den halboffenen Mund, den er bald küssen würde. Und er sah auch Danny, seinen jüngsten Sohn, der stolpernd an ihrer Hand hing, dahinter seine achtjährige Tochter, schüchtern im Windschatten ihrer Mutter gehend und schließlich Brad, seinen um zwei Jahre älteren Sohn. War dieser wirklich das Ebenbild seines Vaters, wie die Nachbarn alle behaupteten? Rony Foreman seufzte. Zu lange hatte er seine Familie nicht mehr gesehen und ihre Nähe so sehr vermisst. Wie immer wieder in seinem ungeordneten Fliegerleben hatte ihn sein Beruf in den letzten zwei Monaten ohne Unterbrechung in den Mittleren Osten und nach Europa verbannt. Aber jetzt sah er ein Ende des Wartens gekommen. In spätestens zwei Tagen würde er Mary und die Kleinen in die Arme schließen können.

„Also, wir sehen uns in ein paar Minuten an der Maschine", sagte Foreman und verschwand nach draußen. Pietro Galeb war mit sich und seinen Zweifeln allein. Vielleicht hatte Captain Foreman recht; vielleicht waren auch die Voraussagen der Meteorologen schon aufgrund der Verantwortung, die sie trugen, vorsichtig genug, ja sogar eher pessimistisch ausgelegt.

Tief in Gedanken versunken tappte Galeb durch die flachen Pfützen des Abstellplatzes im Dauerregen zurück zur Caribou. Sorgenfalten zerfurchten seine Stirn. War es die Angst, die sich kalt über seinem Rücken ausbreitete, oder waren es nur der peitschende Regen und die nasse Kälte, die er nicht gewohnt war? Foremans Worte klangen in seinen Ohren und er versuchte, sie mit seinen eigenen Gedanken in Einklang zu bringen. Vielleicht machte er sich ganz unnötigerweise Sorgen wegen des langen Fluges über den Atlantik; vielleicht war das Ganze wirklich nur eine Sache der Erfahrung. Erfahrung, die er im Gegensatz zu Captain Foreman nicht besaß. Und Foreman hatte ihn ja nur mitgenommen, um jemanden auf dem Co-Pilotensitz zu haben. Also, warum sollte er sich um etwas kümmern, das er nicht beurteilen konnte? Captain Foreman hatte selbst erwähnt, dass er die Strecke auf Ferryflügen schon viele Male und sogar mit dem gleichen Flugzeugmuster zurückgelegt hatte.

Als Galeb endlich die Maschine erreicht hatte, verweilte er triefend für einen Augenblick unter dem schützenden Flügel. Dann öffnete er hastig die Seitentür am hinteren Rumpfteil, schlüpfte ins Innere der geräumigen Kabine und schlug die Tür hinter sich zu. Im Halbdunkel tastete er nach der Taschenlampe, die, wie er wusste, seitlich am Türrahmen in einer Halterung steckte. Er fand sie auf Anhieb und drückte den Knopf. Der Lichtkegel hellte das Innere der Kabine etwas auf und streifte die grellgelbe Hülle des verschnürten und ebenfalls am Türrahmen befestigten Rettungsbootes. Unwillkürlich fraßen sich erneut Zweifel in Galebs Gedanken und nährten seine Angst vor dem Ungewissen. Er fand leicht zitternd den Schalter für die Innenbeleuchtung, schaltete sie ein und steckte die Taschenlampe in die Halterung zurück. Die in Holzrahmen eingefassten Gummibehälter, die als Reservetanks in der Mitte des Kabinenbodens verankert waren, drückten prall gegen die Latten. Galeb suchte besorgt nach möglichen Scheuerstellen, die in den vor ihnen liegenden Turbulenzen ein Leck verursachen könnten. Er fand nichts Verdächtiges.

Vorn im Cockpit schaltete er die Beleuchtung ein, legte die Kunstledermappe mit den Flugplänen für den nächsten Streckenabschnitt auf den Sitz von Captain Foreman und räumte dann die Karten und die leeren Colaflaschen zusammen. Der Regen prasselte unvermindert auf die Cockpitscheiben und ließ die etwas weiter entfernten Gebäude des Flughafens in verzerrten Umrissen erscheinen.

„Was für ein verfluchtes Sauwetter", fluchte Galeb leise, während er nach der Checkliste suchte. Punkt für Punkt ging er die Liste durch, stellte Schalter ein, prüfte zum hundertsten Mal die Treibstoffanzeigen und kontrollierte die Stellungen der verschiedensten Hebel, so, wie er es von Captain Foreman in den letzten zwei Tagen gelernt hatte.

Er war mit der Kontrolle noch nicht fertig, als Captain Foreman hereinkletterte und die Kabinentür zuschlug. Er kam polternd nach vorn ins Cockpit und warf fluchend die dünne, nass glänzende Regenhaut achtlos auf den Kabinenboden.

„Na, wie steht's, Pietro? Hast du die Kiste auf Vordermann gebracht?"

„Äh, nun äh – ich bin mit dem Preflight Check noch nicht ganz fertig. Nur noch ein paar Punkte …."

„Vergiss es! Wir machen zur Sicherheit den Check ein zweites Mal zusammen. Übrigens, die Kiste stinkt verdammt stark nach Sprit. Hast du beim Auffüllen der Reservetanks da hinten etwas davon verschüttet?"

„Nein – nein, auf keinen Fall", antwortete Galeb verdattert. Captain Foremans forscher Ton überraschte ihn. Ihm war zwar der Gestank hochoktanigen Treibstoffs ebenfalls aufgefallen, aber er wusste, dass das mit dem kürzlich durchgeführten Füllen der Gummitanks zusammenhing.

„Ich habe die Füllung persönlich überwacht; es ist nichts verschüttet worden. Dies sind nur die restlichen Gase, die sich noch nicht verflüchtigt haben."

„Okay, dann werden wir die Kabine eben beim Hinausrollen zur Piste etwas durchlüften", brummte Foreman und stemmte sich in seinen Sitz. Dabei reichte er Galeb ein paar Dokumente.

„Hier, die abgestempelten Papiere vom Zoll. Es ist alles in Ordnung, wir können verschwinden!"

Drei Minuten später hatten sie die Checkliste für den Start ein zweites Mal durchgelesen und Captain Foreman drückte auf den Starterknopf. Bald wurde das eintönige Prasseln des Dauerregens vom dumpfen Grollen der beiden Pratt&Whitney-R-2000-Motoren übertönt. Nur langsam kamen die Betriebstemperaturen der Doppelsternmotoren hoch und in den grünen Bereich der Anzeigeinstrumente. Foreman wurde schon ungeduldig, als Pietro Galeb endlich per Funk vom Turm die Rollbewilligung zur Startpiste einholte.

„Scheibenwischer einschalten!", rief Foreman, während er die Bremsen löste und anrollte. Galeb kippte beflissen den Schalter auf „Ein". Gleich darauf tanzten die Wischer wild auf den verschmierten Windschutzscheiben umher und versuchten, des Ansturms der Wassermassen Herr zu werden. Noch bevor Foreman die Caribou bis zum Pistenanfang gerollt hatte, gingen sie zusammen die Checkliste für den Start durch. Dann brachte er die Motoren für einen Moment auf größere Leistung, um die Propellerverstellung durch den maximalen Bereich zu bewegen und gleichzeitig heißes Öl in den Dom zu kriegen.

Galeb schien es wie eine Ewigkeit, bis Captain Foreman die Überprüfung der Zündanlage, der Motorenleistung und Zusatzgeräte erledigt hatte; endlich rollte er auf die Piste. Kurz darauf kam die Startfreigabe vom Kontrollturm und Foreman schob die Leistungshebel fast ganz nach vorne. Unter donnerndem Motorenlärm und mit stiebenden Wasserfahnen beschleunigte die Caribou auf der Piste. Pietro Galeb fühlte sein Herz bis zum Halse pochen. Jetzt würde für ihn das große Abenteuer einer Atlantiküberquerung beginnen. Eine Erfahrung, die ihn seiner Ansicht nach ein ganzes Stück weiterbringen würde.

Es waren nur ein paar Sekunden, bis die Transportmaschine in den tief hängenden Wolken verschwunden war. Galeb sah querab noch ein paar schwache Lichter durch die Wolkenschleier leuchten, dann umgab düsteres Tageslicht die Maschine. Auf den Instrumenten lag jetzt der rötliche Schein der blendfreien Beleuchtung. Captain Foreman steuerte nur nach seinen Instrumenten und den Anweisungen des Kontrollturms, bis er nach Erreichen einer sicheren Flughöhe den direkten Kurs auf die kleine, rund 600 Kilometer entfernte Insel Flores aufnehmen konnte.

Während Captain Foreman nach dem Abheben Motordrehzahl und Ladedruck kontrollierte, hatte Galeb auf seine Anweisung das Fahrwerk und die Startklappen eingefahren. Dann las er von der Checkliste laut die Kontrollpunkte für den Steigflug vor. Das Prasseln des Regens hatte inzwischen etwas nachgelassen. Foreman stieg durch dunkle und turbulente Wolkenbänke weiter auf 9.000 Fuß, wo er in einer Zwischenschicht die Maschine in den Reiseflug austrimmte.

„Wie wär's denn, Pietro, möchtest du nicht einmal das Steuer übernehmen?", fragte Captain Foreman plötzlich und versuchte dabei ein dünnes Lächeln. „Versuche einfach, den vorgegebenen Kurs zu halten. Damit sollten wir in etwa zwei Stunden und 20 Minuten über dem Funkfeuer von Flores sein."

Galeb glaubte, nicht richtig gehört zu haben. Wollte ihm Foreman diese Aufgabe wirklich übergeben oder wollte er sich vielleicht nur über ihn lustig machen und mit ansehen, wie er dabei scheitern würde? Nein, eine Blöße wollte er sich bei einer solchen Chance nicht geben. Schließlich waren es im Prinzip die gleichen Steuer wie bei seinem Sportflugzeug, und dieses beherrschte er ziemlich gut. Etwas verlegen schaute er in das grinsende Gesicht Captain Foremans und suchte nach passenden Worten.

„Nun, äh – ich äh – ich würde es gerne probieren."

Foreman nickte und beobachtete interessiert, wie Galeb seinen Sitz auf den Schienen nach vorne schob, ihn einrastete und die Füße in die Pedale stemmte.

„Die Pedale brauchst du nur, wenn Turbulenz aufkommt. Versuche den Kurs mit dem Querruder zu fliegen", mahnte Foreman. „In der Zwischenzeit werde ich mal anhand der Nadelabweichungen auf dem Radiokompass die Windrichtung errechnen."

Nach etwa einer Viertelstunde legte Foreman das Kniebrett mit den Aufzeichnungen beiseite. Stirnrunzelnd deutete er auf die leicht schwankende Nadel des Radiokompasses und meinte dann:

„Wir haben Santa Maria jetzt genau hinter uns und ich kann praktisch keine Abweichung erkennen, die auf eine seitliche Windkomponente schließen würde. Wenn wir wirklich den Wind haben, den sie uns im Wetterbüro vorausgesagt haben, dann muss er uns geradewegs ins Gesicht blasen."

„Nun, wir werden ja sehen, ob wir vor oder hinter dem Zeitplan sind, wenn wir uns über Flores befinden. Was ist übrigens unsere geschätzte Ankunftszeit über dem Radiosender von Flores?"

„18:55 Greenwich Time", antwortete Foreman nach einem kurzen Blick auf den Flugplan. „Du hast also etwas Zeit, dich an den Vogel zu gewöhnen. In dieser Höhe ist die Luft ruhiger. Sollten Turbulenzen auftreten, wirst du es schon merken."

„Sie wissen, dass ich Turbulenzen nicht gut ertragen kann. Mir wird meistens sogar noch verdammt schlecht."

„Mach dir keine Sorgen Pietro, ich bin ja auch noch hier", entgegnete Foreman grinsend und drehte sich dabei in seinem Sessel um. „Ich nehme mir inzwischen eine Cola – willst du auch etwas? Ein Sandwich vielleicht?"

Galeb überlegte. Eigentlich hätte er gerne etwas zwischen den Zähnen gehabt; die letzte größere Mahlzeit war das Frühstück in Lissabon gewesen, und das war vor rund zwölf Stunden. Die paar Sandwiches dazwischen halfen zwar, aber eine gute, warme Mahlzeit wäre ihm jetzt wesentlich lieber gewesen. Nach einer Weile schüttelte er entschlossen den Kopf. Er musste sich doch auf das Fliegen konzentrieren und versuchen, das auffällige Schlingern der Maschine in den Griff zu bekommen und die Höhe zu halten.

„Danke, vielleicht etwas später!"

„No problem", brummte Foreman und kappte den Verschluss der Flasche „Ich werde jetzt die Janitrol Benzin-Heizung starten. Es wird nämlich langsam kalt in dieser Kiste."

Minuten später schlich aufgeheizte, von leichtem Brenngeruch geschwängerte Luft ins Cockpit und sorgte nach einiger Zeit für etwas erträglichere Temperaturen. Foreman war die verkrampfte Haltung Galebs am Steuer aufgefallen. Er versuchte etwas Konversation, um ihn abzulenken. Es schien zu wirken, denn hin und wieder, wenn Foreman eine witzige Bemerkung über Behörden an Flugplätzen zum Besten gab, huschte ein zaghaftes Lächeln über Galebs Gesicht.

Als nach über zwei Stunden Flugzeit noch immer kein Empfang des Funkfeuers auf Flores zu vermelden war, stieg die Spannung erneut, und diesmal auch bei Foreman. Er versuchte alle Tricks, um mit der Antenne des Radiokompasses Signale auf der angegebenen Frequenz aufzufangen – vergeblich. Der Kopfhörer gab außer einem leichten Rauschen nichts von sich.

„Verdammt, die Portugiesen haben doch nicht etwa den Sender abgeschaltet", empörte sich Foreman. „Wenn wir die Insel nicht zu Gesicht bekommen, haben wir keine genaue Standortbestimmung und wissen auch nicht, wie es mit dem Gegenwind aussieht."

Pietro Galeb ahnte, dass die Bemerkung des Captains nur Ärger bedeuten konnte. Er schaute irritiert hinüber auf die Navigationskarte, die Foreman auf seinen Knien ausgebreitet hatte.

„Haben wir denn die richtige Frequenz?"

„Natürlich! 270 Kilohertz und das Kennzeichen sollte ‚FS' sein. Es hat sich seit meinem letzten Flug bestimmt nichts geändert."

„Und wenn wir absinken und versuchen, auf Sichtkontakt zu gehen?", tastete Galeb vor.

„Keine Chance. Die verfluchte Wolkenuntergrenze ist sehr wahrscheinlich wie bei Santa Maria und ich habe keine Lust, im Nebel diese Vulkaninsel zu rammen. Wir bleiben vorläufig auf unserer Höhe und warten ab. Vielleicht reißt die Wolkendecke noch auf und wir bekommen Sichtkontakt. In knapp 20 Minuten wissen wir mehr."

Aber die 20 Minuten vergingen, ohne dass die Wolkendecke aufriss. Im Gegenteil, heftiger Regen hatte erneut eingesetzt und Gewitterturbulenzen schüttelten die Maschine mit harten Schlägen. Foreman war nicht entgangen, wie die Außentemperatur derweil merklich abgenommen hatte. Er tippte Galeb auf die Schulter und zeigte dann auf sich selbst.

„My controls! Ich übernehme! Wir sinken auf 7.000 Fuß ab. Hier oben kommen wir einer Eisbildung an den Flügeln sehr nahe."

Galeb spürte das Ziehen in seiner Magengegend. Er wusste auch, dass dies nicht vom fast leeren Magen herrührte, sondern von den angespannten Nerven, die sich jetzt bei ihm bemerkbar machten. Wo blieben die Signale des Funkfeuers? Er hatte deutlich die enttäuschte Miene des Captains bemerkt und gesehen, wie Foreman immer wieder den Kopfhörer ans Ohr gepresst hielt. Zweifelsohne hielt sich der Zeiger des Radiokompasses an keine eindeutige Richtung.

„7.000 Fuß!", rief Foreman plötzlich und zeigte dabei auf den Höhenmesser. „Du kannst jetzt die Steuer auf diesem Kurs wieder übernehmen. Ich werde inzwischen mal in Santa Maria nachfragen, was mit dem verdammten Funkfeuer los ist!"

Die nächsten Minuten hörte Galeb deutlich, wie Captain Foreman versuchte, auf Kurzwelle mit Santa Maria in Kontakt zu treten. Nach ein paar Minuten schien es zu klappen, denn er konnte deutlich hören, wie Foreman sich laut über das Ausbleiben des Funkfeuers über Flores beschwerte. Der Captain riss sich fluchend den Kopfhörer herunter.

„Mist, die Anlage ist anscheinend abgeschaltet. Die Portugiesen behaupten, die Anlage laufe momentan nur hin und wieder zu Testzwecken, weil sie Wartungsarbeiten vornehmen."

Galeb schluckte. „Heißt das, wir bekommen keinen Fixpunkt?"

„So ist es", bestätigte Foreman verärgert. „Aber keine Sorge, wir werden das Kind schon schaukeln. Wir fliegen unseren Kurs und in etwas mehr als sieben Stunden landen wir auf dem Flugplatz von St. John's. Da genehmigen wir uns das beste Lobster-Essen, das sie anbieten."

Pietro Galeb überlegte. Etwas mehr als sieben Stunden hatte Captain Foreman gesagt. Anscheinend hatten sie mehr als genügend Treibstoff, um Neufundland zu erreichen; das wenigstens hatte Captain Foreman behauptet. Aber war es wirklich genug? Zweifel begannen in Galeb aufzukeimen. Er wusste, dass nur etwas über 800 Gallonen in den Flügeltanks der Maschine Platz hatten; dann waren da noch die Reservetanks im Frachtraum. Zusammen musste dies gut 1.100 Gallonen ergeben. Galeb versuchte zu rechnen und den Verbrauch der Motoren zu schätzen, auf die Distanz zu übertragen, die noch vor ihnen lag. Aber er war zu nervös. Die vielen Zahlen schwirrten wie ein Schwarm Bienen in seinem Kopf herum und verunsicherten ihn lediglich noch mehr.

„Keep your heading! Bleibe auf Kurs!", rief Foreman und zeigte auf den Kreiselkompass, der plötzlich 15 Grad nach links abgewichen war. Erschrocken drehte Galeb die Maschine auf den ursprünglichen Kurs von 305 Grad zurück. Mein Gott, wie konnte ihm nur so etwas passieren. Dieses verdammte Nachdenken und Zweifeln war schuld. Was musste er denn überhaupt nachdenken? Captain Foreman kannte wie kein anderer die Strecke und wusste wie kein Zweiter über die nötigen Sicherheiten und Reserven Bescheid. Warum sollte er als blutjunger Anfänger das Rad neu erfinden? Konzentrieren musste er sich, nur konzentrieren, dachte Galeb beschämt. Das hatte ihm schon sein Fluglehrer vor zwei Jahren versucht beizubringen, und Captain Foreman schien ihm gerade das Gleiche mitzuteilen.

Die Stunden vergingen ohne weitere Zwischenfälle. Foreman schien die Tücken des Wetters, die sich immer wieder in kleinen Gewittern mit heftigen Turbulenzen zeigten, überaus gelassen zu nehmen. Nur einmal noch hatte er mit Santa Maria auf Kurzwelle Kontakt aufgenommen und die geschätzte Ankunftszeit bei der nächsten Position am 40. Längengrad mit 21:55 Zulu durchgegeben, dann war der Funkkontakt abgebrochen. Foreman schien sich daran nicht weiter zu stören. Er winkte lediglich verärgert ab, murmelte etwas über „Fading" und erzählte Galeb ein paar unterhaltsame Geschichten über die Fliegerei in Afrika und die dortigen Gefahren. Schließlich meinte er zuversichtlich: „In etwa vier Stunden werden wir das Funkfeuer von St. John's empfangen können. Sie haben dort eine sehr starke Sendeanlage, die wird uns trotz möglicher Abweichungen vom Sollkurs auf kürzestem Weg zum Flugplatz bringen."

Galeb fiel ein Stein vom Herzen. Mit dem Empfang eines solchen Senders auf dem Radiokompass konnte nichts mehr schiefgehen. Die Anzeigenadel würde sie unfehlbar zum Ziel führen. Aber noch waren sie mitten über dem Atlantik. Weit und breit nur Regen, Wolken und zeitweise sogar Gewitter, und unter ihnen, unsichtbar für ihr Auge, der unendliche Atlantik mit seinen schäumenden Wellenkronen. Wie wohl Windstärke und Windrichtung waren? Hatten die Wetterfrösche in Santa Maria auf den Azoren richtig geraten, oder war der Instinkt von Captain Foreman der bessere Ratgeber?

Was war, wenn der Wind über die ganze Strecke tatsächlich aus Nordwest mit einer Stärke von etwa 25 Knoten blies? Wie stand es dann mit ihrer Geschwindigkeit über Grund, oder besser gesagt, über dem Wasser? Galeb versuchte es erneut mit Kopfrechnen. So schwierig konnte es doch nicht sein, die Zahlen zusammenzubringen. Noch konnte er zwei und zwei zusammenzählen. Nach seiner Berechnung hatte die Maschine etwas über 1.100 Gallonen Treibstoff an Bord und bei einem Verbrauch von rund 50 Gallonen pro Motor und pro Stunde reichte diese Menge gerade mal für rund elf Stunden Flug. Ergo ergab dies bei einer idealen Reisegeschwindigkeit von 140 Knoten eine Flugdistanz von etwa 1.540 nautischen Meilen. Die Strecke bis St. John's betrug aber nur etwa 1.320 nautische Meilen, das hatte er auf dem Kartenabschnitt von Foreman gesehen. Sie hatten also eine Reserve von etwa 230 Meilen oder knapp zwei Stunden Flugzeit. Nicht schlecht, dachte Galeb befriedigt.

Doch dann nagten in ihm erneut die Zweifel. Hatten die Meteorologen auf den Azoren nicht von 25 Knoten Gegenwind gesprochen? Wenn dem so war, was dann? Bei einer Flugzeit von etwa zehn Stunden wären dann auch die 230 Meilen Reichweitenreserve aufgebraucht. Galeb packte die nackte Angst. Er erkannte plötzlich, dass sie bei etwas stärkerem Gegenwind St. John's gar nicht erreichen konnten. Sollte er seine Vermutungen nicht Captain Foreman mitteilen und ihn auf dieses Problem aufmerksam machen?

Aber so schnell ihm dieser Gedanke gekommen war, so schnell verwarf er ihn wieder. Was war, wenn sie ohne die geringsten Schwierigkeiten den Atlantik überquerten und in St. John's landeten, möglicherweise noch mit einer Menge Reservebenzin in den Tanks? Captain Foreman würde ihn als inkompetenten, kompletten Trottel einstufen. So eine Blamage konnte er sich für seine zukünftige Pilotenlaufbahn wirklich nicht erlauben. Also behielt er seine Zweifel für sich, wenigstens im Moment. Aber irgendwie schien sich sein Verdacht zu bestätigen. Nachdem sie bereits sieben Stunden in der Luft waren und Foreman trotz aller Versuche keinen Empfang von St. John's auf dem Radiokompass bekam, schien für Galeb die Sache klar: Der Gegenwind war wesentlich stärker, als Captain Foreman vermutet hatte. Sie würden ihr Ziel in der vorgesehenen Zeit nie erreichen.

„Ich denke, dass wir wegen des Gegenwindes noch weit vom Land entfernt sind und deshalb auch den Sender von St. John's nicht empfangen können", sagte er etwas kleinlaut und nicht sicher, wie der Captain reagieren würde.

„Mach dir keine Sorgen, Pietro. Wir werden sicher ankommen. Noch haben wir genügend Reserven", antwortete Foreman, aber seine Stimme wirkte irgendwie unsicher.

„Aber Captain, die Spritreserven – die Flügeltanks sind fast leer und die Reservetanks in der Kabine habe ich bereits vollständig umgepumpt."

„Okay, schau mal nach, ob sich darin noch ein Restbestand befindet, den wir in die Flügeltanks pumpen können!"

Pietro Galeb nickte stumm. Die Idee Foremans, vielleicht noch etwas Benzin in den Reserve-tanks zu finden, war nicht schlecht. Er wusste selbst, dass sich die Saugleitungen nicht an der untersten Stelle der Tanks befanden. Ein paar Gallonen konnten sicher noch herausgeholt werden. Zitternd vor Aufregung und Angst öffnete er seinen Sitzgurt und ging nach hinten, um nachzu-sehen. Er konnte noch hören, wie Foreman erneut laut ins Mikrofon sprach und versuchte, mit dem Kontrollturm in Gander eine Funkverbindung aufzubauen.

Galeb war froh, aus dem engen Sitz zu kommen. Zu lange schon hatte er krampfhaft die Steuer der Maschine in den Händen gehalten und versucht, trotz der Turbulenzen und schlechten Wetters den vorgegebenen Kurs zu halten. Also ging er nach hinten, schaltete die Transferpumpe ein und kippte die Gummitanks in Richtung der Ansaugstutzen. Nach einer Weile stellte er fest, dass sich die Anzeige der Haupttanks in den Flügeln tatsächlich etwas nach oben bewegt hatte.

*

Charlie Morton schaute erneut auf den Zettel auf seinem Tisch, dann wieder auf die Zeiger der großen Wanduhr, die gerade bei 02:00 Zulu standen. Mehr als zehn Minuten, seit die Ma-schine in die Kontrollzone von Gander hätte einfliegen sollen, und noch immer keine Positions-meldung. Morton machte sich ernsthafte Sorgen. Die DHC-4 Caribou mit dem US-Kennzeichen war seit ihrer letzten Positionsangabe am 35. Längengrad um 19:32 Zulu nun schon seit sechs Stunden mit Meldungen überfällig. Weder beim 40. Meridian mit der voraussichtlichen Zeit von 21:55 Zulu noch bei den später fälligen Positionen hatte er eine Positionsmeldung auf Kurzwelle erhalten, noch war er in der Lage gewesen, seinerseits eine Verbindung mit der Maschine herzu-stellen. Was war bloß mit diesem Flugzeug los? Hatten sie totalen Funkausfall, oder war etwas anderes passiert?

Mortons Blick fiel auf die großen Fenster, von denen der Regen in unregelmäßigen Streifen herunterfloss. Im Schein der schwachen Außenbeleuchtung sah er Nebelfetzen über das geteerte Vorfeld ziehen; dahinter lag undurchdringliche Dunkelheit. Entschlossen griff er zum Telefon und wählte die Nummer des Kontrollturms von St. John's. Seine Hoffnung, der zuständige Lotse könnte die Frage nach der überfälligen Caribou beantworten, erfüllte sich nicht. Auch er hatte bis jetzt keinen Kontakt mit der Maschine gehabt und machte sich große Sorgen über den Verbleib des Flugzeuges und seiner Besatzung.

„Wie ist denn bei euch das aktuelle Wetter?", fragte Charlie Morton ungeduldig.

„200 Fuß Wolkenuntergrenze in Regen. Wind aus Nordwest mit 25 Knoten."

„Die haben sich wahrscheinlich mit dem Gegenwind verrechnet", vermutete Morton nach einer Denkpause, und dann durchfuhr es ihn heiß:

„Welche Spritreserve haben sie denn angegeben? „

„13 Stunden heißt es auf dem Flugplan, den der Captain der Caribou in Santa Maria abgege-ben hat", erwiderte der Mann am anderen Ende der Leitung.

„Nun ja, wenn er nicht geschummelt hat, müsste es eigentlich reichen", meinte Morton er-leichtert. „Damit kommen sie sogar bis zu uns nach Gander. Ich frage mich nur, warum wir in all den Stunden keinen Funkkontakt mit der Besatzung herstellen konnten."

„Vielleicht haben sie Probleme. Sie wissen ja, wie das mit diesen Ferryflügen so ist. Billige Einbauten, um den Vorschriften zu genügen, und wenn das Zeug dann gebraucht wird, funktio-niert es meistens nicht."

„Kann schon sein", gab Morton zur Antwort und meinte dann: „Ich wundere mich überhaupt, was mit der Besatzung los ist. Nach dem Flugplan, den wir von Santa Maria erhalten haben, entsprechen die Meldepositionen einer Bogenlinie von Santa Maria nach St. John's, und nicht dem direkten Kurs. Ich frage mich, warum der verantwortliche Pilot eine solche Linie fliegt. Ist doch völlig daneben."

„Vielleicht hat er den Kurs auf einer Karte mit Mercatorprojektion aufgezeichnet. Könnte ja sein."

Für eine Weile dachte Morton über das Gesagte nach, meinte dann etwas ungehalten:

„Wie auch immer, wenn Sie bis zur geschätzten Ankunftszeit um 03:00 Zulu mit der Maschine immer noch keine Verbindung haben, rufen Sie mich bitte an, klar? Ich werde dann sofort die Search and Rescue Station in Halifax informieren. Vielleicht haben sie dort eine SAR-Maschine in der Luft und die Besatzung könnte versuchen, über VHF-Radio mit der Caribou in Kontakt zu treten."

„Wird gemacht, Sir. Übrigens, haben Sie es von Gander aus schon einmal mit Santa Maria versucht? Vielleicht hat sich die Flugzeugbesatzung bei denen gemeldet."

„Probiert schon, aber ebenfalls negativ! Null Kontakt mit der Maschine. Die Portugiesen wundern sich auch schon eine ganze Weile. Ich werde einfach weiter versuchen, auf Kurzwelle Verbindung aufzunehmen. Vielleicht klappt es doch noch. Also dann bis später."

Charlie Morton legte den Hörer wieder zurück. Er fühlte sich alles andere als glücklich. Vermisste Maschinen über dem Atlantik waren immer ein Problem. Gott sei Dank passierte es selten, aber wenn es mal vorkam, herrschte meistens auch noch schlechtes Wetter, aufgewühlte See und schlechte Sicht wie heute Nacht, dann war eine Suche meistens erst einmal erfolglos. Morton schüttelte missmutig den Kopf, angelte sich das Tischmikrofon und drückte den Schaltknopf für den Kurzwellensender.

„Gander Control calling Caribou N-8564 Romeo, do you hear? "

*

Rony Foreman war nicht der Mann, der sich so schnell entmutigen ließ. Wie die Situation jetzt war, schien sie aussichtslos. Es gab für ihn keinen Zweifel mehr: Er hatte keine Ahnung, wo sie sich befanden oder wie weit sie von St. John's entfernt waren. Hatte er wirklich den Wind unterschätzt? Oder hatte er vielleicht Kompassprobleme? Und dann durchfuhr es ihn heiß. Hatte er diesem Grünschnabel Pietro überhaupt erklärt, dass die auf dem langen Flug sich ändernde magnetische Kompassmissweisung berücksichtigen musste? Die war in diesen Längengraden verdammt groß und ging von 16° West auf den Azoren bis auf 28° West in Neufundland. Auf dem Flugplan hatte er sie zwar eingetragen, aber hatte er Galeb darauf hingewiesen? Er war sich nicht mehr sicher.

Nervös schaute er auf den Kurskreisel, dann auf den Notkompass: 300 Grad! Er griff hastig nach dem Brett, auf dem die Papiere mittels einer Stahlklemme festgehalten wurden. Verdammt, er hatte nur einen Kurs eingetragen, und zwar den von Flores bis zum ersten Meldepunkt am 40. Längengrad. Die zunehmenden Korrekturen wegen des magnetischen Nordpols oder einer Windkomponente hatte er offensichtlich nicht weiter berücksichtigt.

Foremans Gedanken jagten sich. Wenn Galeb die Korrekturen also nicht von sich aus eingerechnet hatte, und das konnte er gar nicht, weil er es nicht wusste, dann waren sie mit Bestimmtheit südlich vom Kurs. Aber wie viel? Wieder schaute er auf die Karte auf seinen Knien und versuchte, seine geschätzte Position zu bestimmen. Diese paar Grad Differenz konnten doch nicht so viel ausmachen, dass er die Funkfeuer von St. John's oder Argentia noch immer nicht empfangen konnte. Es musste jetzt dringend etwas unternommen werden. In weniger als einer Stunde würde ihnen der Sprit ausgehen; eine Notlandung auf den Wassern eines herbstlichen Atlantiks war wirklich nicht nach seinem Geschmack.

Entschlossen rief Foreman auf allen Notfrequenzen, die ihm zur Verfügung standen, und plötzlich bekam er Antwort auf Kurzwelle von Santa Maria. Ihm fiel ein Stein vom Herzen. Hilfe konnte vielleicht noch früh genug kommen. Wenn man ihre Position feststellen würde, konnte er die Maschine mit einem neuen Kurs auf den nächsten Flugplatz in Küstennähe bringen. Aber Santa Maria konnte nicht helfen. Man versprach jedoch, die Angelegenheit an die Flugsicherungskontrolle Gander weiterzumelden.

Inzwischen war Captain Foreman um 03:38 Zulu überraschend auf Kurzwelle eine Funkverbindung mit Gander gelungen. Hastig und überglücklich über den Kontakt gab er seine Situation an Bord durch und bat dann um eine Positionsbestimmung. Doch die Weisung der Flugsicherung in Gander, dazu den Notsender einzuschalten, konnte Foreman nicht erfüllen, weil er einen solchen nicht an Bord hatte. Er hatte dies zwar auf dem Flugplan angegeben, weil es bei Flügen über Wasser Vorschrift war, aber die paar 100 Dollar, die ein solches Gerät kostet, hatte er sich bei diesem Flug sparen wollen. Dies konnte er der Flugsicherung in Gander jedoch nicht sagen und so hoffte er, die Leute dort würden schließen, dass wohl die Batterie leer oder aber die Distanz zu weit entfernt war. Nach einer Weile kam dann auch die Aufforderung von Gander, auf der Notfrequenz von 121.5 MZ zu lauschen. Zwar konnte sich Foreman nicht vorstellen, was dies bezwecken sollte, aber er griff nach dem Frequenzschalter, als Pietro Galeb gerade wieder neben ihm auftauchte und im Co-Pilotensitz Platz nahm.

„Es hat etwas geholfen", meinte Galeb mit einem kritischen Blick auf die Tankanzeige.

„Gut gemacht", lobte Foreman, sichtlich froh über den Erfolg. „Wir haben vielleicht ein paar Minuten gewonnen, aber es wird uns nicht helfen, wenn wir nicht bald Hilfe bekommen. Sehr wahrscheinlich müssen wir die Maschine notwassern. Um das noch etwas hinauszuzögern, werde ich jetzt den rechten Motor abstellen und den Propeller in Segelstellung bringen. Sobald wir in der Dunkelheit im Wasser aufsetzen, werde ich sofort versuchen, den Notausstieg an der Rumpfoberseite zu benutzen. Wir werden wahrscheinlich nicht sehr viel Zeit zum Verlassen der Maschine haben und ich möchte darum, dass du auf mein Kommando nach hinten gehst und dich dort sicherst. Dann öffnest du die hintere Ladeluke und springst nach dem Wassern mit dem Schlauchboot raus."

Galeb versuchte, das Gesagte aufzunehmen und sich zu konzentrieren. Es war jedoch nicht einfach, denn die Angst hatte ihn gepackt und trieb andere Gedanken in seinen Kopf. War dies nun das Ende? Würde ihn die Entscheidung, den Captain auf dem Flug nach Amerika zu begleiten, das Leben kosten? Mein Gott, er wollte doch noch nicht sterben. Nur nicht aufgeben, dachte er verzweifelt. Captain Foreman wusste sicher, wie man so ein Flugzeug bei Dunkelheit auf dem Wasser aufsetzen musste. Wie hatte ihm doch sein Fluglehrer schon immer gesagt? „In einer Notlage immer einen kühlen Kopf bewahren!"

Galeb versuchte es krampfhaft und konzentrierte sich auf die Bewegungen Foremans, der nun nervös den Leistungshebel des rechten Motors zurücknahm, die Trimmung nachkorrigierte und den roten Knopf für die Segelstellung des Propellers betätigte. Gleichzeitig nahm er den Gemischhebel zurück. Im selben Moment änderte sich das tiefe, brummende Motorengeräusch im Cockpit und verstummte auf der rechten Seite.

Mit heftig klopfendem Herzen nahm Galeb wahr, wie der Drehzahlmesser des rechten Motors auf die Nullstellung zurückdrehte und dann stehen blieb. Sie flogen jetzt mit nur einem Motor, aber sie flogen. Dann bemerkte er, wie Foreman den Kopf etwas schief hielt und die Hörer an die Ohren presste. Etwas schien den Captain aus der Fassung zu bringen, denn plötzlich riss er das Mikrofon aus der Halterung, begann laut das Kennzeichen der Caribou durchzugeben und danach auf fünf und zurück zu zählen.

„Sie haben uns, sie haben uns!", rief er fast außer sich, nachdem er ihre Notlage über Funk durchgegeben hatte. „Zwei Maschinen der kanadischen SAR-Seerettung aus Halifax haben uns geortet. Sie nehmen jetzt Kurs auf unsere Position!"

Galeb verschlug es fast die Sprache. Er konnte es so wenig fassen wie Captain Foreman. Jetzt, nach so vielen Stunden der Anspannung, Angst und Verzweiflung hatten zwei Flugzeuge der kanadischen Küstenwache sie geortet und waren auf dem Weg. Aber wie lange würde dies dauern? Würden sie in der Nähe sein, wenn ihnen der Sprit ausging?

„Haben sie etwas über unsere Position durchgegeben oder wie weit wir uns von St. John's befinden?"

„Yes, sie haben unsere Position bestimmt, aber es wird uns nichts helfen", verriet Foreman niedergeschlagen und zeigte mit dem Finger auf einen Punkt auf der Karte, wo sich lediglich die Leere des Atlantischen Ozeans befand.

„Nach deren Angabe sind wir etwa 500 Kilometer südlich von St. John's und fast 400 Kilometer vom nächsten Landstrich Sable Island im Westen entfernt. Es wäre unsere nächstliegende Chance, aber unser Treibstoff wird bis dahin leider nicht reichen."

Galeb schluckte. Ein schaler Geschmack legte sich auf seine Zunge und sein Puls klopfte gegen die Schläfen. Die letzte Bemerkung von Captain Foreman stürzte wie eine Felswand auf ihn. Mit furchtbarer Deutlichkeit erkannte er die ausweglose Situation, in der sie sich befanden, sah sich aber auch zugleich in seinen bereits seit Stunden gehegten Ahnungen bestätigt. Es schien ihm unglaublich, aber Captain Foreman hatte offensichtlich die ganze Flugvorbereitung nicht ernst genommen, ja sogar ziemlich unprofessionell durchgeführt. Die Warnungen der Wetterstation in Santa Maria hatte er buchstäblich in den Wind geschlagen.

Galeb konnte und wollte es einfach nicht glauben. Dieser Mann mit der Erfahrung tausender Flugstunden hatte das Wesentliche einer Flugplanung einfach übergangen. Diese Schlamperei konnte sie nun das Leben kosten. Was nützte es, wenn die Suchflugzeuge der Kanadier sie geortet hatten? In wenigen Minuten würde ihnen der Treibstoff ausgehen, der verbleibende Motor absterben und sie waren gezwungen, in dunkler Nacht auf dem kalten Atlantik zu wassern. Und dies bei einem Wellengang, den sie nicht kannten.

Galebs Gedanken wurden durch Rony Foremans laute Stimme unterbrochen:

„ … und merke dir, wenn der Motor zu stottern anfängt, haben wir noch etwa vier bis fünf Minuten. Ich möchte, dass du in diesem Moment sofort nach hinten gehst und dich auf das Aussteigen vorbereitest!"

Galeb nickte bloß. Es war, als ob ihm die Angst mit einem Würgegriff die Stimme genommen hätte. Er brachte kein Wort heraus und starrte durch die dicken Windschutzscheiben in die dunkle Nacht, dem Grauen entgegen, das jetzt greifbar vor ihnen lag.

Foreman hatte mit der Caribou inzwischen einen leichten Sinkflug eingeleitet, der ihn durch Nebelfetzen und leichten Regen bis knapp über die Wasseroberfläche bringen sollte. Mit eingeschalteten Landescheinwerfern versuchte er dabei, Schaumkronen und Wellengang zu erkennen. Der Höhenmesser zeigte bereits unter null, als er im Licht der Scheinwerfer einen ersten Schimmer der aufgewühlten Wasseroberfläche erkennen konnte. Er versuchte, sich auf das Äußerste zu konzentrieren, sich auf den Moment vorzubereiten, in dem der letzte Tropfen Sprit verbraucht war und der Motor endgültig stillstehen würde. Jetzt erst einmal die Höhe halten, dachte er besonnen. Danach, wenn möglich, in einem kontrollierten Gleitflug nach Durchgang eines Wellenkammes aufsetzen.

Die Minuten zerrannen zäh wie Honig und Foremans Gedanken kreisten um sein persönliches Versagen, die unverzeihlichen Fehler, die er seit dem Abflug von Santa Maria gemacht hatte. Er wusste, mit welcher Nachlässigkeit, ja Dummheit er den Flug geplant hatte. Aber jetzt war alles zu spät. Viel zu spät, um diese Fehler zu korrigieren. Zu spät, um seine geliebte Familie wie geplant in die Arme zu schließen. Foreman kam nicht mehr dazu, sich selbst und sein Tun weiter zu bedauern. Ein plötzliches Stottern des Motors und das Schlingern der Maschine wirkten wie ein Donnerschlag.

„Los, raus aus dem Sitz! Es geht gleich los!", rief Foreman mit sich überschlagender Stimme und griff nach dem Mikrofon.

„Mayday – mayday – mayday! Calling Canadian Charlie Charlie one one five – we are losing the remaining engine. Ditching is imminent, over!"

Galeb löste blitzschnell den Gurtverschluss, schnellte aus seinem Sitz hoch, um sich, wie bereits besprochen, nach hinten in den Frachtraum zu begeben.

„Öffne nach dem Aufschlag sofort die Laderampe, damit du dich mit dem Schlauchboot durch diese Öffnung absetzen kannst."

Aber es war zu spät, Galeb jetzt noch Anweisungen zu geben, denn dieser hatte bereits lange darüber nachgedacht, wie er den blechernen Sarg am besten verlassen konnte. Und das war mit Sicherheit nicht die große Laderampe am Ende des Rumpfes; dort würden die kalten Wasser nach dem Aufsetzen wie ein Wasserfall einbrechen, ihn womöglich drinnen festhalten und dann mit all den losen Teilen in die Tiefe ziehen. Nein, er musste es seitwärts durch die Einstiegsluke versuchen. Torkelnd die schlingernden Bewegungen der Maschine ausgleichend, erreichte Galeb Sekunden später diese Tür und öffnete den Verschlusshebel.

Die Luftströmung riss zwar die Tür mit einem Schlag auf, hielt sie aber dort in der heulenden Luftströmung nur eine Handbreit offen. Galeb versuchte es mit Drücken, aber es war vergebens; die Tür hing in der Strömung fest. Ohne die Warnungen Foremans zu beachten, zog er die Leine für die Pressluftflasche seiner Schwimmweste, beobachtete ihre volle Entfaltung und schlang dann die Halteleine des noch verpackten Schlauchbootes um seinen Arm. Wieder torkelte Galeb, als der verbleibende Motor ein zweites Mal kurz aussetzte und die Caribou aus dem Kurs warf. Verzweifelt klammerte er sich am stabilen Holzrahmen der leeren Reservetanks fest und versuchte so gut wie möglich, sich daran mit den Armen zu verankern. Keine Sekunde zu früh, denn in diesem Augenblick spürte er das vibrierende Rauschen von Wasser, das den hinteren Teil der Maschine erfasste. Kurz darauf gab es einen furchtbaren Schlag, der ihn brutal gegen den Holzrahmen warf. Mit dem für ihn hörbaren Knacken seiner brechenden Rippen durchzuckte ein betäubender Schmerz seine Brust. Er hatte auch das sichere Gefühl, sein rechtes Bein gebrochen zu haben, denn es versagte den Dienst, als er wieder aufstehen wollte. Die stechenden Schmerzen nahmen ihm für einen Moment den Atem und brachten ihn an den Rand der Bewusstlosigkeit. Aber er kämpfte sich hoch, griff im Halbdunkel nach dem Schlauchboot und stemmte sich jetzt verzweifelt erneut gegen die Tür.

Es war vergebens. Der von außen wirkende Druck des Meerwassers presste die Tür unverrückbar gegen den Rahmen. Galeb spürte noch deutlich, wie die Maschine durch das Wasser pflügte, dann warf ihn ein erneuter Schlag herum. Mit Entsetzen beobachtete er, wie der Rumpf neben ihm mit einem kreischenden, metallischen Bersten auseinanderbrach und sich eine klaffende Spalte öffnete, durch die das Wasser ungehemmt in den Laderaum hereinströmte. Die Vorwärtsbewegung des Flugzeuges war gestoppt.

Galeb sah seine Chance und nutzte sie. Mit aller Gewalt presste er sich gegen die Seitentür, sie ließ sich nun ohne Widerstand öffnen. Kurz darauf fand er sich, das Schlauchboot hinter sich nachziehend, schwimmend inmitten von Benzin, Wasser und treibenden Teilen des Flugzeuges. Völlig desorientiert hörte er neben sich das sich zischend entfaltende Schlauchboot. Mit letzter Kraft und gegen die lähmenden Schmerzen ankämpfend, zog er sich über den äußeren Wulst in die relative Sicherheit des von Wasser halb gefüllten Rettungsbootes.

Noch sah er für kurze Zeit das hoch aufragende Leitwerk der Caribou als schwarze Silhouette gegen den Nachthimmel, dann verschwand auch dieser Anhaltspunkt und er befand sich allein in den Wellen des Atlantiks. Obwohl seine Stimme fast versagte, rief er noch verzweifelt nach Captain Foreman, von dem er wusste, dass er nach dem Wassern den Notausstieg auf der Rumpfoberseite benutzen wollte. Aber er bekam keine Antwort. Sich am zentralen Pfosten des Schlauchbootes festhaltend, versuchte er noch für eine Weile, gegen die immer stärker werdenden Schmerzen in seiner Brust anzukämpfen, aber seine Kräfte schwanden schnell, und bald umgab tiefe Nacht seine Sinne.

Epilog

Die Mannschaft eines vom kanadischen Such- und Rettungsdienst umgeleiteten Containerschiffes hievte vier Stunden später den schwer verletzten Co-Piloten Galeb an Bord. Sämtliche Suchaktionen der Küstenwache blieben ohne Resultat, Captain Foreman blieb verschollen. Die Vermutung liegt nahe, dass er nach dem Wassern den engen Ausstieg durch die Luke an der Rumpfoberseite nicht mehr schaffte und von der Maschine mit in die Tiefe des Ozeans gerissen wurde.

De Havilland „Caribou", Bild: DHC

GLOSSAR

ADF: Automatic Direction Finder; Radiokompass.

ADI: Anti Detonation Injection ist eine explosionssichere Einspritzung eines
                Wasser-Methanol-Gemischs in die Zylinder eines Verbrennungsmotors,
                um mehr Leistung herauszuholen, ohne Überhitzung des Motors oder
                zerstörende Detonation.

ADIZ: Air Defense Identification Zone (kurz: ADIZ) bezeichnet eine Luftraum-
                überwachungszone, in der sich aus Gründen der militärischen Luftver-
                teidigung durchquerende Flugzeuge identifizieren und regelmäßig ihre
                Koordinaten bekanntgeben müssen. Die ADIZ wurde früher auch ent-
                lang der deutsch-deutschen Grenze errichtet.

BMEP: Brake Mean Effectiv Pressure ist die Definition vom durchschnittlichen
                Druck, der, wenn gleichmäßig auf die Oberfläche des Kolbens verteilt,
                vom oberen bis zum unteren Totpunkt die gemessene Leistung (Brake)
                erbringt.

Booster Switch: Ein über die Zündspule generierter, starker und konstanter Zündfunke,
                um das Treibstoff-Gemisch eines Kolbenmotors leichter zum Zünden zu
                bringen.

ETA: Estimated Time of Arrival: geschätzte Ankunftszeit über dem Melde-
                punkt oder am Ziel.

Flight level: Flight level (FL) ist ein spezifischer barometrischer Druck, der als nomi-
                nale Flugfläche in 100-Fuß-Abständen ausgedrückt wird. Beispiel: FL 100
                entspricht einer Druckhöhe von 10.000 Fuß.

Flight-Log: Ein vorgedrucktes Formular, in dem die Startzeit, Distanzen, Flughöhen,
                Brennstoffverbrauch, Überflugzeiten etc. registriert werden.

Fluxgate: Die Grundausführung eines Fluxgate Kompasses ist eine einfache elek-
                tromagnetische Vorrichtung, die mittels zweier oder mehrerer Draht-
                wicklungen um einen Kern hochmagnetischen Materials das Magnetfeld
                der Erde erkennt. Der Vorteil liegt in der digitalisierten Übertragung ins
                Cockpit und Verwendung beim Autopiloten zur Kurskorrektur.

Gemischhebel: Ein Bedienungshebel, mit dem man das Gemischverhältnis von Benzin
                zu Luft beeinflussen kann.

GPU:	Ground Power Unit: ein mobiler, motorisch angetriebener Generator, der am Boden den nötigen Strom für den Start der Triebwerke und/oder Geräte an Bord verwendet wird.
Gyrosyn-Kompass:	Ein Gyrosyn-Kompass ist eine im Außenflügel oder im Leitwerk installierte Einheit, die sich nach dem Magnetfeld der Erde ausrichtet. Das Ganze wird durch einen Kreisel oder durch Öldämpfung stabilisiert. Die Anzeige erfolgt elektrisch auf Instrumenten im Cockpit.
ILS:	Instrument Landing System: eine funktechnische Hilfe, die mit Richtungs- und Gleitweginformationen den Piloten beim Blindlandeanflug auf die Piste unterstützt.
Jeppesen-Karte:	In der Luftfahrt gebräuchliche, spezielle Radionavigationskarte, in der die Luftstraßen und Navigations-Funkfeuer eingetragen sind. Die Karten unterliegen einer steten Revision, um neue Daten bekanntzumachen.
Lateriterde:	Eisenoxidhaltige, rote Lehmerde, die, bei Regen aufgeweicht, zu einer für Straßen und Landepisten praktisch unbrauchbaren Unterlage wird.
Manifold Pressure:	Der Luftdruck, der vom triebwerkeigenen Kompressor in die Zylinder gedrückt wird, um die gewünschte Leistung zu erbringen.
METO Power:	Maximum Except Take-off Power ist die erlaubte maximale Leistung eines Flugzeugmotors, die im Gegensatz zur Startleistung keinen Zeitlimits unterworfen ist.
MHz:	Megahertz Frequenzband.
Pedestal:	Ein mittig zwischen Captain und Co-Pilot installierter Aufbau, in dem die Bedienung der Motoren, der Fahrwerk- und Klappenhebel, die Funkgeräte, Autopilot sowie die Trimmung installiert sind.
Runaway Propeller:	Durch den Verlust von Öldruck oder ein Versagen des Drehzahl-Reglers verringert sich der entsprechende Propellerblattwinkel auf Startstellung. Somit wird der Propeller zu einem vom Fahrtwind angetriebenen Impeller. Dies führt unweigerlich zu einer wesentlich überhöhten Drehzahl, die den Motor zerstört. Dabei kann sich ein Propellerblatt durch die entstehende große Zentrifugalkraft lösen und möglicherweise den Rumpf durchschlagen oder einen benachbarten Motor/Propeller beschädigen.

Es kann auch passieren, dass sich die Propellerwelle auf Rotglut erhitzt und sich der ganze Propeller unkontrolliert losreißt.

V1 & V2:   V1: die Geschwindigkeit, bei der beim Start entschieden wird, ob bei einem technischen Problem der Start abgebrochen oder weitergeführt werden soll.

V2: die Geschwindigkeit, bei der bei einem Triebwerksausfall ein mehrmotoriges Flugzeug sicher von der Piste abheben und mit steilstem Winkel Höhe gewinnen kann.

VHF & HF: Very High Frequency Range: Ultrakurzwellenbereich für den Sprechfunk im Flugzeug.

HF: Hochfrequenzfunk, der speziell für große Distanzen Verwendung findet.

VOR: Very High Frequency Omnidirectional Radio Range: Das eigentliche VOR ist eine Bodenstation, deren Signal vom VOR-Empfänger im Flugzeug ausgewertet und als Richtungsinformation auf einem Anzeigegerät abgelesen werden kann.

Douglas DC-3, Bild: Sammlung WM

Verantwortlich: Charlotte von Schelling
Bildredaktion: Wolfgang Mühlbauer
Satz: Silke Schüler
Lektorat: Rolf Stünkel
Schlusskorrektur: Christian Schneider
Repro: Cromika, Verona
Herstellung: Anna Katavic
Einbandgestaltung: Ralph Hellberg
Printed in Slovenia by Florjancic

**Sind Sie mit diesem Titel zufrieden? Dann würden wir uns über Ihre Weiter-
empfehlung freuen.**
Erzählen Sie es im Freundeskreis, berichten Sie Ihrem Buchhändler oder bewerten Sie bei
Ihrem nächsten Onlinekauf.
Und wenn Sie Kritik, Korrekturen oder Aktualisierungen haben, freuen wir uns über Ihre
Nachricht an GeraMond Verlag, Postfach 40 02 09, D-80702 München oder per E-Mail an
lektorat@verlagshaus.de.

Unser komplettes Programm finden Sie unter 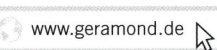 www.geramond.de

Alle Angaben dieses Werkes wurden vom Autor sorgfältig recherchiert und auf den aktuellen
Stand gebracht sowie vom Verlag geprüft. Für die Richtigkeit der Angaben kann jedoch keine
Haftung übernommen werden.

Sie sind auf der Suche nach weiterführender Literatur? Dann empfehlen wir Ihnen den Titel
»Luftfahrt. Menschen, Mythen und Maschinen: Die Geschichte des Fliegens« von Riccardo
Niccoli. Oder Sie werfen einen Blick in die Zeitschrift »FLUGZEUG CLASSIC«. Hier werden Sie
bestimmt fündig.

Die Deutsche Nationalbibliothek verzeichnet diese Publikation in der Deutschen National-
bibliografie; detaillierte bibliografische Daten sind im Internet über http://dnb.d-nb.de abrufbar.

Bildnachweis:
Umschlagvorderseite: picture alliance/CTK
Umschlagrückseite: Sammlung WM

© 2016 GeraMond Verlag GmbH
ISBN 978-3-95613-418-0